机工IT

U0154965

云原生应用开发实战

基于.NET开发框架及Kubernetes容器编排技术

组编 | 51Aspx

编著 | 刘海峰 郝冠军 张善友 桂素伟 梁桐铭 徐 磊 陈仁松 闫晓迪 卢建晖 梁 敏

机械工业出版社
CHINA MACHINE PRESS

本书是一本介绍 .NET 云原生开发技术的实用教程，由多位微软 MVP 联合编写，通过实际的项目代码，从多个角度深入浅出地阐释了云原生开发的理论和在实际开发中的应用。全书共 11 章，主要内容包括：迎接云原生的浪潮；配置 .NET 云原生开发与运行环境；云原生应用开发——电子商务应用 eShopOnContainers；实现云原生应用的扩展性；实现云原生应用的通信；数据访问模式；实现可恢复的弹性应用；实现云原生应用的身份管理；实现云原生应用的可观察性；深入理解云原生、容器、微服务和 DevOps；基于 Dapr 开发云原生应用。

本书适合具有 C# 开发经验的软件工程师、软件架构师，希望学习最新的 .NET 技术，完成云原生应用开发转型的开发人员阅读。对于希望从头开始学习 .NET 技术和云原生开发的开发人员也是非常好的选择。

图书在版编目（CIP）数据

云原生应用开发实战：基于 .NET 开发框架及 Kubernetes 容器编排技术 / 51Aspx 组编；刘海峰等编著. —北京：机械工业出版社，2023.12

ISBN 978-7-111-74226-5

Ⅰ. ①云…　Ⅱ. ①5… ②刘…　Ⅲ. ①Linux 操作系统-程序设计　Ⅳ. ①TP316.85

中国国家版本馆 CIP 数据核字（2023）第 215718 号

机械工业出版社（北京市百万庄大街 22 号　邮政编码 100037）

策划编辑：王　斌　　　　　责任编辑：王　斌　郝建伟
责任校对：龚思文　刘雅娜　　责任印制：李　昂

河北泓景印刷有限公司印刷

2024 年 1 月第 1 版第 1 次印刷
184mm×260mm · 20 印张 · 469 千字
标准书号：ISBN 978-7-111-74226-5
定价：119.00 元

电话服务　　　　　　　　　　网络服务
客服电话：010-88361066　　机　工　官　网：www.cmpbook.com
　　　　　010-88379833　　机　工　官　博：weibo.com/cmp1952
　　　　　010-68326294　　金　书　网：www.golden-book.com
封底无防伪标均为盗版　　　　机工教育服务网：www.cmpedu.com

前言

2016 年，微软发布完全开源、跨平台的产品 .NET Core 1.0，.NET 正式脱胎换骨。2017 年，微软发布了 .NET Core 2.0，2019 年 9 月发布了 .NET Core 3.0，随着 2019 年 12 月发布的 .NET Core 3.1，.NET Core 彻底稳定下来，生态圈和社区也变得成熟和稳定。

2020 年微软统一产品线，正式将 .NET Core 更名为 .NET。.NET 的版本号直接从 5 开始，即为 .NET 5，它于 2020 年 11 月正式发布，在 2023 年编者完稿时，最新的版本是 .NET 7，2023 年 11 月 15 日，.NET 8 面世。

.NET 诞生的背景是云原生开发技术的风起云涌，传统的开发技术是面向服务器的开发，而云原生开发面向的是云平台，包括数据库技术的多样化，应用的微服务化，部署的分布化，其中最为典型的无疑是容器技术的应用。.NET 针对大规模处理服务和云原生应用开发做了针对性的优化，特别是针对基于容器技术的应用支持，优化了应用的启动速度、内存占用、性能优化等诸多方面。毫无疑问，对于云原生开发来说，.NET 就是最佳选择。

虽然 .NET 在国外发展的风生水起，微软也提供了大量的技术资料，但对于国内的开发人员来说，还是非常缺乏基于 .NET 技术的云原生开发资料，特别是缺乏能够理论联系实际。通过具体的实例讲解，帮助开发者全面掌握云原生开发技术的技术资料。

2022 年，微软中国的 MVP 社区组织了 .NET 云原生开发系列技术活动，在软积木的刘海峰老师的组织和协调下，活跃于中国的微软最有价值专家们奉献了一系列的云原生技术讲座。作为该系列活动的总结，本书希望能够帮助中国的 .NET 开发者全面认识基于 .NET 技术的云原生开发。

本书使用的案例来自微软的 eShopOnContainers 项目（开发环境为 .NET），这是一个使用 .NET 技术开发的电子商务应用，使用了当前最新的云原生开发技术，作为微软官方的示范项目，这个项目一直在伴随着 .NET 技术的演进不断升级（当前它的最新版本也已经是 .NET 7）。由于它使用的技术非常新颖、全面，带来了一个很高的学习门槛，使得不少开发者望洋兴叹，难以啃下这块硬骨头。本书使用它作为示范项目，详细介绍了其中涉及的各种技术要点，尤其是针对开发实践中涉及的技术细节进行了详尽的说明。因此，开发者可以自己动手，彻底理解和构建这个宏大的项目，为掌握基于 .NET 的云原生开发打下坚实的基础。

值得一提的是，在 AI 技术的应用呈现爆发式增长的 2023 年，.NET 与正在与 AI 产生紧密的结合。在.NET 云原生应用开发中，先进的 AI 技术如大语言模型（Large Language Model，LLM）和 Transformer 模型被广泛利用。通过使用 Azure Cognitive Services 等微软云服务，开发者可以轻松地调用 OpenAI 的生成式预训练 Transformer 模型（Generative Pre-trained Transformer，GPT），从而提升应用的智能水平。利用这些领先的 AI 技术，.NET 可以采用 LLM

理解用户输入，借助 GPT 生成相应回答或建议，实现更智能化、个性化的服务。无论是内容推荐、语音识别、图像处理，还是对话系统，.NET 结合 AI 都能为用户带来卓越体验。展望未来，随着技术的不断发展，.NET 必将在 AI 领域将大放异彩。

本书适合哪些读者？

以下几类读者将从本书中获益：
- 希望能够透彻学习和了解云原生应用开发的理论知识。
- 希望能够理论联系实际的学习云原生应用开发。
- 希望能够自己动手，一步一步实现完整的云原生应用。
- 需要构建高可用、可扩展的云原生应用。

本书适合有 C#开发经验的软件工程师、软件架构师等，特别是希望学习最新的 .NET 技术，完成云原生应用开发转型的开发人员。而且，本书由浅入深的学习路径，对于希望从头开始学习 .NET 技术和云原生开发的开发人员也是非常好的选择。

本书内容安排

本书分为三大部分，共 11 章，由多位微软 MVP 联合编写，通过实际的项目代码，从各个角度深入浅出地阐释了云原生开发的理论和在实际开发中的应用。内容的组织方式是先介绍相关的技术理论，然后在理论的指导下，手把手地帮助开发者应用到开发实践中。

第一部分主要讨论了云原生开发的核心理念和需要解决的问题，介绍了云原生计算基金会的作用。然后，以 Docker 为切入点，重点介绍了容器技术的理论和使用，手把手地帮助开发者从 Docker 的基本命令开始，直到构建和运行完整的 eShopOnContainers 应用。

第二部分开始深入到开发和运行云原生应用面临的各种挑战，每章深入一个挑战领域，首先介绍面临的挑战，然后介绍解决该问题的思路和理论，并介绍当前相关的各种项目和产品。最后是在理论的指导下，在代码层面上解决实际面临的挑战。

第三部分在完成整个 eShopOnContainers 应用之后，重新从新的高度来回顾云原生应用开发，帮助开发者深入理解云原生、容器、微服务和 DevOps 之间的关系，完成自动化的构建和发布。最后，介绍了基于 Dapr 的云原生应用开发，帮助开发者将云原生应用开发的体验提升到新的高度。

本书作者

本书的作者包括：刘海峰、郝冠军、张善友、桂素伟、梁桐铭、徐磊、陈仁松、闫晓迪、卢建晖、梁敏，由郝冠军统稿。以下是各位作者的介绍。

刘海峰：软积木 CEO、微软资深 MVP（最有价值专家）、微软技术大会特约讲师。

郝冠军：十届微软 MVP，《ASP.NET 本质论》作者，《精通 ASP.NET Core MVC》译者。

多年来致力于软件开发技术的钻研与推广，涉及多种开发语言与技术。

张善友：广东智用人工智能应用研究院工业&社区 CTO。从事 .NET 技术开发二十多年，CKAD 认证专家，曾在腾讯工作 12 年，2018 年创立深圳友浩达科技，专注云原生和工业物联网解决方案落地。目前在广东智用人工智能应用研究院 担任 CTO。积极参与运营 .NET 技术社区、Dapr 中文社区、Semantic Kernel 中文社区以及相关开源项目，运营微信公众号"dotnet 跨平台"和"新一代智能应用"。连任 18 届微软最有价值专家 MVP，5 届华为云 HCDE，5 届腾讯云最有价值专家 TVP。

闫晓迪：微软最有价值专家/微软认证讲师，微软认证 Azure 解决方案架构师。曾担任微软技术大会讲师，多年微软技术社区组织者。近 20 年 .NET 平台开发经验，熟悉 ASP.NET、WPF、UWP、Azure 等多种微软技术。目前专注于 .NET、Azure 及 Cloud Native 应用开发。现居新西兰，CITANZ（新西兰华人 IT 协会）志愿者、惠灵顿 .NET Meetup 组织者。LinkedIn Learning 讲师。

梁桐铭：微软 MVP、Microsoft AI Open Hack 教练、Microsoft Tech Summit 讲师，52ABP 开源框架作者，畅销书《深入浅出 ASP.NET Core》作者。

徐磊：英捷创软科技（北京）有限公司首席架构师/CEO，微软 MVP，微软区域技术总监，GitHub 中国区授权服务团队负责人，认证 Scrum Master，EXIN DevOps Master/Professional 认证讲师，中国最大的敏捷精益社区 IDCF 创始人。专注于软件工程，敏捷精益商业创新方面的管理咨询。经客户涵盖从电信，能源，传统生产制造，金融和电商等各行业，从 2005 年至今已经为超过 100 家企业提供过软件工程方案的咨询和服务，包括：华为、中国农业银行、招商银行、兴业银行、中国银行、斯伦贝谢、中国联通、中国人民保险、京东商城、通用汽车等。

卢建晖：微软高级云技术布道师，专注在人工智能和大数据领域。

桂素伟：开发者，架构师，曾是 10 届微软 MVP，擅长 .NET 技术和系统架构；对高性能，高并发开发和性能排查很有心得；喜欢分享技术，长期耕耘微信公众号"桂迹"。现就职东京 NETSTARS，任架构师。

陈仁松：曾连续获得五届微软最有价值专家（MVP），是一位拥有十年以上互联网经验的老兵，具备丰富的研发经验，专注于 AI-Native、云原生等方向的技术开发和探索。

梁敏：微软 .NET20 周年云原生开发者大赛筹办人、Prompt Engineering Conference（China）负责人、AIGC 成都社区主理人。

致谢

本书的编写得到了 51Aspx 的大力支持，在此表示感谢。51Aspx 自 2007 年成立，是领先的.NET 源码交流平台。拥有超过 108 万会员和众多严格测试过的项目源代码。专注于源码商业化和开发者赋能，致力于帮助开发者实现技术变现，最大化价值。

限于作者水平，书中缺点和错误之处，敬请批评指正。

编　者

目录

第1章
迎接云原生的浪潮

弹指一挥间，应用的架构模式在单体应用架构和微服务架构之后，迎来了云原生架构。应用架构不断演进的背后，是面对应用系统规模不断扩大、资源使用越来越多样化，扩展性要求越来越强、开发周期却越来越紧迫的挑战，系统架构做出的反应和应对。所谓云原生，它不是一个产品，而是一套技术体系和一套方法论。云原生是思想先行，从内到外的整体变革。更确切地说，它是一种文化，更是一种潮流，它是云计算时代软件开发的必然发展方向。

本章将首先介绍云原生的原则和核心元素，以及 .NET 技术在云原生上的优势。

1.1 扑面而来的云原生

某一天，你的公司准备与世界领先的电子商务巨头展开竞争，作为系统架构师，你需要为公司设计一套先进的电子商务应用，应该如何构建它？以你在软件界十余年来的丰富设计经验，很可能会设计出如图 1-1 所示的应用系统。

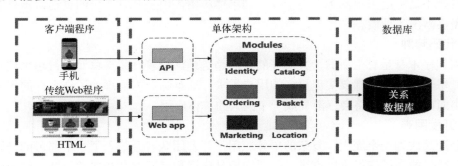

图 1-1　传统的单体设计的应用系统

你为公司设计了一个庞大的核心应用程序，它包含所有的领域逻辑。其中包括诸如身份、产品目录、订单以及其他模块。这些模块逻辑上是独立的，在物理上这些模块运行在同

1

一个服务器进程中，每个模块都可以直接与其他模块通信。这些模块共享一个大型的关系数据库。应用通过 HTML 界面或者移动应用展示其功能。

祝贺你！你已经构建了一个单体应用。

多年来，单体应用都深受设计师的欢迎，它提供了一些独特的优势。例如，它可以简单直接地进行：

- 构建。
- 测试。
- 部署。
- 排除故障。
- 纵向扩展。

当今的许多成功的应用就是以单体应用的模式构建的。这种类型的应用程序很受欢迎，并且不断发展，通过一次又一次的迭代，还在不断添加更多功能。

1.1.1　单体应用面临的挑战

不过，到了某个时间点上，你开始感到有点不舒服了。你发现你已经对应用失去了控制。随着时间的推移，这种感觉变得更加紧迫，你不可避免地陷入了称为恐惧循环的状态。

- 应用程序变得非常复杂，以至于没有一个人可以完全理解它。
- 你害怕做出改变——每个改变都有意想不到并且代价高昂的副作用。
- 增加新功能或者修复 Bug 变得很棘手，耗时且成本高昂。
- 每个版本更新都变得尽可能小，并且需要完全部署整个应用程序。
- 一个不稳定的组件可能会使整个系统崩溃。
- 无法引入新的技术和框架。
- 实施敏捷交付方法变得非常困难。
- 各种不同风格的修补不断侵蚀着架构，应用变得越来越脆弱和难以理解，没有人愿意再继续维护它。

这些是不是听起来很熟悉？这个庞大的单体应用，由于开发人员的更迭，需求的不断变化，慢慢显露出各种疲态。

1. 代码臃肿

应用程序本身是有生命的，其潜在的发展趋势是，随着时间推移而变得越来越臃肿，开发团队在每个冲刺阶段都要实现更多的用户需求，这意味着需要添加了许多行的代码。数年之后，小而简单的应用将会逐渐变成一个庞大的单体应用。

2. 开发困难

一旦产品成为一个庞大、复杂的单体应用，开发团队就会陷入了一个痛苦的境地，对敏捷开发和交付的尝试变得难以推进。主要问题是应用程序变得实在非常复杂，对于任何一个开发人员来说，都显得过于庞大且难以理解。最终，高质量地修复 Bug 和实现新的功能变得非常困难而且耗时，这种趋势就像是死亡螺旋。如果连最为基本的代码都令人难以理解，那么对软件的改进也就难以保证质量，终将得到的是一个高耸入云但是脆弱的危楼。

3．限制发展

应用程序的规模变得越庞大，开发或者运维人员重新启动应用所需要的时间就变得更长。很大一部分时间都将在等待中度过，而这样的时间浪费将会极大的影响和阻碍业务的发展，将开发人员的耐心消耗殆尽，最终将有可能导致公司失去市场机会。

4．持续部署困难

复杂的单体应用本身就是持续部署的障碍。

在当前的技术环境下，SaaS（Software as a Service，软件即服务）应用已经发展到了可以每天多次将变更推送到生产环境中，而这种需求对于复杂的单体应用来说非常困难，因为它需要重新部署整个应用程序，才能完成更新其中的部分功能，同时还需要在应用部署后经过漫长的等待启动的时间，等待应用程序初始化启动完成。

此外，因为难以确认因部署变更所产生的影响，在很多情况下还需要做大量的手工测试。因此，单体应用非常难以与持续部署相结合。

5．扩展困难

当不同业务模块存在资源需求冲突时，单体应用可能难以扩展。例如，其中一个模块可能会执行 CPU 密集型的图像处理逻辑，理想情况下是部署在计算能力优化的环境中，而另外一个模块可能是一个内存数据库，它适合部署到更大内存的环境中。然而，由于这些业务模块深度耦合在一起，导致必须在硬件选择上做出妥协。

6．可靠性差

由于单体应用所有的业务、功能模块都运行在同一个进程中，导致其中任何一个模块的 Bug（例如内存泄漏）都有可能会拖垮整个进程，导致应用程序的所有业务都不可用。

7．重构困难

单体应用使得采用新的技术框架和语言变得非常困难：假设有一个包含了 200 万行代码的应用使用框架 A 构建，想要迁移到新出现的优秀的框架 B 上，时间与资源成本的消耗是极其恐怖的。

因此，单体应用是采用新技术的巨大障碍，这也导致在项目开始时，无论选择任何新技术都会对整个项目的开发与交付产生巨大的影响。

当一个原来成功的关键业务应用程序，慢慢发展成一个只有少数开发人员（如果有的话）能够理解的巨大单体应用，它还使用了过时的、非当前主流的技术开发，这使得招聘更加优秀的开发人员变得非常困难、应用程序也变得难以扩展、不可靠。

因此单体应用想实现敏捷开发和快速应用交付是不可能的。

1.1.2 从微服务到云原生

通常我们提到微服务就会想到云原生，事实上，微服务与云原生是两个不同维度的概念。

云原生更侧重于应用程序的运行环境，它是以 Kubernetes 和容器技术为基础打造的一整套工具，用于开发、测试、运行应用程序，直到部署到云环境。

微服务描述的是应用程序的软件架构，微服务是基于分布式计算的架构模式。应用程序即使不采用微服务架构也可以是云原生的，如果是单体式应用，云原生就难以发挥优势。另外微服务的程序也可以不是云原生的。

虽然它们是两种不同的事物，但云原生和微服务是天生的良配，相得益彰，相辅相成。而且很多云原生的工具原来就是针对微服务架构设计的。可以说现代应用程序的趋势就是："微服务+云原生"。

对于 1.1 节的单体应用，在运用云原生技术之后，重新设计的系统如图 1-2 所示。

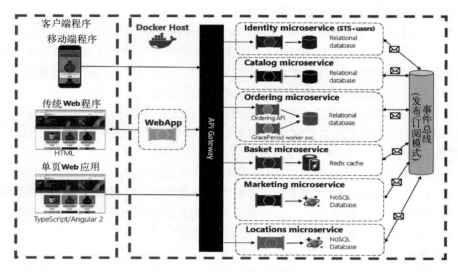

图 1-2　云原生设计的应用系统

图中左边的矩形框表示客户端应用，右边的矩形框是部署在服务器端的服务，这些服务基于容器技术进行部署和管理。

左边的客户端分为三种类型：移动应用，基于 Angular 技术的单页 Web 应用和传统的 Web 应用。

右边服务器端通过多个基于容器技术的独立微服务来实现，它们之间通过事件总线彼此协作。这些服务以 API 的方式对外暴露其功能，中间的 API 网关将这些服务进行组合，对外显示为针对不同客户端的 API 服务。

1.1.3　云原生应用的特性

业内一般公认云原生概念是在 2013 年首次提出的，由 Pivotal 公司（Spring 开源产品的母公司）的技术产品经理 Matt Stine 在推特上提出。

2015 年，Matt Stine 在其编写的《迁移到云原生应用架构》⊖中，率先提出了将传统的单体应用和面向服务架构（Service-Oriented Architecture，SOA）的应用迁移到云原生架构所需的文化、组织和技术变革，并定义了云原生应用架构的几个主要特征。

● 十二要素应用程序：云原生应用程序架构模式的集合。

⊖ https://lib.jimmysong.io/migrating-to-cloud-native-application-architectures/

- 微服务：独立部署的服务，每个服务只做一件事情。
- 自助服务的敏捷基础设施：快速、可重复和一致地提供应用环境和后台服务的平台。
- 基于应用程序接口（Application Programming Interface，API）的协作：发布和版本化的 API，允许在云原生应用架构中的服务之间进行交互。
- 抗压性：系统具备良好的健壮性，能够抵抗外界非预期的流量冲击。

1.1.4 云原生计算基金会 CNCF

CNCF[⊖]的全称是 Cloud Native Computing Foundation（云原生计算基金会），成立于 2015 年，是 Linux 基金会旗下最大的开源基金会，也是目前 Linux 基金会下最受关注和发展最快的基金会。它的初衷是围绕云原生，服务云计算，致力于培育和维护一个中立的开源生态系统，维护和集成开源技术，支持编排容器化微服务架构应用，通过将前沿的模式开放化，让这些创新为大众所用，从而助力企业在云计算模式下更好的构建可扩展的应用程序。如图 1-3 所示的云原生全景图就是来自于 CNCF。[⊜]

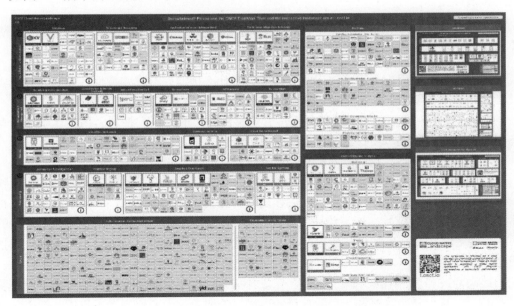

图 1-3 CNCF 云原生全景图

作为全球云原生应用特别是容器计算、微服务等技术领域最具影响力的组织，CNCF 提供了一个中立的合作平台，汇聚全球顶尖开发人员、终端用户和厂商，联合了华为、阿里、腾讯、亚马逊、微软、Salesforce 等近千家国际知名科技公司，共同努力打造一个良性发展的云计算生态。全球主流的科技企业和云计算厂商绝大部分都是 CNCF 会员，其中不乏多

⊖ https://www.cncf.io/

⊜ https://landscape.cncf.io/

5

家来自中国的科技巨头[⊖]，如图 1-4 所示。

图 1-4 CNCF 中来自中国的科技巨头

截至本书完稿，CNCF 旗下共有 145 个项目，18.2 万名贡献者，863 个组织[⊖]。

结合图 1-4 仔细研究这组数据，就会发现 CNCF 的成员几乎涵盖了所有的云原生相关的组织和项目。

1.2 云原生设计的十二原则

如何设计一个云原生应用？应用的架构应该是什么样的？有哪些特性、模式和最佳实践可以参考和遵循？哪些基础架构和运营问题是最为重要的？

十二原则[⊜]是用来衡量一个服务是否适合迁移到云上的原则，换言之，相比于不符合这些特征的传统应用服务，具有这些特征的应用更合适云化。

为了理解这些原则，我们需要搞清楚服务是怎样在运行平台上运行的。

以标准的 K8s（Kubernetes）®平台为例，一个典型的容器化后端服务，从开发到上线需要经历一系列复杂的步骤，初次上线、后续迭代的流程已经比较复杂，如果单靠手工处理，单体系统还勉强可以应付，毕竟单体系统即使变成"大泥球"，也大多还处于人力可控的范围内。但随着系统复杂度的进一步提升，整个系统演化成微服务系统之后，随之而来的技术挑战是显而易见的。

为提高开发和运营效率、减少错误，在设计和开发阶段就需要考虑借助云平台以及整个生态的能力，从一开始就要做一个适合在云上运行的服务。十二原则给了我们一把衡量是否适合上云的标尺，如果不遵循这些原则，不借助于云平台提供的能力、不剥离业务无关的部分，随着服务规模不断增大、业务复杂度进一步提升，就容易引发各种问题。在理解十二原则存在的价值后，我们分析一下每个原则的深刻含义。

⊖ https://landscape.cncf.io/members

⊖ https://www.cncf.io/about/who-we-are/

⊜ https://12factor.net/

⊕ https://kubernetes.io/

1.2.1　Codebase（单一代码）

云原生应用必须有单一的代码库，并在版本管理系统中进行追踪，且能够支持多个环境中进行不同的部署。

单一代码库是一个源代码仓库或一组存储库，它们共享一个公共源，用于生成任意数量的不可变发行版。这个唯一的代码库有助于支持开发团队之间的协作，并有助于实现应用程序的正确版本控制。例如 Git 是目前最常用的代码版本控制工具之一。

所有与应用程序相关的资产，包括源代码、配置脚本和配置设置，都存储在一个可供开发人员、测试人员和系统管理人员访问的源代码仓库中。所有自动化脚本都可以访问源代码仓库，这是持续集成/持续交付（Continuous Integration/Continuous Delivery，CI/CD）过程的一部分，这些过程是企业软件开发生命周期的一部分。

1.2.2　Dependencies（依赖管理）

项目使用的依赖项以及版本必须显式声明并与源代码隔离。

对于像 Node.js 的 package、Java 的 Jar 包、.NET 的 NuGet 包这些外部构件，在开发、测试和生产运行时，都应该引用自依赖关系清单，需要避免将构件和源代码一起存储在源代码仓库中。

云原生应用程序永远不能存在隐式依赖于系统级别的包，因此该要素鼓励显式声明和隔离应用程序的依赖关系。这有助于提高开发和生产环境之间的一致性，简化应用程序新手开发人员的设置，并支持云平台之间的可移植性。

1.2.3　Configuration（配置）

配置信息以环境变量或独立配置文件中定义的方式配置，并注入各种运行环境中。

在云原生应用中存在三种不同类型的实体：

- **代码**：包括源代码和相关资源文件。
- **配置**：与部署环境相关的配置信息，通常以 XML、YAML、JSON 等文件的形式出现，包含应用自身配置属性、第三方服务的连接方式等信息。
- **凭据**：密码、密钥等敏感信息。

代码与配置的区别在于：代码不会随部署环境而变化，配置则会随着部署环境变化而变化。因此在云原生应用的实践中，应该尽可能把配置从应用中拆离出来，通过外部化进行管理，构建出来的二进制程序中不包含任何配置信息，实际的配置值在部署时根据环境来确定。

需要注意的是，在源代码仓库中不应该显式的出现凭据信息。

1.2.4　Backing services（支撑服务）

将应用程序与其所依赖的支撑服务进行解耦。

应用所依赖的外部服务：例如数据库、消息队列、邮件服务器、缓存系统、文件存储系统等都是应用的支撑服务，在云原生应用中将这些支撑服务统一称作资源。

资源的实现需要支持动态附加与动态分离，通过云环境低耦合的方式与应用相结合，配合前面提到的配置原则，实现资源可以动态替换为不同的实例，替换后不会对应用程序产生任何影响，不需要重新编译、部署应用，这让云原生应用程序拥有强大的灵活性与弹性。

1.2.5 Build, Release, Run（构建、发布、运行）

严格对应用程序的构建、发布、运行阶段进行分离。

将应用程序的部署过程分解为以下三个可复制的阶段，可以在任何时候进行实例化。

- **构建阶段**：是从源代码管理系统检出代码并构建/编译成存储在构件仓库中的构件的阶段。
- **发布阶段**：在编译代码之后应用配置设置。
- **运行阶段**：使用 Ansible 之类的工具通过脚本提供一个执行运行环境，应用程序及其依赖关系被部署到新配置的运行环境中。

构建、发布和运行的关键是该过程的瞬时性，如果流水线上的任何东西被破坏，所有的构件和环境都可以使用存储在源代码仓库中的资产从零再造。

云原生应用程序的每个部署阶段都是独立的，并且是单独发生的。一旦运行，云运行时将负责其维护、健康和动态扩展。

1.2.6 Processes（无状态服务进程）

应用程序的所有进程与组件都必须是无状态且独立的。

应用程序将作为无状态进程的集合运行。无状态的云原生进程使扩展更加容易。当流程是无状态的时候，可以动态增加和删除实例，以应对特定时间点的特定负载负担。由于每个进程都是独立运行的，无状态可以防止意想不到的副作用。

1.2.7 Port Binding（端口绑定）

应用程序是完全独立的，它应该不依赖于任何特定网络服务器就可以创建一个面向网络的服务。应用通过端口绑定来提供服务，并监听发送至该端口的请求。

例如，基于 .NET 的 Web 应用不应该依赖于 IIS，它应该可以独立提供服务。云原生应用在运行时并不负责管理实际的端口绑定，而是由云平台统一管理。例如，ASP.NET Core 的 Web 应用通常使用端口 5001，当应用运行在云平台上时，这个端口只是容器内的端口，并不是外部用户或服务访问时的实际端口。云平台对网络进行统一管理，负责分配实际的服务端口，云平台同时提供了相应的机制来发现访问服务的实际地址和端口。

1.2.8 Concurrency（并发能力）

进程是"一等公民"，根据进程的用途来组织进程，然后将其拆分，以便根据需要扩展和回收这些进程。

支持并发意味着应用程序的不同部分可以扩展以满足当前的性能需求，否则当不支持并发时，架构除了垂直扩展整个应用程序之外将别无选择。支持云原生应用程序弹性扩展的理想方法是水平扩展。与其让单个庞大的进程变得更大，不如创建多个进程，并将应用程序的负载拆分后分配给这些进程。

1.2.9　Disposability（易回收）

应用程序是一次性的，即：随起随停。

应用进程应该根据需要不断的创建、停止，因此云原生应用程序一定要能够快速启动和正常退出，如果不能实现将会导致应用无法快速扩展、部署、发布、恢复。

在当今高网络流量的网络世界中，如果一个应用程序启动需要几分钟才能进入稳定服务状态，这一段时间内将会出现成百上千的请求被拒绝的情况。

同样，如果不能快速且正确的退出应用，也会带来资源无法回收、数据产生破坏等情况。

1.2.10　Dev/Prod Parity（环境对等）

应用程序旨在通过缩小开发与生产环境之间的差距来实现持续部署。

该原则确保了生产部署过程与开发部署过程的一致性，这样就可以确保所有潜在的错误/故障都可以在开发和测试中识别出来，而不是在应用程序投入生产后才暴露出来。

像 Docker 这样的工具可以帮助实现这种开发/测试/生产环境的等价性，它为运行代码创建和使用同样的镜像，提供了绝对统一的环境，它还有助于确保在每个环境中使用相同的后端服务。

1.2.11　Logs（日志流）

应用程序从不关心日志输出流的路由与存储。

将日志数据发送到流中，各种感兴趣的消费者可以访问这个日志流，即使某个应用程序退出运行，日志数据在之后仍然存在。

例如，某个日志的消费者可能只对 Error 数据感兴趣，而另一个消费者可能对 Request/Response 数据感兴趣，另一个消费者可能对存储用于事件归档的所有日志数据感兴趣。

云原生应用程序的日志聚合、处理和存储是云提供商或其他工具套件（例如，ELK 技术栈、Splunk 等）的职责，这些工具套件与正在使用的云平台一起运行。通过简化应用程序在日志聚合和分析中的部分，可以简化应用程序的代码库，并更多地关注业务逻辑。

1.2.12　Admin Processes（管理进程）

将管理任务作为一次性流程运行。

云原生应用运行中可能会需要执行一些管理任务，比如生成报表或者执行一次性的数据查询等，这些任务通常并不属于业务流程的一部分，更多的是为了管理和运维的需要。这些任务在执行中会使用到云原生应用所依赖的支撑服务，对于这些任务，应该创建独立的应用，并在同样的云平台上运行。对于定期执行的任务，可以充分利用云平台的支持，比如，Kubernetes 提供了对定时任务（CronJob）的支持。

以上是对云原生应用设计的十二原则的详述，十二原则的总结如下。

1．**单一代码**：每个微服务都有单个代码库，存储在其自身的存储库中。它通过版本控制进行跟踪，可以部署到多个环境（QA、暂存、生产）。

2．**依赖管理**：每个微服务都隔离并打包其自身的依赖项，以在不影响整个系统的情况下进行更改。

3．**配置**：配置信息通过代码之外的配置管理工具移出微服务之外，并实现外部化。在应用了正确配置的情况下，相同部署可以在环境间传播。

4．**支撑服务**：辅助资源（数据存储、缓存、消息中间件等）应通过可寻址的 URL 进行公开。这样做可使资源与应用程序分离，使其可以动态替换。

5．**构建、发布、运行**：每个版本都必须在构建、发布和运行阶段执行严格的分离。各自都应使用唯一 ID 进行标记，并支持回滚功能。新式的持续集成和持续部署 CI/CD 系统有助于实现此原则。

6．**进程**：每个微服务应在其自身的进程中执行，与正在运行的服务隔离。将所需状态外部化到支持服务，如分布式缓存或数据存储。

7．**端口绑定**：每个微服务都应是独立的，其接口和功能在自己的端口上公开。这样做可与微服务隔离。

8．**并发**：当需要增加服务能力的时候，通过扩展多个相同进程（副本）横向扩展服务，而不是在功能强大的计算机上纵向扩展单个大型实例。将应用程序开发为并发应用程序，从而顺滑地在云环境中横向扩展。

9．**易回收**：服务实例应是易回收的。支持快速启动以增加可伸缩性机会，以及支持正常关闭以使系统保持正确状态。Docker 容器以及业务流程协调程序本质上满足此要求。

10．**环境对等**：使整个应用程序生命周期中的各个环境尽可能相似，避免使用成本高昂的方式。在这里，通过促进使用相同的执行环境，容器技术可以提供重要帮助。

11．**日志流**：将微服务生成的日志视为事件流。使用事件聚合器处理它们。将日志数据传播到数据挖掘/日志管理工具（如 Azure Monitor 或 Splunk）并最终长期存档。

12．**管理进程**：以一次性进程形式运行管理性/管理任务，例如数据清理或计算分析。使用独立工具从生产环境调用这些任务，但独立于应用程序。

1.3　云原生四大核心要素

实现云原生依赖于四大核心要素：微服务、容器化技术、DevOps、持续交付。

1.3.1　容器化

容器是一种沙盒技术，主要目的是为了将应用运行在其中，与外界进行隔离，以及方便这个沙盒可以被转移到其他宿主机器。本质上，它是一个特殊的进程。通过 Namespace、Control groups、chroot 等技术把资源、文件、设备、状态和配置划分到一个独立的空间。

通俗点的理解容器就是一个装应用软件的箱子，箱子里面有软件运行所需的依赖库和配置，开发人员可以把这个箱子搬到任何机器上，且不影响里面软件的运行。容器化的好处在于运维的时候不需要再关心每个服务所使用的技术栈了，每个服务都被无差别地封装在容器内部，可以被无差别地管理和维护，现在比较流行的工具是 Docker 和 Kubernetes。

如图 1-5 所示，容器技术的演进非常快速，其中 Docker 和 Google 公司做出了重要贡献，两个关键的里程碑是 Docker 的发布和 Kubernetes 从 CNCF "毕业"。

在 Docker 的镜像格式和容器运行时成为事实上的标准之后，其他厂商也开始进入容器领域，为了加强创新和防止碎片化，容器行业的领导者和技术人员成立了开放容器项目（Open Container Initiative⊖，OCI）来制定一套容器技术标准，在目前的容器领域，Docker 只是其中之一，其他著名的工具还有 Podman⊖等。为了方便和统一，本书使用 Docker 来作为容器工具。

图 1-5　容器技术的演进

在容器技术中，镜像（Image）和容器（Container）是最重要的两个基础部分。其中镜像是文件，是一个只读的模板，一个独立的文件系统，里面包含运行容器所需的数据，可以用来创建新的容器；而容器是基于镜像创建的进程，容器中的进程依赖于镜像中的文件，容器具有写的功能，可以根据需要改写里面的软件、配置等，并可以保存为新的镜像。

容器技术是云原生应用的基础，在后继的章节中我们会持续介绍它的技术和应用。

1.3.2　微服务技术

微服务，又被称为微服务架构，是一种软件的架构方式。它将应用构建成一系列按业务领域划分的模块化、小型化的自治服务。在微服务架构中，每个服务都是独立的，并且实现了单一的业务功能。

简单来说，就是将一个复杂的系统按业务划分成多个子系统，每个子系统都是完整的、可独立运行的。子系统之间的交互可通过网络协议进行通信。所以，不同子系统可以使用不同的编程语言来实现，并且可以使用不同的存储技术。但是，因为子系统服务数量越多，管理起来越复杂，因此就需要采用集中化管理，例如 Eureka、Zookeeper 等都是比较常见的服务集中化管理框架；同时，使用自动化部署（例如 Jenkins）可以减少人为控制，降低出错

⊖ https://opencontainers.org/
⊖ https://podman.io/

概率，提高效率。

微服务实现的是软件开发中一直追求的低耦合+高内聚。记得有一次我们系统的一个内部组件出了问题，结果影响了看起来毫不相关另外一个组件的处理，于是引起灵魂发问："为什么这两个组件会互相影响？！"

微服务可以解决这个问题，微服务的本质是把一个大型复杂系统拆分成若干低耦合的模块，比如专门负责接收外部数据的模块，专门负责响应前台操作的模块，模块还可以进一步拆分，比如负责接收外部数据的模块可以继续分成多个负责接收不同类型数据的低耦合子模块，这样每个模块出现问题，其他模块不会受到影响，还能正常对外提供服务。

典型的微服务架构如图 1-6 所示。

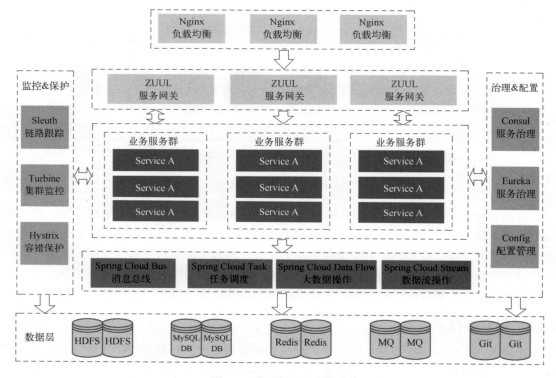

图 1-6　典型的微服务架构

1.3.3　DevOps

DevOps 一词包含 Development 和 Operations 两个部分，是开发和运营维护的总称，一般称之为开发运维一体化。

传统的软件组织将开发、IT 运营和质量保障设为各自独立的部门。在这种环境下如何采用新的开发方法（例如敏捷软件开发）就成为一个需要解决的问题。DevOps 是一套针对这些多个部门间沟通与协作问题的流程和方法。

如果对支持业务部门提出"每天部署 10 次"的要求，部署周期就必须要求很短，而且，软件也必须提供这种支撑，这种能力也被称为持续部署。

DevOps 的引入能对产品交付、测试、功能开发和维护（包括曾经罕见但如今已屡见不鲜的"热补丁"）起到意义深远的影响。在缺乏 DevOps 能力的组织中，开发与运营之间存在着信息"鸿沟"——例如运营人员要求更好的可靠性和安全性，开发人员则希望基础设施响应更快，而业务用户的需求则是更快地将更多的特性发布给最终用户使用。这种信息鸿沟就是常出问题的地方。

DevOps 经常被描述为 "开发团队与运营团队之间更具协作性、更加高效的关系"。由于团队间协作关系的改善，整个组织的效率因此得到提升，伴随频繁变化而来的生产环境的风险也能得到降低。

在很多企业中，应用程序发布是一项涉及多个团队、风险很大、压力很高的活动。然而在具备 DevOps 能力的组织中，应用程序发布的风险较低，原因如下。

- 减少变更范围：与传统的瀑布式开发模型相比，采用敏捷或迭代式开发意味着更频繁的发布、每次发布包含的变化更少。由于部署经常进行，因此每次部署不会对生产系统造成巨大影响，应用程序会以平滑的速率逐渐生长。
- 加强发布协调：依靠强有力的发布协调人来弥合开发与运营之间的技能鸿沟和沟通鸿沟；采用多种协作工具来确保所有相关人员理解变更的内容并全力合作。
- 自动化：强大的部署自动化手段确保部署任务的可重复性、减少部署出错的可能性。

与传统开发方法那种大规模的、不频繁的发布（通常以"季度"或"年"为单位）相比，敏捷方法大大提升了发布频率（通常以"天"或"周"为单位）。

图 1-7 展示了在 DevOps 模式下，开发与运维连接为一体的紧密关系，以及软件生命周期各个阶段的转换关系。

图 1-7　DevOps 生命周期

1.3.4　持续交付

持续交付（Continuous Delivery，缩写为 CD），是一种软件工厂方法，让软件产品的产出过程在较短的周期内完成，以保证软件可以稳定、持续的保持在随时可以发布的状态。它的目标在于让软件的构建、测试与发布变得更快以及更频繁。这种方式可以减少软件开发的成本与时间，减少风险。

持续交付与 DevOps 的含义很相似，所以经常被混淆。但是它们是不同的两个概念。DevOps 的范围更广，它以文化变迁为中心，特别是软件交付过程所涉及的多个团队之间的合作（开发、运维、QA、管理部门等），并且将软件交付的过程自动化。从另外一个方面看，持续交付是一种自动化交付的手段，关注点在于将不同的过程集中起来，并且更快、更频繁地执行这些过程。因此，DevOps 可以是持续交付的一个产物，持续交付直接汇入 DevOps。

有时候，持续交付也与持续部署容易混淆。持续部署意味着所有的变更都会被自动部署到生产环境中。持续交付意味着所有的变更都可以被部署到生产环境中，但是出于业务考虑，也可以选择不部署。如果要实施持续部署，必须先实施持续交付。

从代码提交开始，我们可以把整个持续交付归纳出四个关键要素：持续集成、自动化测试、自动化部署、交付流水线。

- 持续集成：持续集成保证了代码始终是可用的，编译正确并且通过所有单元测试和代码静态检测，这些动作都发生在代码部署到环境之前，是持续交付流水线的第一步。
- 自动化测试：通过自动化测试，实现快速回归测试，通过自动化测试平台来保障测试质量和测试覆盖率。
- 自动化部署：基于容器化的快速部署优势实现流水线快速推进；利用容器化高可扩展性的优势实现基于负载的自动伸缩；利用容器化更加轻量级的优势解决了应用和操作系统的强耦合问题；利于容器化高一致性的优势统一构建各环境，提高部署环境的一致性。
- 交付流水线：交付流水线包括了从开发提交代码，触发构建，部署测试环境，测试环境自动化以及测试、准生产环境部署到测试、上线审批、自动化发布上线及测试。

整个交付流水线是自动化和人工相结合的一个过程，测试环节需要人工测试的参与，任何节点如果自动执行失败的话，也要提供人工介入的入口，允许人工选择重新执行、终止流程等动作，涉及上线更需要人工审核才能触发自动化发布。所以，交付流水线也不是一味追求自动化，需要自动和人工的结合。

1.4 使用 .NET 技术开发云原生应用的优势

拥有一个强大、可扩展、可互操作、跨平台、语法优秀、尖端的开发平台一直是所有企业的追求，不被限制在某个特定操作系统和架构中，而且无须专有许可证，同时企业能够根据自身需求自由的对其进行高度定制，这是开发者渴望的理想平台。以此为目标，微软在 2016 年正式发布了 .NET Core 平台，随后被正式命名为 .NET。与 .NET Framework 紧密绑定在 Windows 平台完全不同，.NET 是一个极其优秀、强大的高性能的跨平台开发框架，在保持核心开发语言 C# 一致的情况下，完成了其自身的华丽转身，进入了全新的发展阶段。

1.4.1　高性能

.NET 按量付费（pay-for-what-you-use）性能是其一个关键指标，对于每一个发布的版本，都会竭尽全力提高性能。例如在 Tech Empower 基准测试中，比较了不同的应用程序框架，.NET 的性能要远远高于 Java Servlet 和 Node.js。.NET 的性能是 Node.js 的 8 倍以上，近 3 倍于 Java Servlet。

来自新西兰的 Raygun 公司开发了一个基于云的错误和崩溃报告平台，在将原有的 Node.js API 迁移到 .NET 平台之后，吞吐量提升了 20 倍。

当 .NET 与正确的数据库与架构结合时，几乎可以说对于任何类型的业务，.NET 都是在面临可扩展需求时的完美解决方案。

1.4.2　跨平台

跨平台是软件开发中一个重要的概念，即不依赖于特定操作系统，也不依赖特定硬件环境。在一个操作系统下开发的应用，可以在另一个操作系统下依然可以运行，实现一次编译，到处运行。

.NET 为跨平台而生，操作系统方面它原生支持 Windows、Linux、macOS，在指令集方面则不仅支持国际主流的 X64、X86、ARM32、ARM64 指令集，并且还支持国产自主指令集 LongArch，多指令集的支持将让 .NET 应用在云原生时代大放异彩。

1.4.3　完全容器化支持

.NET 平台设计之初，特别针对容器技术进行了针对性优化，不仅有轻量的、基于模块的配置、日志、分析等内置功能，同样可以十分容易地对基础功能进行扩展，这些特点使得基于 .NET 平台开发的应用程序非常适合运行在容器中。基于 .NET 平台开发的应用程序对磁盘、CPU、内存等资源的占用也是极低的。同时官方也持续优化提升 .NET 应用程序在容器中的运行体验。

1.4.4　开源

.NET 项目属于 .NET 基金会管理，该基金会是一个非营利组织，由微软提供官方支持，基金会培养和支持超过 25000 名贡献者，1700 家公司，并拥有超过 55 个活跃项目，该基金会聚集了充满激情的开发人员，并管理世界各地的社区见面和分享知识，提供项目指导，促进 Microsoft 生态系统中的开源。

发布于 2016 年的 .NET 项目到 2017 年就已经拥有超过 28000 次来自社区的提交，跻身于前 30 名高速度开源项目之列。

.NET 项目使用宽松的 MIT⊖和 Apache 2⊖开源协议，文档协议遵循 CC-BY⊖协议。这些协议允许任何人、任何组织和企业任意处置，包括使用、复制、修改、合并、发表、分发和再授权，或者销售。唯一的限制是，软件中必须包含上述版权和许可声明，后者协议将会除了为用户提供版权许可之外，还有专利许可，并且授权是免费的、无排他性的（任何个人和企业都能获得授权），并且永久不可撤销，相较于 Oracle 对 Java 和 MySQL 的开源协议微软做出了最大的诚意。

需要特别指出的是，作为一个自由的软件开发平台，.NET 并不受美国 EAR⑭（出口管理条例）的限制，不存在"断供"的问题。

1.5　小结

技术的变革一定是思想先行，云原生是一种构建和运行应用程序的方法，是一套技术体系和方法论，是在云计算的滚滚浪潮中应运而生的。云原生没有确切的定义，因为它一直在发展和变化中，当下被认可的概念是云原生=微服务+DevOps+持续交付+容器化。

微服务是将大型单体应用拆分成多个独立的服务，通过服务调用来实现业务功能的架构风格。其优势在于按服务拆分后，能更好地完成高内聚低耦合，单一服务更轻，是云原生应用的根基。

容器化工具当下流行的就是 Docker 和 Kubernetes，其优势在于运维的时候不需要再关心每个服务所使用的技术栈了，服务都被无差别地封装在容器中，可以被无差别地管理和维护，已成为事实上的工业标准。

DevOps 就是开发运维一体化，减少开发和运维之间的沟通隔阂以提升效率，其本质是一种敏捷思维，是一种沟通文化，也是组织形式，为云原生提供持续交付能力。

持续交付就是在不影响用户使用的前提下，能够更快速发布新功能，是现代化互联网发展提出的新要求。以前两周发布一次，还得午夜停机发布，而 CI/CD 要求是能全自动化发布回滚，一周发布几十个版本，要做到这点很难，需要多种流程和工具的支撑。

⊖ https://github.com/dotnet/core/blob/main/LICENSE.TXT?WT.mc_id=dotnet-35129-website

⊖ https://www.apache.org/licenses/LICENSE-2.0

⊖ https://creativecommons.org/licenses/by/4.0/

⑭ https://github.com/dotnet/runtime/discussions/74213

第 2 章
配置 .NET 云原生开发与运行环境

工欲善其事，必先利其器。在本章中，我们将介绍如何配置 .NET 云原生开发与运行环境。我们将使用 Git 作为源代码管理工具，使用 .NET 6.0 作为开发框架，使用 VS Code 作为开发工具，使用 Docker 作为容器化工具，使用 Kubernetes 作为容器编排工具。你可以根据自己的喜好选择其他工具，但是本书中的示例代码将使用这些工具。如果你已经熟悉并安装了这些工具，可以跳过本章，直接开始阅读第 3 章。

本书的示例应用为 eShopOnContainers[⊖]，这是一个典型的云原生电子商务应用，开发和运行该应用需要比较复杂的环境支持，本章将详细介绍如何配置它的开发和运行环境。

2.1 系统要求

因为 eShopOnContainers 示例应用程序需要使用到多个 Docker 容器，因此对运行该应用程序的硬件有一定的要求。推荐的硬件要求如下。

1. Windows 系统

Windows 硬件要求：16GB 内存。8GB 内存可能不够用，因为 Docker 容器会占用大量的内存。

Windows 系统软件要求：最新更新的 .NET 6 SDK。Windows 版本的 Docker Desktop。Visual Studio 2022 17.0 或更新版本（可选）。Visual Studio Code（可选）。

2. macOS 系统

macOS 硬件要求：16GB 内存。8GB 内存可能不够用，因为 Docker 容器会占用大量的内存。支持 MMU 虚拟化的处理器。

macOS 系统软件要求：最新的 .NET 6 SDK。macOS 上的 Docker Desktop（可选）。Visual Studio for Mac（可选）。Visual Studio Code。

下面我们将会分步介绍如何安装配置这些软件。

⊖ https://github.com/dotnet-architecture/eShopOnContainers

2.2　安装与配置 Git 环境

Git 是一个开源的分布式版本控制系统，也是目前世界上最先进的分布式版本控制系统之一。Git 最初是 Linus Torvalds 为了帮助管理 Linux 内核开发而开发的一个开放源码的版本控制软件，发布于 2005 年。随着时间的推移，Git 已经成为目前主流的版本控制系统。Git 的主要特点是速度快、简单易用、支持离线工作、支持分布式开发、支持多种协议等。Git 的官方网站是 https://git-scm.com/。并提供了官方中文版文档站点：https://git-scm.com/book/zh/v2/。

Git 非常适合用来管理大型项目的源代码，它支持分支管理，可以让多个开发者同时开发同一个项目，而不会相互干扰。开发者可以在不影响主分支的情况下，创建新的分支进行开发，以创建新功能或修复 Bug，开发完成后，再将新分支合并到主分支。下面，我们将介绍如何安装 Git 开发环境。

2.2.1　安装 Git

安装 Git 的方法有很多种，可以参考 Git 官方网站的安装指南⊖。可以选择在 Windows、Linux 或 macOS 上安装 Git：

- Windows：可以在 Git 官方网站下载安装程序⊜。
- Linux：可以参考官方文档⊜。
- macOS：最简单的方式是安装 Xcode Command Line Tools。在 Mavericks（10.9）或更高版本的系统中，在 Terminal 里尝试首次运行 git 命令 git --version 即可。也可以在官方网站下载安装程序㉨。

推荐安装 GitHub Desktop㊄，它是一个图形化的 Git 客户端，可以在 Windows、macOS 和 Linux 上运行。GitHub Desktop 的下载安装界面如图 2-1 所示。

安装完成后，可以运行命令 git --version 来检查 Git 是否安装成功：

```
> git --version
git version 2.37.1.windows.1
```

如果看到了类似的输出，说明 Git 已经安装成功了。

2.2.2　配置 Git

在第一次使用 Git 之前，需要对 Git 进行一些基本的配置。每台计算机上只需配置一次，配置完成后，所有的 Git 仓库都会使用这些配置。也可随时再次修改这些配置。

⊖ https://git-scm.com/book/zh/v2/起步-安装-Git

⊜ https://git-scm.com/download/win

⊜ https://git-scm.com/download/linux

㉨ https://git-scm.com/download/mac

㊄ https://desktop.github.com/

图 2-1　GitHub Desktop 下载安装界面

Git 使用 git config 命令来设置 Git 的配置变量。这些配置主要存储在三个位置。

- /etc/gitconfig 文件：包含系统上每一个用户及他们仓库的通用配置。如果使用 git config 时使用 --system 选项，那么它会从此文件读写配置变量。注意因为它是系统范围的配置，所以需要管理员权限才能修改。
- /.gitconfig 或/.config/git/config 文件：只针对当前用户。您可以使用 --global 选项让 Git 读写此文件。
- 当前使用仓库的 Git 目录中的 config 文件（即.git/config）：只针对该仓库。您可以使用 --local 选项让 Git 读写此文件。

每一个级别的配置都会覆盖上层的相同配置，所以 .git/config 里的配置会覆盖 /etc/gitconfig 中的同名变量。

在 Windows 系统中，Git 会查找 HOME 目录下（一般情况下是 C:\Users\USER）的 .gitconfig 文件。

接下来需要设置 Git 的用户名和邮箱地址。这些信息会被 Git 用来标识是谁提交了代码，这些信息在每次提交时都会被 Git 使用，不可更改：

```
> git config --global user.name "Zhang San"
> git config --global user.email zhangsan@example.com
```

如果使用了--global 选项，那么只需要设置一次，以后所有的 Git 仓库都会使用这个配置。如果想在某个特定的仓库中使用其他的用户名或邮箱地址，只需在该仓库的目录下运行不带 --global 选项的命令即可。

如果安装了 GitHub Desktop，在第一次运行的时候也会提示设置用户名和邮箱地址。

Git 还可以配置默认的文本编辑器，当 Git 需要输入信息时，会自动启动该编辑器。建议使用 VS Code 作为默认的编辑器。我们会在后面的章节中介绍如何设置 VS Code 作为 Git 的默认编辑器。

如果想要检查当前的配置，可以使用 git config --list 命令。输出如下所示。

```
> git config --list
diff.astextplain.textconv=astextplain
http.sslbackend=openssl
http.sslcainfo=C:/Program Files/Git/mingw64/ssl/certs/ca-bundle.crt
core.autocrlf=true
core.fscache=true
core.symlinks=false
pull.rebase=false
credential.helper=manager-core
credential.https://dev.azure.com.usehttppath=true
init.defaultbranch=master
user.name=Zhang San
user.email=zhangsan@example.com
```

要修改这些配置，只需重新运行 git config 命令即可。例如，要修改用户名，只需运行 git config --global user.name 即可。

2.2.3　下载 eShopOnContainers 源代码

eShopOnContainers 是一个微服务和容器化的示例应用程序，它包含了基于 ASP.NET Core 的 Web 应用程序，以及许多基于 .NET 的微服务。我们将使用这个示例应用程序来学习如何使用 Git 和 GitHub。

要下载 eShopOnContainers 源代码，可以使用 Git 命令行工具，也可以使用 GitHub Desktop。该示例应用程序的源代码托管在 GitHub 上，地址为 https://github.com/dotNetCloudNative/eShopOnContainers。我们可以使用 git clone 命令来下载源代码。首先在命令行中切换到一个合适的目录，如 c:\dev，然后运行 git clone 命令即可。

```
git clone https://github.com/dotNetCloudNative/eShopOnContainers
```

如果使用的是 GitHub Desktop，可以单击菜单栏的 File -> Clone Repository...，然后在弹出的对话框中输入仓库的地址，单击 Clone 按钮即可。

接下来，我们来安装其他的工具，以便于在本地运行 eShopOnContainers 应用程序。

2.3　安装 .NET

.NET 6 是一个免费、开源、跨平台的开发平台。可以使用 .NET 6 开发各种各样的应用程序，如 Web 应用程序、移动应用程序、桌面应用程序、游戏、物联网应用程序等等。.NET 6 是跨平台的，可以在 Windows、Linux 和 macOS 上开发 .NET 6 应用程序。要

使用 .NET，需要使用 C# 编程语言。虽然 .NET 也支持一些其他语言，如 F# 和 Visual Basic，但是本书中我们只会使用 C#编程语言。

.NET 6 具有非常多的优点。它提供了非常多的高级语言特性，如泛型、LINQ 查询、异步编程、匿名类型等，可以帮助开发者提高生产力。.NET 6 还具有非常高的性能。在某些测试中，如 JSON 序列化、数据库访问、服务端模板渲染等任务，.NET 6 比其他的流行框架都快。同时 .NET 还具有一个非常活跃的社区及完善的生态系统，提供了非常多的开源库，可以帮助开发者提高开发效率。最重要的一点是，.NET 6 是免费开源的，可以在任何地方使用它。

2.3.1　.NET 版本选择

.NET 已经具有 20 年的历史。由于某些历史原因，.NET 的版本命名发生过一些变化。你可能听到过各种不同的名字，如 .NET Framework、.NET Core 等。现在当我们谈论 .NET 时，一般使用 .NET Framework 指代传统的 .NET 框架，它只能运行在 Windows 上，也无法跨平台，它的当前最新的版本是 .NET Framework 4.8。

微软为了解决传统的 .NET Framework 框架不支持跨平台的问题，于 2016 年推出了 .NET Core，它是一个全新开发的跨平台的开源框架。从 .NET Core 3.1 之后，为了避免混淆，微软跳过了版本号 4，将 .NET Core 重命名为 .NET 5，统一了 .NET 的运行时。

每个产品都有一个生命周期，从产品发布开始，到不再受到支持时结束。为了管理如此多的版本，微软为每个产品规定了其支持的生命周期。每个产品的生命周期有三种类型。

● 长期支持（LTS）版本：长期支持版本是一个稳定的版本，它会在产品发布后 3 年内受到支持。在这 3 年内，微软会提供安全更新和 Bug 修复，用户可以在任何地方使用这个版本，而不需要担心它会不会被废弃。

● 当前版本（Current）：当前版本在初始发布后，直到下一个 Current 版本或者 LTS 版本发布后的 6 个月内受到支持。微软每 12 个月发布一个版本，因此当前版本的支持周期为 18 个月。

● 预览版本（Preview）：预览版通常不会受到支持，但会在最终发布之前提供公开测试。
目前最新的 LTS 版本是 .NET 8。

按照微软的策略，每年 11 月会发布新的 .NET 版本。偶数版本是 LTS 版本，奇数版本是当前版本。.NET 6 是一个长期支持版本。在撰写本书时，.NET 7 也刚刚正式发布，但是 .NET 7 不是一个长期支持版本，因此本书中使用的是 .NET 6。撰写本书时，最新的 .NET 6 和 .NET 7 的支持生命周期如下所示。

版本	发布日期	补丁版本	支持结束日期
.NET 6	2021 年 11 月 8 日	6.0.9	2024 年 11 月 12 日
.NET 7	2022 年 9 月 14 日		2023 年 10 月 11 日

当你阅读本书时，.NET 8 的正式版本已经发布了。

2.3.2 安装 .NET

　　.NET 6 SDK 包含了 .NET 6 运行时和 .NET CLI。.NET 6 SDK 可以在 .NET 下载页面⊖下载，如图 2-2 所示。可以选择安装 .NET 6 SDK 的 Windows 或 macOS 版本。注意要选择 .NET 6 SDK，而不是 .NET 6 Runtime。因为需要 .NET 6 SDK 来创建 .NET 6 项目，而 Runtime 只提供运行 .NET 6 项目的运行时环境。

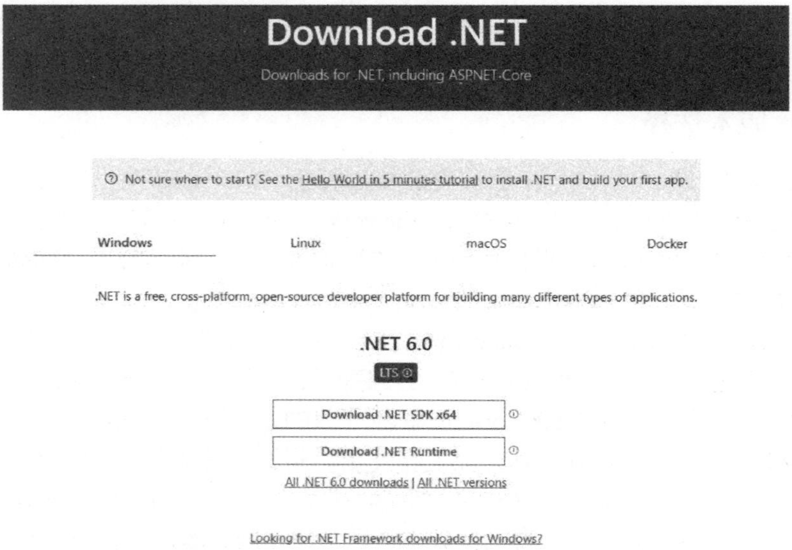

图 2-2　下载 .NET 6 SDK

　　安装完成后，请打开一个新的命令行窗口，输入以下命令：

```
> dotnet
```

　　如果安装成功，将看到类似如下的输出：

```
Usage: dotnet [options]
Usage: dotnet [path-to-application]

Options:
-h|--help          Display help.
--info             Display .NET information.
--list-sdks        Display the installed SDKs.
--list-runtimes    Display the installed runtimes.

path-to-application:
The path to an application .dll file to execute.
```

　　还可以输入以下命令查看 .NET SDK 的版本：

⊖ https://dotnet.microsoft.com/en-us/download

```
>dotnet –version
6.0.404
```

该命令只会显示本地计算机上安装的最新的 .NET 版本。如果计算机上安装了多个版本的 .NET，可以输入以下命令查看所有的 .NET 版本，如下所示。

```
> dotnet --list-sdks
6.0.404 [C:\Program Files\dotnet\sdk]
7.0.101 [C:\Program Files\dotnet\sdk]
```

以上会列出所有的 .NET SDK 版本，以及每个版本的安装路径。

2.4　安装 Visual Studio 2022 或 Visual Studio Code

本书的代码可以使用 Visual Studio 2022 或 Visual Studio Code（简称 VS Code）来编辑。还可以任意选择熟悉的编辑器或其他 IDE 来查看代码，如 Rider 等。

2.4.1　安装 Visual Studio 2022

Visual Studio 2022 是一个功能强大的 IDE，它可以帮助你轻松地开发和调试应用程序。Visual Studio 2022 有三个版本：Community、Professional 和 Enterprise。Community 版本是免费的，而 Professional 和 Enterprise 版本是收费的，后两种版本提供了一些高级功能，如高级调试与诊断工具、测试工具等。有关各个版本详细的功能区别，可以在此页面查看[⊖]。对于本书中的示例，可以使用免费的 Community 版本，或使用任何你已拥有授权的高级版本。Visual Studio 2022 对调试多容器应用程序提供了更好的支持。

可以在如图 2-3 所示的页面下载 Visual Studio 2022[⊖]，下载完成后，双击安装包，按照提示安装即可。

图 2-3　下载 Visual Studio 2022

⊖ https://visualstudio.microsoft.com/zh-hans/vs/compare

⊖ https://visualstudio.microsoft.com/vs

在安装时，请根据要开发或调试的工作内容选择安装相应的组件。

对于服务器端开发（微服务和 Web 应用）的开发工作（如图 2-4 所示），选择如下组件：

- ASP.NET 和 Web 开发；
- Azure 开发（可选）——如果要在 Azure 上托管 Docker 应用或使用任何 Azure 的服务，请选择此项。

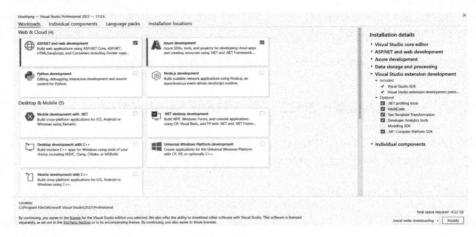

图 2-4　服务器端开发

对于移动开发（针对 iOS 和 Android 的 Xamarin 应用以及 Windows UWP 应用）的开发工作（如图 2-5 所示），选择如下组件：

- 使用 .NET（Xamarin）的移动应用开发组件；
- UWP 开发组件；
- .NET 桌面开发组件（可选）。这个组件不是必须的，如果想使用 WPF 或 WinForm 桌面应用来测试微服务，可以选择此项。

图 2-5　移动开发

不要选择如图 2-6 所示的 Google Android Emulator 选项，它使用了英特尔的 HAXM 管理程序。如果在 Docker for Windows 中使用 Hyper-V 来运行容器，安装 Google Android 模拟器会导致 Docker 无法正常工作。

图 2-6　不要选择使用 HAXM 的 Google Android Emulator 选项

之后继续完成安装即可。

2.4.2　安装 Visual Studio Code

Visual Studio Code （简称 VS Code）由微软开发的跨平台免费开源代码编辑器，支持语法高亮、代码自动补全、代码重构、查看定义等功能，并内置了命令行工具和 Git 版本控制系统。VS Code 默认支持 JavaScript、HTML 等语言，也可以通过下载扩展来支持其他语言，如 C#、Python、Java 等。VS Code 也支持调试，通过安装各种各样的扩展，可以极大丰富 VS Code 的功能，因此越来越受到开发者的欢迎。

可以在如图 2-7 所示的页面下载 VS Code[⊖]。下载完成后，双击安装包，按照提示安装即可。

图 2-7　下载 VS Code

⊖ https://code.visualstudio.com

在安装过程中，注意选中添加到 PATH 的选项（如图 2-8 所示），这样就可以在任何地方使用 VS Code 了。

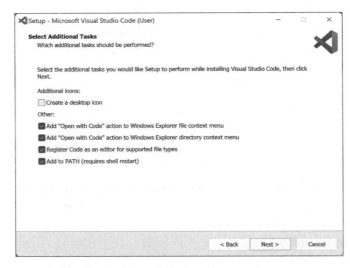

图 2-8　安装 VS Code

在命令行中导航到你的工作目录，输入以下命令，即可启动 VS Code：

```
> code .
```

VS Code 的扩展功能非常强大。打开 VS Code 后，单击左侧菜单栏中的 Extensions（如图 2-9 所示），即可浏览扩展商店。建议您安装如下的扩展：

图 2-9　安装 VS Code 扩展

● C# for Visual Studio Code（C# 语言支持）⊖。

⊖ https://marketplace.visualstudio.com/items?itemName=ms-dotnettools.csharp

- Docker（Docker 支持）[◯]。
- Remote - Containers（远程容器支持）[◯]。

后面的章节中将会详细介绍如何使用 VS Code 进行调试。

之前在介绍安装 Git 的时候，提到可以设置使用 VS Code 作为默认的文本编辑器。如果安装 VS Code 时已经选中了添加到 PATH 的选项，那么可以在命令行中输入以下命令，将 VS Code 设置为默认的文本编辑器：

```
> git config --global core.editor "code --wait"
```

要验证设置是否成功，可以运行以下命令：

```
> git config --global -e
```

如果设置正确，Git 将会使用 VS Code 打开配置文件，这样就说明配置好了。

2.5　安装 Docker

Docker Desktop 是 Docker 的官方桌面版本。它包含了 Docker 引擎、Docker CLI 客户端、Docker Compose 和 Docker Machine。Docker Desktop 也包含了一个可视化的 Docker 管理界面，可以运行 Docker 容器。Docker Desktop 有两个版本：Stable 和 Edge。Stable 版本是稳定的，而 Edge 版本是最新的，但可能不稳定。建议使用 Stable 版本。注意，在大型企业（超过 250 名员工或超过 1000 万美元的年收入）中为商业目的使用 Docker Desktop 需要付费订阅。

本书仅介绍在 Windows 上安装 Docker 的过程。Windows 上的 Docker Desktop 支持两种模式：WSL 2 和 Hyper-V。WSL 2 是 Windows Subsystem for Linux 的第二代版本。WSL 2 提供一个 Linux 内核，可以在 Windows 上运行。WSL 2 与 Hyper-V 不兼容，因此您只能选择其中一种。

2.5.1　安装 WSL 2

要使用 WSL 2 后端，必须使用以下 Windows 版本之一：
- Windows 11 64 位：家庭版或专业版 21H2 或更高版本，或者企业版或教育版 21H2 或更高版本。
- Windows 10 64 位：Home 或 Pro 21H1（build 19043）或更高版本，或者 Enterprise 或 Education 20H2（build 19042）或更高版本。

要安装 WSL 2，可以参考微软官方的安装说明[◯]。使用 wsl --install 命令将默认值设置为 WSL 2。

◯ https://marketplace.visualstudio.com/items?itemName=ms-azuretools.vscode-docker

◯ https://marketplace.visualstudio.com/items?itemName=ms-vscode-remote.remote-containers

◯ https://docs.microsoft.com/zh-cn/windows/wsl/install

使用管理员权限启动命令行窗口，输入以下命令：

```
> wsl --install
```

将看到类似下面的输出：

```
Installing: Virtual Machine Platform
Virtual Machine Platform has been installed.
Installing: Windows Subsystem for Linux
Windows Subsystem for Linux has been installed.
Downloading: WSL Kernel
Installing: WSL Kernel
WSL Kernel has been installed.
Downloading: GUI App Support
Installing: GUI App Support
GUI App Support has been installed.
Downloading: Ubuntu
The requested operation is successful. Changes will not be effective until the system is rebooted.
```

需要重新启动计算机来完成安装。重启后，安装程序会要求您输入 Linux 系统的用户名和密码。按照提示进行操作完成安装。如果有新的更新，可以按照提示运行相应的命令即可。

安装完成后，可以在 Windows 的"控制面板"→"程序和功能"→"启用或关闭 Windows 功能"→"适用于 Linux 的 Windows 子系统"选项。如果您看到选中了"适用于 Linux 的 Windows 子系统" 选项，那么您已经成功安装了 WSL 2，如图 2-10 所示。

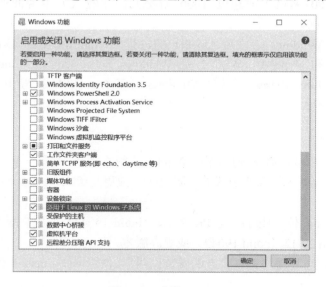

图 2-10　安装 WSL 2

默认安装的系统是 Ubuntu。您可以使用以下命令查看可用的 Linux 发行版列表：

```
> wsl -l -o
```

```
The following is a list of valid distributions that can be installed.
Install using 'wsl.exe --install <Distro>'.

NAME                FRIENDLY NAME
Ubuntu              Ubuntu
Debian              Debian GNU/Linux
kali-linux          Kali Linux Rolling
SLES-12             SUSE Linux Enterprise Server v12
SLES-15             SUSE Linux Enterprise Server v15
Ubuntu-18.04        Ubuntu 18.04 LTS
Ubuntu-20.04        Ubuntu 20.04 LTS
OracleLinux_8_5     Oracle Linux 8.5
OracleLinux_7_9     Oracle Linux 7.9
```

运行以下命令来安装其他的 Linux 发行版:

```
> wsl --install -d <Distribution Name>
```

如果您要查看当前安装的发行版列表，可以使用以下命令:

```
> wsl -l -v
```

您将看到如下输出:

```
NAME          STATE          VERSION
* Ubuntu      Running        2
```

这表示 Ubuntu 运行在 WSL 2 上。

WSL 2 支持运行多个不同的 Linux 发行版。您也可以直接从 Windows 商店中选择安装发行版，如图 2-11 所示。

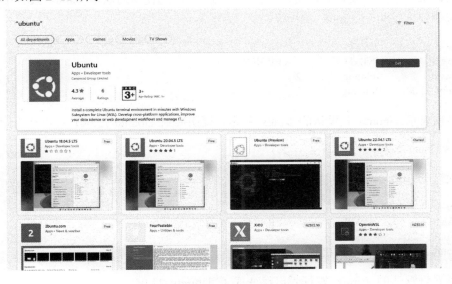

图 2-11　通过 Windows 商店安装 Ubuntu

WSL 2 安装后，建议安装 Windows Terminal 来使用 WSL 2。Windows Terminal 现在已经集成在最新版本的 Windows 11 中。如果使用的是 Windows 10，需要在商店中自行安装 Windows Terminal。

Windows Terminal 可以支持多个窗口并分别使用不同的 Linux 发行版或其他命令行工具（如 PowerShell、Windows 命令、Azure CLI 等），如图 2-12 所示。

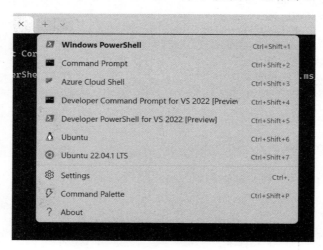

图 2-12　使用 Windows Terminal

您也可以直接在开始菜单中搜索已安装的发行版名称，如"Ubuntu"。或在 Windows 命令窗口或 PowerShell 中输入已安装的发行版名称，或直接输入 wsl.exe。

在 Windows Terminal 或 Windows 命令窗口中要退出 WSL 时，请输入 exit。

如果您安装了多个发行版，可以设置与 WSL 2 一起使用的默认 Linux 发行版，如下所示的系统中安装了两个 Linux 发行版：

```
> wsl -l -v
  NAME              STATE           VERSION
* Ubuntu            Running         2
Ubuntu-22.04        Running         2
```

该输出表示 Ubuntu 是默认的 Linux 版本。要切换到 Ubuntu-22.04，可以使用如下命令：

```
wsl -s Ubuntu-22.04
```

再次运行 wsl -l -v 命令进行检查：

```
> wsl -l -v
  NAME              STATE           VERSION
* Ubuntu-22.04      Running         2
Ubuntu              Running         2
```

可以看到默认的 Linux 发行版已经变成了 Ubuntu-22.04。

注意事项

在 Windows 和 Linux 文件系统之间工作的时候，有一些需要注意的事项。一个比较常见的问题是跨文件系统的文件存储性能很低。建议不要跨操作系统使用文件，以获得最快的速度性能。如果在 Linux 中工作，请将文件存储在 WSL 文件系统目录中，如\\wsl$\Ubuntu\home\<user name>\Project，而不要使用 Windows 文件系统目录，如/mnt/c/Users/<user name>/Project$ 或 C:\Users\<user name>\Project。

WSL 2 支持装载 Windows 驱动器，/mnt 即代表使用装载的驱动器。您可以从 WSL 2 中访问存储在 Windows 文件系统目录中的文件，如使用/mnt/c/Users/<user name>/Project$ 来访问 C:\Users\<username>\Project 目录中的文件，但这样做会导致文件存储性能非常慢。因此请避免使用这种方式，而是将文件直接存储在 WSL 的目录中。

如果您要从 Windows 系统中访问 WSL 2 中的目录，可以直接在 WSL 2 中输入 explorer.exe.来打开 Windows 的文件资源管理器，以查看 WSL 2 中的文件。文件资源管理器会打开一个新窗口，地址类似\\wsl.localhost\Ubuntu-22.04\home\zhangsan 的格式。

另外还要注意，Windows 和 Linux 文件系统处理文件名和目录名称大小写的方式也不相同。Windows 不区分大小写，而 Linux 区分大小写。

有关 WSL 的更多信息，请参考 WSL 官方文档⊖。其他常见问题，可以参考 WSL 常见问题说明⊜。

2.5.2　安装 Docker Desktop

您可以在 Docker 官方下载页面⊜下载 Windows 版本的 Docker Desktop。双击下载的安装程序进行安装。

当出现如图 2-13 所示的提示窗口时，请确保选择 WSL 2 作为后端：

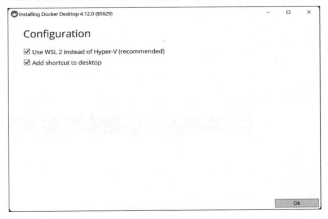

图 2-13　选择 WSL 2

⊖ https://docs.microsoft.com/zh-cn/windows/wsl
⊜ https://learn.microsoft.com/zh-cn/windows/wsl/faq
⊜ https://docs.docker.com/desktop/install/windows-install/

如果您同时启用了 Hyper-V，该界面可能会有所不同。

按照安装向导的说明授权安装程序并继续安装。如图 2-14 所示。

图 2-14　接受 Docker 许可协议

单击 Accept 按钮以接受授权协议。

安装完成后，还需要检查用户账户。如果管理员账户与用户账户不同，则必须将用户添加到 docker-users 组。以管理员身份运行计算机管理并导航到本地用户和组→组→docker-users。右键单击以将用户添加到组。注销并重新登录以使更改生效。

安装完成后，启动 Docker 将看到 Docker 的管理界面，如图 2-15 所示。

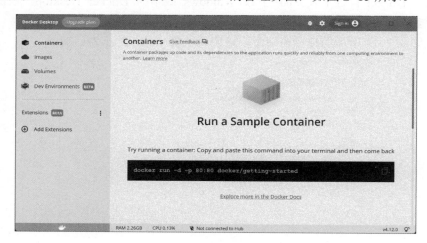

图 2-15　启动 Docker

2.5.3　配置 Docker Desktop

默认的 Docker Desktop 配置已经足够满足大多数用户的需求。但是并不适合运行 eShopOnContainers，因为 eShopOnContainers 使用了多达 25 个 Linux 容器。因此，您需要更改 Docker Desktop 的默认配置。

如果安装了多个 Linux 发行版，Docker Desktop 会自动选择默认的 Linux 发行版。可以在设置中选择启用哪个 Linux 发行版。在 Docker Desktop 的任务栏图标上右键单击，然后选择 Settings。选择 Resources > WSL Integration，如图 2-16 所示。

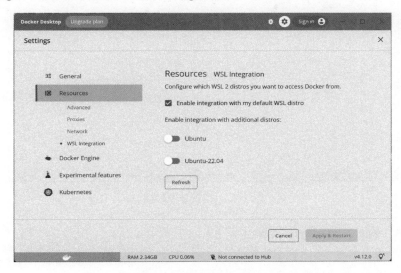

图 2-16　配置 WSL 资源

尽管 eShopOnContainers 的微服务非常轻量级，但该应用程序仍然需要使用大量资源。因为 eShopOnContainers 将 SQL Server、Redis、MongoDb、RabbitMQ 和 Seq 分别作为单独的容器运行。仅 SQL Server 容器就有 4 个数据库分别用于不同的微服务，因此需要占用大量的 CPU 和内存资源。如果您已经选择了 WSL 2 作为后端，则 Docker Desktop 在构建和运行容器时能够自动使用所需的 CPU 和内存资源。

可以在 Docker Desktop 的设置中更改资源限制（如图 2-17 所示）。在 Docker Desktop 的任务栏图标上右键单击，然后选择 Settings。选择 Resources→Advanced。如果您选择了 WSL 2 作为后端，可以看到此处显式资源限制由 Windows 管理，并可以在一个 .wslconfig 文件中进行设置。

默认情况下，Docker 或 WSL 2 不会自动创建这个配置文件，因此我们需要手动创建它。

首先，请确保关闭 Docker 和 WSL 2 的运行实例。在 Docker Desktop 的任务栏图标上右键单击，选择 QuitDocker Desktop。然后您可以通过输入以下命令来关闭 WSL 2：

```
> wsl --shutdown
```

要创建这个 .wslconfig 文件，请打开文件资源管理器，在地址栏中输入 %UserProfile% 进入您的用户目录，创建一个名为 .wslconfig 的文件，确保文件名末尾没有 .txt。将以下内容添加到该文件中：

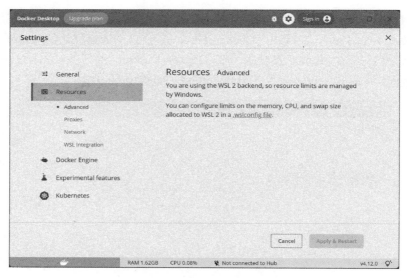

图 2-17　设置资源限制

```
# 设置所有 Linux 发行版都运行在 WSL 2 上
[wsl2]

# 限制 VM 内存使用不超过 12GB，可以使用 GB 或 MB 为单位设置
memory=12GB

# 设置 VM 使用两个虚拟处理器
processors=2

# 将交换存储空间的数量设置为 8GB，默认值为可用 RAM 的 25%
swap=8GB

# 设置 swapfile 路径位置，默认值为 %USERPROFILE%\AppData\Local\Temp\swap.vhdx
swapfile=C:\\temp\\wsl-swap.vhdx

# 禁用页面报告，因此 WSL 保留从 Windows 声明的所有分配的内存，并在空闲时不会释放任何内存
#pageReporting=false

# 关闭默认连接以将 WSL 2 的 localhost 绑定到 Windows 的 localhost
#localhostforwarding=true

# 禁用嵌套虚拟化
nestedVirtualization=false

# 当打开 WSL 2 发行版进行调试时，打开输出控制台以显示调试信息的内容
debugConsole=true
```

请根据您的硬件配置使用合适的值。例如，如果您的计算机有 16GB 内存，您可以将 memory 设置为 8GB 到 12GB。如果您的计算机有 32GB 内存，那么您可以将 memory 设

置为 24GB。

再次启动 Docker Desktop，它将会自动重新启动 WSL 2。现在如果您运行以下命令，您将看到 Docker 和 WSL 2 都在运行中：

```
> wsl -l -v
```

输出如下：

```
NAME                    STATE        VERSION
* Ubuntu-22.04          Running      2
  Ubuntu                Stopped      2
  docker-desktop-data   Running      2
  docker-desktop        Running      2
```

现在 Docker Desktop 的配置已经基本完成了。

2.5.4　配置国内 Docker 环境

由于众所周知的原因，官方的 Docker 镜像仓库在国内访问速度较慢，因此我们需要配置使用国内的镜像仓库。在 Docker Desktop 的设置中，您可以配置镜像仓库地址。在 Docker Desktop 的任务栏图标上右键单击，然后选择 Settings。选择 Resources > Registry mirrors。在 Registry mirrors 中添加国内的镜像仓库地址。

常用的一些国内加速地址如下所示。

● Docker 中国区官方镜像。[一]
● 网易云。[二]
● 腾讯云。[三]
● 中国科学技术大学。[四]

如果你有阿里云的账号，还可以在阿里云中创建自己专属的镜像加速器，得到一个专属加速地址。此镜像加速器是面向个人开发者的服务，仅限于支持个人开发场景，不允许再次封装或商业用途。下面的示例中，配置了网易、中国科学技术大学和 Docker 中国区的镜像地址。

```
{
    "registry-mirrors": [
        "https://hub-mirror.c.163.com",
        "https://docker.mirrors.ustc.edu.cn",
        "https://registry.docker-cn.com"
    ]
}
```

[一] https://registry.docker-cn.com

[二] https://hub-mirror.c.163.com/

[三] https://mirror.ccs.tencentyun.com/

[四] https://docker.mirrors.ustc.edu.cn/

2.6 启用 Kubernetes

Kubernetes 常简称为 K8s，是用于自动部署、扩展和管理容器化应用程序的开源系统。该系统由 Google 设计，用于在大规模集群中运行容器化的应用程序。Kubernetes 旨在提供一个平台，以便开发人员可以在不了解底层基础设施的情况下，可以将应用程序部署到生产环境中。需要注意的是，它并不依赖于 Docker 来管理容器。

Kubernetes 由一组主机组成，称为节点。每个节点都运行 Kubernetes 代理，该代理负责与 Kubernetes 主节点通信，并维护节点上运行的容器的状态。Kubernetes 主节点负责管理集群。它包括一个 API 服务器，一个调度程序，一个控制器管理器和一个 etcd 数据库。Kubernetes 通过 API 服务器提供用户界面。这些组件被设计为松耦合和可扩展的，因此可以满足多种不同的工作负载。

Docker Desktop 为您提供了一个简单的方法来启用 Kubernetes。在 Docker Desktop 的任务栏图标上右击，然后选择 Settings→Kubernetes。在 Kubernetes 中，启用 Kubernetes，选中"Enable Kubernetes"，单击 "Apply & Restart"按钮即可自动安装 Kubernetes，如图 2-18 所示。如果您已经安装了 Kubernetes，Docker Desktop 将自动检测到它。

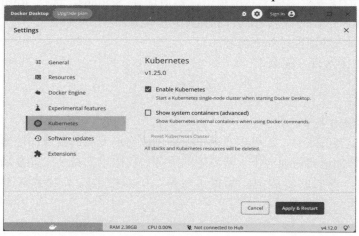

图 2-18 启用 Kubernetes

注意： 安装的时候请保持网络连接正常。这样开发环境就基本配置好了。

2.7 小结

在本章中，我们介绍了如何安装运行 eShopOnContainers 应用程序所需的开发和运行环境，包括 Git、.NET 6 SDK、Visual Studio 2022、VS Code、Docker Desktop 和 Kubernetes 等等。我们还介绍了如何配置 Docker Desktop 和 Kubernetes。在下一章中，我们将会介绍如让 eShopOnContainers 程序运行起来。

第3章
云原生应用开发——电子商务应用
eShopOnContainers

为了更好地帮助开发者理解 .NET 云原生应用的开发和部署,微软与一些社区专家合作,开发了一个功能齐全的云原生微服务参考应用程序 eShopOnContainers 。eShopOnContainers 是一个电子商务应用,它包含了一个网站和一组微服务,主要使用 .NET 技术进行开发。这些微服务可以在 Docker 容器中运行,也可以在 Kubernetes 集群中运行。在本章中,我们会介绍如何配置和使用这个参考应用程序,以更好地理解 .NET 云原生应用的特点。为以后章节的深入学习云原生技术打下基础。

3.1 云原生应用 eShopOnContainers 功能概述

eShopOnContainers 是一个功能齐全的电子商务应用,该示例应用程序的首页如图 3-1 所示。

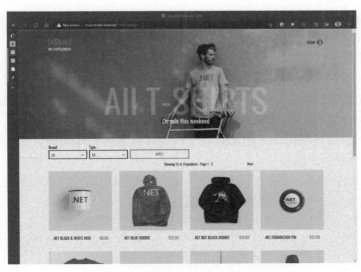

图 3-1 eShopOnContainers 应用程序首页

3.1.1 功能需求

相信各位读者都有过网上购物的经历。对于一个电子商务应用程序来说，以下功能是非常基本的：

- 列出商品目录。
- 按类型筛选商品。
- 按品牌筛选商品。
- 商品添加到购物车。
- 编辑或删除购物车中的商品。
- 查看商品详情。
- 注册账户。
- 登入账户。
- 登出账户。
- 审核订单。

对于非功能性需求来说，该应用程序还应该满足以下要求：

- 它应该是高度可用的，并且能够在流量高峰时自动扩展，流量下降时自动缩减。
- 它应该提供易于使用的健康状态监控和诊断日志，以帮助开发人员快速定位问题。
- 它应该支持敏捷开发流程，包括持续集成和持续部署（CI/CD）。
- 除了两个 Web 前端（传统 Web 应用程序和单页应用程序）之外，它还应该支持不同操作系统的移动客户端应用程序，包括 Android 和 iOS。
- 它应该支持跨平台托管和跨平台开发。

3.1.2 eShopOnContainers 开发架构

eShopOnContainers 参考应用程序的开发架构如图 3-2 所示。

eShopOnContainers 应用程序可以从 Web 端或移动客户端访问。这些客户端通过 HTTPS 访问应用程序，有可能直接访问 ASP.NET Core MVC 服务器，或通过一个 API 网关进行访问。使用 API 网关有一些好处，例如，将后端服务与前端客户端进行分离，并提供更好的安全性。该示例应用程序还应用了一些相关的模式，例如 BFF 模式，该模式建议为每个前端客户端创建单独的 API 网关。上面图 3-2 所示的参考架构图展示了这种模式，根据请求是来自于 Web 还是移动客户端，分别设置了不同的 API 网关。

eShopOnContainers 应用程序的功能被分解为许多不同的微服务。有一些微服务负责身份验证、列出产品目录中的项目、管理用户的购物车和下订单等等。这些服务都是独立的，分别有各自的持久性存储。没有使用一个单一的主要数据库以供所有服务使用。各服务之间的协调和通信是通过使用消息总线来实现的。

每个微服务都根据各自的需求进行不同的设计。尽管它们都是使用 .NET 构建并为云设计的，但它们的技术栈可能会有所不同。比较简单的服务提供对底层数据存储的基本增删查改（CRUD）访问，而更高级的服务则使用领域驱动的设计方法和模式来管理业务的复杂性。不同类型的微服务如图 3-3 所示。

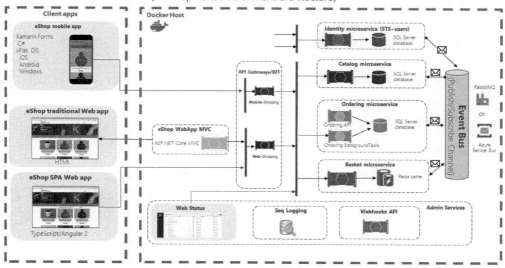

图 3-2　eShopOnContainers 参考应用程序开发架构

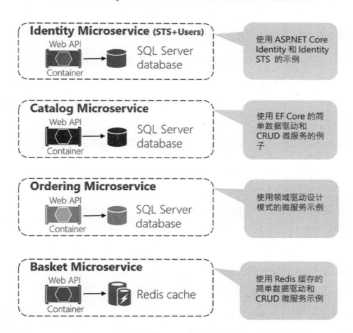

图 3-3　不同类型的微服务

请注意，eShopOnContainers 示例应用程序的目的是为了展示架构模式，即演示如何使用微服务来构建云原生应用程序。它并不是一个可以用于生产环境的模板。实际上，该应用程序永远处于测试状态，因为它还被用来测试新出现的潜在的云原生模式和技术。因此，它的代码库会不断地更新，以便能够演示最新的模式和技术。

3.2 运行 eShopOnContainers 应用

在本节中，我们介绍如何构建并运行 eShopOnContainers 应用程序。

在上一章中，我们将 eShopOnContainers 应用程序克隆到了本地目录。请注意，如果您要开发调试配合 eShopOnContainers 的 Xamarin 移动应用程序，请克隆此仓库：https://github.com/dotnet-architecture/eshop-mobile-client。

3.2.1 了解 docker-compose 文件

eShopOnContainers 应用程序使用 Docker Compose 来构建和运行。Docker Compose 是一个用于定义和运行多容器 Docker 应用程序的工具。使用 Docker Compose，您可以使用 YAML 文件来配置应用程序的服务。然后，使用一个命令，就可以从该配置中创建并启动所有服务。在第 4 章，我们将会更深入地介绍 Docker 的使用，这里我们先介绍一些基本的知识，并使用它启动我们的示例应用。

在深入了解 Docker Compose 之前，我们先来了解一下基本的 Docker 命令。Docker 命令用于创建镜像、运行容器、管理容器和镜像等。Docker 命令的语法如下：

```
> docker <command> <subcommand> (options)
```

当我们开发一个 ASP.NET Core 应用程序时，我们可以使用 Docker 将项目打包成一个 Docker 镜像，然后在 Docker 中启动一个容器来运行它。要创建一个 Docker 镜像，首先我们需要一个名为 Dockerfile 的定义文件。Dockerfile 是一个文本文件，其中包含了一系列用于创建镜像的指令。我们先来看一个例子。

例 3-1　位于 src\Services\Ordering\Ordering.API\Dockerfile 的订单管理 Docker 定义文件。

该文件包含了以下内容：

```
FROM  mcr.microsoft.com/dotnet/aspnet:6.0  AS  base
WORKDIR  /app
EXPOSE  80

FROM  mcr.microsoft.com/dotnet/sdk:6.0  AS  build
WORKDIR  /src

# It's important to keep lines from here down to "COPY …" identical in all Dockerfiles
# to take advantage of Docker's build cache, to speed up local container builds
COPY  "eShopOnContainers-ServicesAndWebApps.sln"  "eShopOnContainers-ServicesAndWebApps.sln"

  COPY  "ApiGateways/Mobile.Bff.Shopping/aggregator/Mobile.Shopping.HttpAggregator.csproj"
"ApiGateways/Mobile.Bff.Shopping/aggregator/Mobile.Shopping.HttpAggregator.csproj"
```

```
COPY "Web/WebSPA/WebSPA.csproj" "Web/WebSPA/WebSPA.csproj"
COPY "Web/WebStatus/WebStatus.csproj" "Web/WebStatus/WebStatus.csproj"

COPY "docker-compose.dcproj" "docker-compose.dcproj"

COPY "NuGet.config" "NuGet.config"

RUN dotnet restore "eShopOnContainers-ServicesAndWebApps.sln"

COPY …
WORKDIR /src/Services/Ordering/Ordering.API
RUN dotnet publish --no-restore -c Release -o /app

FROM build as unittest
WORKDIR /src/Services/Ordering/Ordering.UnitTests

FROM build as functionaltest
WORKDIR /src/Services/Ordering/Ordering.FunctionalTests

FROM build AS publish

FROM base AS final
WORKDIR /app
COPY --from=publish /app .
ENTRYPOINT ["dotnet", "Ordering.API.dll"]
```

这些命令代表了构建一个 Docker 镜像的步骤。我们来分步骤一段一段地解释一下：

```
FROM  mcr.microsoft.com/dotnet/aspnet:6.0  AS  base
WORKDIR  /app
EXPOSE  80
```

以上命令表示，将使用 mcr.microsoft.com/dotnet/aspnet:6.0 镜像作为基础镜像，取别名为 base。然后，将工作目录设置为/app，并且暴露 80 端口。

```
FROM  mcr.microsoft.com/dotnet/sdk:6.0  AS  build
WORKDIR  /src
```

以上命令表示，我们将使用 mcr.microsoft.com/dotnet/sdk:6.0 镜像，取别名为 build 的镜像。然后，将工作目录设置为/src。

```
COPY "eShopOnContainers-ServicesAndWebApps.sln" "eShopOnContainers-ServicesAndWebApps.sln"

COPY "ApiGateways/Mobile.Bff.Shopping/aggregator/Mobile.Shopping.HttpAggregator.csproj"
"ApiGateways/Mobile.Bff.Shopping/aggregator/Mobile.Shopping.HttpAggregator.csproj"
...
COPY "Web/WebSPA/WebSPA.csproj" "Web/WebSPA/WebSPA.csproj"
COPY "Web/WebStatus/WebStatus.csproj" "Web/WebStatus/WebStatus.csproj"
```

```
COPY "docker-compose.dcproj" "docker-compose.dcproj"

COPY "NuGet.config" "NuGet.config"
```

以上命令表示，将当前目录下的 eShopOnContainers-ServicesAndWebApps.sln 文件复制到镜像中的/src 目录下。以此类推，将所有的文件复制到镜像中的/src 目录下。

```
RUN dotnet restore "eShopOnContainers-ServicesAndWebApps.sln"
```

以上命令表示，运行 dotnet restore 命令，将所有的依赖包还原到镜像中。

```
COPY …
WORKDIR /src/Services/Ordering/Ordering.API
RUN dotnet publish --no-restore -c Release -o /app
```

以上命令表示，将当前目录下的所有文件复制到镜像中的/src 目录下。然后，将当前工作目录设置为/src/Services/Ordering/Ordering.API。最后，运行 dotnet publish 命令，将项目发布到/app 目录下。

```
FROM build AS publish

FROM base AS final
WORKDIR /app
COPY --from=publish /app .
ENTRYPOINT ["dotnet", "Ordering.API.dll"]
```

以上命令表示，我们将 build 镜像作为 publish 镜像，将 base 镜像作为 final 镜像。然后，将工作目录设置为/app。最后，将 publish 镜像中的/app 目录下的所有文件复制到 final 镜像中的/app 目录下。最后，设置 final 镜像的入口点为“dotnet”，“Ordering.API.dll”。这样就启动了 Ordering.API 项目。

当 Dockerfile 定义好后，我们就可以使用 docker build 命令来构建镜像了。导航到该项目的目录中，可以使用以下命令来构建镜像：

```
> docker build
```

注意：在实际启动应用的时候，您无需运行此命令。以后我们主要使用 Docker Compose 命令来自动运行此命令。

当解决方案中包含多个项目时，手动一个个构建镜像是非常烦琐的。因此，我们可以使用 docker-compose 命令来构建解决方案中的所有项目。Docker Compose 是一个用于定义和运行多容器 Docker 应用程序的工具，使用 YMAL 格式来定义要启动哪些容器，以及如何启动这些容器。Docker Compose 会自动读取这些 Dockerfile 文件，然后构建镜像。

例 3-2　简单的 docker-compose 定义文件。

一个简单的 docker-compose.yml 文件如下所示。

42

```
version: "3.9"   # optional since v1.27.0
services:
  web:
    build: .
    ports:
      - "8000:5000"
    volumes:
- .:/code
      - logvolume01:/var/log
depends_on:
      - redis
redis:
    image: redis
volumes:
  logvolume01: {}
```

以上文件表示，将当前目录下的 Dockerfile 文件作为名为 Web 服务的构建文件。然后，将 Web 服务的端口映射到主机的 8000 端口。最后，将当前目录下的所有文件挂载到 Web 服务的 /code 目录下，将主机的 /var/log 目录挂载到 Web 服务的 /var/log 目录下。最后，将 redis 服务作为 Web 服务的依赖项。

在 eShopOnContainers 应用程序的 src 目录下，可以看到多个 docker-compose 文件，它们分别针对不同的环境。如图 3-4 所示。

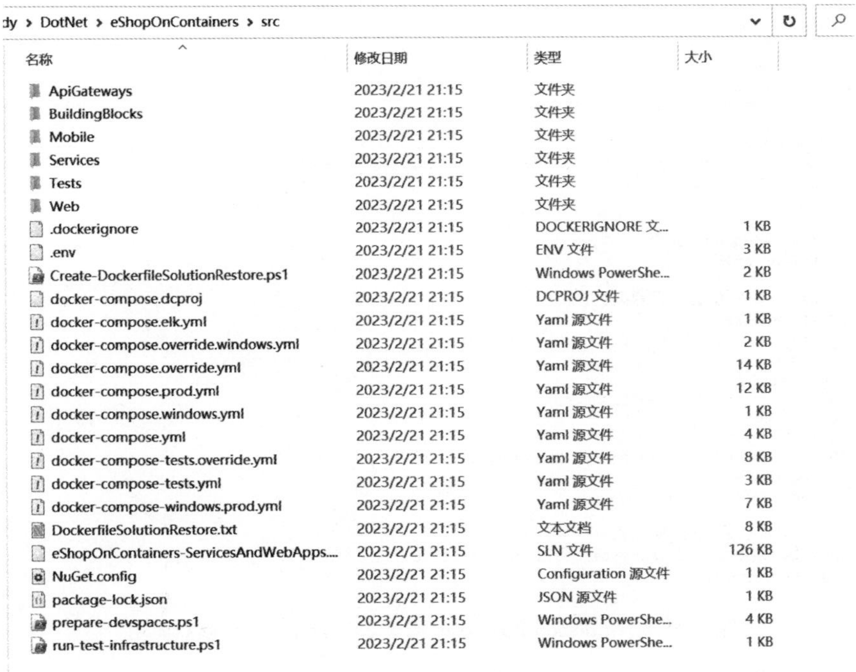

名称	修改日期	类型	大小
ApiGateways	2023/2/21 21:15	文件夹	
BuildingBlocks	2023/2/21 21:15	文件夹	
Mobile	2023/2/21 21:15	文件夹	
Services	2023/2/21 21:15	文件夹	
Tests	2023/2/21 21:15	文件夹	
Web	2023/2/21 21:15	文件夹	
.dockerignore	2023/2/21 21:15	DOCKERIGNORE 文...	1 KB
.env	2023/2/21 21:15	ENV 文件	3 KB
Create-DockerfileSolutionRestore.ps1	2023/2/21 21:15	Windows PowerShe...	2 KB
docker-compose.dcproj	2023/2/21 21:15	DCPROJ 文件	1 KB
docker-compose.elk.yml	2023/2/21 21:15	Yaml 源文件	1 KB
docker-compose.override.windows.yml	2023/2/21 21:15	Yaml 源文件	2 KB
docker-compose.override.yml	2023/2/21 21:15	Yaml 源文件	14 KB
docker-compose.prod.yml	2023/2/21 21:15	Yaml 源文件	12 KB
docker-compose.windows.yml	2023/2/21 21:15	Yaml 源文件	1 KB
docker-compose.yml	2023/2/21 21:15	Yaml 源文件	4 KB
docker-compose-tests.override.yml	2023/2/21 21:15	Yaml 源文件	8 KB
docker-compose-tests.yml	2023/2/21 21:15	Yaml 源文件	3 KB
docker-compose-windows.prod.yml	2023/2/21 21:15	Yaml 源文件	7 KB
DockerfileSolutionRestore.txt	2023/2/21 21:15	文本文档	8 KB
eShopOnContainers-ServicesAndWebApps....	2023/2/21 21:15	SLN 文件	126 KB
NuGet.config	2023/2/21 21:15	Configuration 源文件	1 KB
package-lock.json	2023/2/21 21:15	JSON 源文件	1 KB
prepare-devspaces.ps1	2023/2/21 21:15	Windows PowerShe...	4 KB
run-test-infrastructure.ps1	2023/2/21 21:15	Windows PowerShe...	1 KB

图 3-4　src 目录中的 docker-compose 文件

在下一节中我们介绍构建 eShopOnContainers 的 docker-compose.yml 文件。

3.2.2 构建 eShop

在命令行中输入以下命令，导航到 eShopOnContainers\src 目录，然后构建示例应用：

```
> cd eShopOnContainers\src
> docker-compose build
```

构建将需要一段时间，命令执行过程如图 3-5 所示。

```
 ---> Using cache
 ---> fc07c540e1a7
Step 32/46 : COPY "Web/WebhookClient/WebhookClient.csproj" "Web/WebhookClient/WebhookClient.csproj"
 ---> Using cache
 ---> 96b6f64dbf3c
Step 33/46 : COPY "Web/WebMVC/WebMVC.csproj" "Web/WebMVC/WebMVC.csproj"
 ---> Using cache
 ---> e79ab1cd3d6f
Step 34/46 : COPY "Web/WebSPA/WebSPA.csproj" "Web/WebSPA/WebSPA.csproj"
 ---> Using cache
 ---> 0a51495adb71
Step 35/46 : COPY "Web/WebStatus/WebStatus.csproj" "Web/WebStatus/WebStatus.csproj"
 ---> Using cache
 ---> fe7447554b48
Step 36/46 : COPY "docker-compose.dcproj" "docker-compose.dcproj"
 ---> Using cache
 ---> 891c1a5fe09c
Step 37/46 : COPY "NuGet.config" "NuGet.config"
 ---> Using cache
 ---> 796cb3c7f6bc
Step 38/46 : RUN dotnet restore "eShopOnContainers-ServicesAndWebApps.sln"
 ---> Using cache
 ---> 2415f15e1907
Step 39/46 : COPY . .
 ---> Using cache
 ---> 2fd7494d011c
Step 40/46 : WORKDIR /src/Web/WebStatus
 ---> Using cache
 ---> 4b95b09af8ec
Step 41/46 : RUN dotnet publish --no-restore -c Release -o /app
 ---> Using cache
 ---> f96cf458facf

Step 42/46 : FROM build AS publish
 ---> f96cf458facf

Step 43/46 : FROM base AS final
 ---> 5ea69c82f730
Step 44/46 : WORKDIR /app
 ---> Using cache
 ---> eed7545b3319
Step 45/46 : COPY --from=publish /app .
 ---> Using cache
 ---> 653567ac3dc8
Step 46/46 : ENTRYPOINT ["dotnet", "WebStatus.dll"]
 ---> Using cache
 ---> 7bf6eb9587e3

Successfully built 7bf6eb9587e3
Successfully tagged eshop/webstatus:linux-latest
Building catalog-api
```

图 3-5　使用 docker-compose 构建 eShopOnContainers 应用

取决于系统的配置，构建过程可能需要花费几分钟到几十分钟的时间。如果是第一次构建，可能需要下载大量的 Docker 镜像，如 dotnet/core/aspnet 和 SDK 镜像等，这可能会花费更多的时间。

3.2.3　运行 eShopOnContainers 应用

在命令行中输入以下命令，以将 eShopOnContainers 部署到本地 Docker 容器中运行：

```
> docker-compose up
```

命令的输出结果如图 3-6 所示。

```
> docker-compose up
WARNING: The INSTRUMENTATION_KEY variable is not set. Defaulting to a blank string.
WARNING: The ORCHESTRATOR_TYPE variable is not set. Defaulting to a blank string.
WARNING: The ESHOP_SERVICE_BUS_USERNAME variable is not set. Defaulting to a blank string.
WARNING: The ESHOP_SERVICE_BUS_PASSWORD variable is not set. Defaulting to a blank string.
WARNING: The ESHOP_AZURE_STORAGE_CATALOG_NAME variable is not set. Defaulting to a blank string.
WARNING: The ESHOP_AZURE_STORAGE_CATALOG_KEY variable is not set. Defaulting to a blank string.
Starting src_basketdata_1 ...
Starting src_basketdata_1          ... done
Starting src_mobileshoppingapigw_1 ... done
Starting src_seq_1                 ... done
Starting src_nosqldata_1                   ... done
Starting src_webshoppingapigw_1            ... done
Starting src_rabbitmq_1            ... done
Starting src_webstatus_1           ... done
Starting src_webhooks-api_1        ... done
Starting src_identity_api_1                ... done
Starting src_webhooks-client_1             ... done
Starting src_payment-api_1         ...
Starting src_catalog-api_1         ...
Starting src_ordering-api_1        ...
Starting src_ordering-backgroundtasks_1 ... done
Starting src_basket-api_1          ...
|
```

图 3-6　启动 eShopOnContainers 应用

经过一段时间后（有可能十几分钟或更久），应用启动，可以看到应用的输出日志，输出结果如图 3-7 所示。

```
webmvc_1         | [09:42:46 INF] Request starting HTTP/1.1 GET http://webmvc/hc - -
webmvc_1         | [09:42:46 INF] Executing endpoint 'Health checks'
webmvc_1         | [09:42:46 INF] Start processing HTTP request GET http://identity-api/hc
webmvc_1         | [09:42:46 INF] Sending HTTP request GET http://identity-api/hc
webmvc_1         | [09:42:46 INF] Received HTTP response headers after 3.4659ms - 200
webmvc_1         | [09:42:46 INF] End processing HTTP request after 3.766ms - 200
webmvc_1         | [09:42:46 INF] Executed endpoint 'Health checks'
webmvc_1         | [09:42:46 INF] Request finished HTTP/1.1 GET http://webmvc/hc - - - 200 - application/json 4.9883ms
webspa_1         | [09:42:46 INF] Request starting HTTP/1.1 GET http://webspa/hc - -
webspa_1         | [09:42:46 INF] Executing endpoint 'Health checks'
webspa_1         | [09:42:46 INF] Start processing HTTP request GET http://identity-api/hc
webspa_1         | [09:42:46 INF] Sending HTTP request GET http://identity-api/hc
webspa_1         | [09:42:46 INF] Received HTTP response headers after 3.1487ms - 200
webspa_1         | [09:42:46 INF] End processing HTTP request after 3.379ms - 200
webspa_1         | [09:42:46 INF] Executed endpoint 'Health checks'
webspa_1         | [09:42:46 INF] Request finished HTTP/1.1 GET http://webspa/hc - - - 200 - application/json 4.0964ms
webshoppingagg_1 | [09:42:46 INF] Request starting HTTP/1.1 GET http://webshoppingagg/hc - -
webshoppingagg_1 | [09:42:46 INF] Executing endpoint 'Health checks'
webshoppingagg_1 | [09:42:46 INF] Start processing HTTP request GET http://payment-api/hc
webshoppingagg_1 | [09:42:46 INF] Start processing HTTP request GET http://ordering-api/hc
webshoppingagg_1 | [09:42:46 INF] Start processing HTTP request GET http://catalog-api/hc
webshoppingagg_1 | [09:42:46 INF] Sending HTTP request GET http://catalog-api/hc
webshoppingagg_1 | [09:42:46 INF] Start processing HTTP request GET http://basket-api/hc
webshoppingagg_1 | [09:42:46 INF] Start processing HTTP request GET http://identity-api/hc
webshoppingagg_1 | [09:42:46 INF] Sending HTTP request GET http://payment-api/hc
webshoppingagg_1 | [09:42:46 INF] Sending HTTP request GET http://ordering-api/hc
webshoppingagg_1 | [09:42:46 INF] Sending HTTP request GET http://basket-api/hc
webshoppingagg_1 | [09:42:46 INF] Sending HTTP request GET http://identity-api/hc
webshoppingagg_1 | [09:42:46 INF] Received HTTP response headers after 9.1236ms - 200
webshoppingagg_1 | [09:42:46 INF] Received HTTP response headers after 9.1384ms - 200
webshoppingagg_1 | [09:42:46 INF] Received HTTP response headers after 9.3028ms - 200
webshoppingagg_1 | [09:42:46 INF] Received HTTP response headers after 9.0139ms - 200
webshoppingagg_1 | [09:42:46 INF] End processing HTTP request after 9.6384ms - 200
webshoppingagg_1 | [09:42:46 INF] End processing HTTP request after 9.8696ms - 200
webshoppingagg_1 | [09:42:46 INF] End processing HTTP request after 9.7907ms - 200
webshoppingagg_1 | [09:42:46 INF] End processing HTTP request after 9.7261ms - 200
webshoppingagg_1 | [09:42:46 INF] Received HTTP response headers after 11.4021ms - 200
webshoppingagg_1 | [09:42:46 INF] End processing HTTP request after 11.6429ms - 200
webshoppingagg_1 | [09:42:46 INF] Executed endpoint 'Health checks'
```

图 3-7　启动 eShopOnContainers 应用之后的输出日志

在这一过程中有可能会看到如下的提示窗口（如图 3-8 所示），选择允许相关的端口以使用 Docker。

图 3-8　解除防火墙限制

等到所有容器启动之后，就可以通过访问微服务状态监控站点来查看微服务的状态。通过访问地址 http://host.docker.internal:5107 来查看，如图 3-9 所示。

图 3-9　检查微服务工作状态

如果所有的微服务都正常启动，即显示为绿色，那么就标志着成功运行了 eShopOnContainers 应用程序。

3.2.4　注意事项

在运行 eShopOnContainers 应用程序的时候，默认的开发环境配置会将所有 SQL 数据库与示例数据自动部署到对应的 SQL Server 容器中，因此您不需要安装 SQL Server，也无须依赖任何云或特定的服务器。每个数据库也可以部署为单个 Docker 容器，但您需要在开发机器上为 Docker 分配超过 8GB 的内存，才能运行 5 个 SQL Server Docker 容器。

类似的情况对于开发环境中的作为容器运行的 Redis 缓存或作为容器运行的 No-SQL

数据库（如 MongoDB）来说也是一样的。

在正式的生产环境中，推荐将数据库（SQL Server、Redis 和 No-SQL 数据库等）部署在 HA（高可用）服务中，如 Azure SQL Database、Azure Redis Cache 和 Azure Cosmos DB 等，以代替 MongoDB 容器（因为这两种方式共享相同的访问协议）。如果想修改生产环境中的配置，当配置好 HA 或内部的服务后，需要修改相应的连接字符串。

3.3 访问 eShopOnContainers 应用程序

至此，已经成功将 eShop 托管在 Docker 容器中。接下来，将介绍如何使用 eShopOnContainers 应用程序。

3.3.1 访问 MVC Web 应用

在浏览器中访问 http://host.docker.internal:5100，即可访问 eShopOnContainers 中的 Web 应用，如图 3-10 所示。

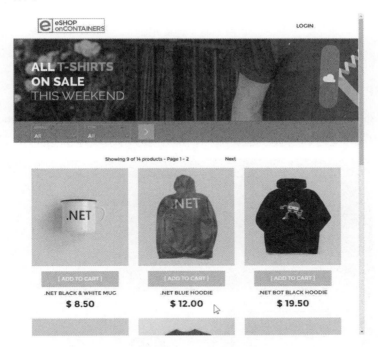

图 3-10 Web 应用首页

可以单击 BRAND 和 TYPE 下拉列表来查看不同品牌和类型的商品，单击右上角的 "LOG IN" 按钮，用户还可以登录系统，如图 3-11 所示。

注册、登录等功能由 STS（Security Token Service，安全令牌服务）微服务/容器提供支持。也可以直接使用以下示例用户登录：

- 用户名：demouser@microsoft.com
- 密码：Pass@word1

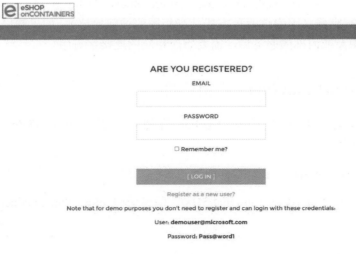

图 3-11　登录页面

登录后，就可以将商品添加到购物车了。

3.3.2　访问 SPA Web 应用

eShopOnContainers 还提供了一个单页应用程序（Single Page Application，SPA）Web
应用，可以在浏览器中访问 http://host.docker.internal:5104 来查看，如图 3-12 所示。

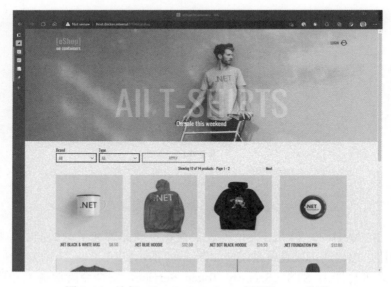

图 3-12　访问 eShopOnContainers 应用的 SPA 首页

SPA 应用的页面风格与 MVC 应用不同，但安全令牌服务是相同的，可以使用相同的用户登录，如图 3-13 所示。

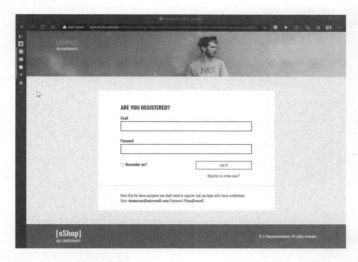

图 3-13　访问 eShopOnContainers 应用的 SPA 登录页面

3.3.3　访问 Android、iOS 和 Windows 上的移动应用

如果克隆了 Xamarin 移动应用程序仓库，还可以运行 Xamarin 应用程序来访问 eShop，如图 3-14 所示。Xamarin 移动应用支持常见的移动平台，包括 Android、iOS 和 Windows/UWP。在 eShopOnContainers 中，默认情况下，Xamarin 应用程序会显示来自模拟服务的数据。可以将 Xamarin 应用程序部署到真实的 iOS、Android 和 Windows 设备上，或在基于 Hyper-V 的 Android 模拟器上进行测试，例如 Visual Studio 自带的 Android 模拟器（不要安装 Google 的 Android 模拟器，否则会导致 Docker 和 Hyper-V 不能正常工作）。

如果您要从移动应用程序中访问真正的 Docker 中的微服务/容器，需要做以下设置：
- 在 Xamarin 项目中，找到 App.xaml.cs 文件，将 UseMockServices 设置为 false 来禁用模拟服务，并在 GlobalSettings.cs 文件中设置 BaseEndpoint= http://<the-actual-server-ip-address> 来指定真实的服务器 IP 地址。
- 另一种方式是在应用程序的 Settings 页面中修改 IP，如图 3-15 所示。此外，还要确保在服务器上打开了相应的端口。

3.3.4　访问 Swagger UI

eShopOnContainers 还提供了 Swagger UI，Swagger 提供了 API 管理功能。例如，对于产品目录 API 来说，可以在浏览器中访问 http://host.docker.internal:5101 来查看，如图 3-16 所示。

图 3-14　访问 eShopOnContainers
应用的移动应用页面

图 3-15　配置 eShopOnContainers
移动应用的后端服务地址

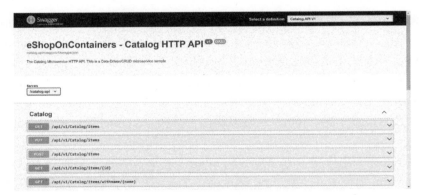

图 3-16　访问 Catalog API 的 Swagger 页面

在 Swagger UI 中，可以查看所有的 API，以及每个 API 的详细信息，还可以对每个 API 进行测试。

要测试 API，如/api/v1/Catalog/items API，可以单击 Try it out 按钮，然后再单击 Execute 按钮，可以看到 API 的响应，如图 3-17 所示。

3.3.5　访问日志控制台

eShopOnContainers 还提供了日志控制台，可以在浏览器中访问 http://host.docker.internal:5340 来查看，在图 3-18 中展示了访问使用 Seq 创建的日志控制台。

图 3-17 在 Swagger 中测试 Catalog API

图 3-18 通过 Seq 日志管理器访问日志控制台

我们可以通过使用过滤器表达式来查询日志，如图 3-19 所示。

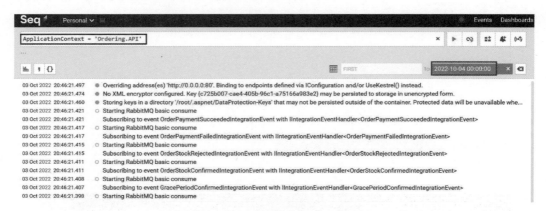

图 3-19　在 Seq 日志管理器中查询日志

使用 ApplicationContext 过滤器可以指定来自某个特定应用的事件。同时，我们还可以指定查询的时间范围。在右侧，我们可以选择事件的级别：Debug、Information、Warnings、Errors、Exceptions 等。如图 3-20 所示。

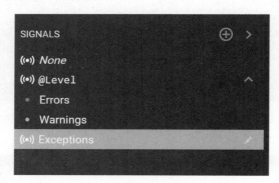

图 3-20　在 Seq 日志管理器中使用日志级别进行过滤

还可以在 Seq 中过滤特定类型的跟踪事件，如图 3-21 所示。

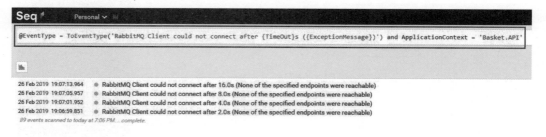

图 3-21　在 Seq 日志管理器中使用高级过滤

其他的用法我们将在后面的章节中介绍。

3.3.6　应用程序与微服务列表

当所有的容器都部署完成后，您应该可以访问以下的各个微服务和资源。

（1）Web 应用

○ Web MVC：http://host.docker.internal:5100

○ Web SPA：http://host.docker.internal:5104

○ Web 状态：http://host.docker.internal:5107

（2）微服务

○ 产品目录微服务：http://host.docker.internal:5101（非安全）

○ 订单微服务：http://host.docker.internal:5102（需要登录-单击 Authorize 按钮）

○ 购物车微服务：http://host.docker.internal:5103（需要登录-单击 Authorize 按钮）

○ 身份微服务：http://host.docker.internal:5105

（3）基础设施服务

○ SQL Server 使用 SSMS 连接到 tcp:localhost:5433，使用 User Id=sa;Password=Pass@word 来浏览数据库

○ Identity（身份）：Microsoft.eShopOnContainers.Service.IdentityDb

○ Catalog（产品目录）：Microsoft.eShopOnContainers.Services.CatalogDb

○ Marketing（销售）：Microsoft.eShopOnContainers.Services.MarketingDb

○ Ordering（订单）：Microsoft.eShopOnContainers.Services.OrdeingDb

○ Webhooks：Microsoft.eShopOnContainers.Services.WebhooksDb

（4）Redis（购物车数据）

安装并运行 redis-commander 浏览 http://localhost:8081/。

（5）RabbitMQ（队列管理）

http://localhost:15672/（使用 'username=guest, password=guest'登录）。

（6）Seq（日志收集）

http://host.docker.internal:5340。

3.4　eShopOnContainers 代码组织

eShopOnContainers 解决方案中包含了近 20 个项目。这些项目分别存放在不同的文件夹中。在本节中，我们将介绍这些项目的组织结构。

3.4.1　项目架构

eShopOnContainers 项目的客户端和服务器端都是跨平台的，这要归功于跨平台的 .NET 支持平台。使用 .NET 开发的微服务能够在 Linux 或 Windows 容器中运行。对于客户端来说，它还有一个支持 Android、iOS 和 Windows/UWP 的 Xamarin 客户端，以及一个 ASP.NET Core MVC 和 SPA 的 Web 应用。

这个项目的架构提供了一种面向微服务的架构实现，包含了多个自治的微服务，每个微服务都有自己的数据库。这些微服务还展示了从简单的 CRUD 操作到更复杂的 DDD/CQRS 模式的不同方法。在客户端应用程序和微服务之间，以及微服务之间基于异步消息的通信，都使用 HTTP 协议。消息队列可以用 RabbitMQ 或 Azure Service Bus 来实现，以传递集成事件。图 3-22 展示了 eShopOnContainers 的整体应用架构。

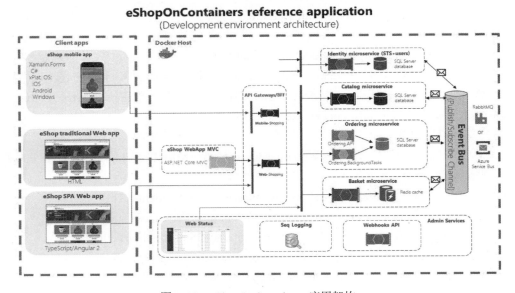

图 3-22 eShopOnContainers 应用架构

在订单微服务中，领域事件通过 MediatR 来处理，MediatR 是 Mediator 模式的一个简单的进程内实现。在后继章节中将进一步介绍它。

eShopOnContainers 使用了一些常见的模式，如事件总线、API 网关、WebHooks、异步消息等。除了 HTTP 协议之外，eShopOnContainers 还使用了 gRPC 协议以提高性能。

3.4.2 源代码介绍

如果您已经安装了 VS Code 或 VS 2022，可以打开项目来查看源代码。在代码仓库中，可以找到 src 目录，了解如何使用 .NET 和 Docker 来实现一个基于微服务架构的应用，如图 3-23 所示。

这个项目的业务领域或场景是基于一个电子商店或电子商务，实现了一个多容器的应用程序。每个容器都是一个微服务，使用 .NET 上的 ASP.NET Core 开发，因此可以运行在 Linux 容器或 Windows 容器中。

在上图中可以看到以下项目。

1）src/ApiGateways/Envoy 文件夹，其中包含 Envoy 实现的网关的 .yaml 配置文件。

2）src/ApiGateways/Mobile.Bff.Shopping 和 src/ApiGateways/Web.Bff.Shopping 文件夹，带有 HTTP 聚合器。

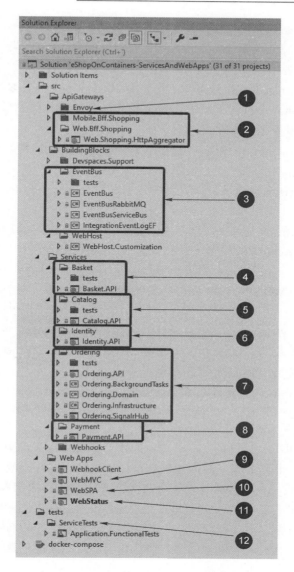

图 3-23　eShopOnContainers 的项目结构

3）src/BuildingBlocks/EventBus 文件夹，其中包含简化的消息传递抽象，以及 RabbitMQ 和 Azure 服务总线的实现。

4）src/Services/Basket 文件夹，包含 Basket 微服务。一个简单的 CRUD 数据驱动微服务，使用 Redis 进行持久化。

5）src/Services/Catalog 文件夹，包含 Catalog 微服务。一个简单的 CRUD 数据驱动微服务，使用 EF Core 和 SQL Server。

6）src/Services/Identity 文件夹，带有 Identity 微服务。基于 Identity Server 4 的安全令牌服务（STS），它也使用 SQL Server 进行持久化。

7）src/Services/Ordering 文件夹，包含以下几个微服务：

● 核心 Ordering 微服务是一种高级域驱动设计（DDD）微服务，它使用多种 DDD 模式和 SQL Server 来实现持久化。

● Ordering.BackgroundTasks 微服务，它使用 BackgroundService 来处理异步任务。

● Ordering.Domain，它包含了一些 DDD 模式，如实体、值对象、聚合、领域事件、规范、仓储、服务等。

● Ordering.Infrastructure 微服务，它包含了一些基础设施组件，如数据库上下文、实体、仓储、事件总线等。

● Ordering.SignalrHub 微服务，作为集中式集线器，基于 Signalr，以启用有关订单流程的实时通知。

8）src/Services/Payment 文件夹，包含 Payment 微服务，用于模拟一个简单的支付网关。

9）src/Web Apps/WebMVC 文件夹，包含 MVC UI 微服务，一个传统的 MVC Web 应用程序。

10）src/Web Apps/WebSPA 文件夹，包含 SPA UI 微服务，一个基于 Angular 的 SPA 应用程序。

11）src/Web Apps/WebStatus 文件夹，其中包含一个 Web Status 微服务，是一个健康监控应用程序，基于开源的 Xabaril/AspNetCore.DiagnosticsHealthChecks(<https://github.com/Xabaril/AspNetCore.Diagnostics.HealthChecks>) 项目。

12）tests/ServiceTests 文件夹，包含一些服务间的集成测试。

3.4.3　领域驱动设计

领域驱动设计（DDD）提倡基于业务领域的模型来设计软件。DDD 有助于将软件设计与业务领域的核心概念联系起来，从而使软件设计更加贴近业务领域。DDD 也有助于将软件设计与技术实现分离，从而使软件设计更加灵活。它将独立的问题领域描述为有界上下文，并强调用一种通用语言来讨论这些问题。它还提出了许多技术概念和模式，如具有丰富模型的领域实体、值对象、聚合和聚合根（或根实体）等规则来支持内部的实现。

这些概念和模式往往有一个陡峭的学习曲线，因此，如果您不熟悉 DDD，那么您可能会发现这些概念和模式有点难以理解。但是，重要的不是这些模式，而是如何组织代码使其与业务问题保持一致，并使用相同的业务术语（通用语言）。只有当需要实施具有重要业务规则的复杂微服务时，才需要应用 DDD 方法。简单的 CRUD 等服务可以使用简单的方法来管理。

在设计和定义微服务时，如何划定边界是非常关键的。DDD 模式可以帮助您理解领域中的复杂性。对于每个有界上下文，您需要对领域进行建模，识别和定义所需的实体、值对象和聚合。当领域模型建好后，这个模型会包含在定义上下文的边界内，并以微服务的形式实现。

微服务的上下文边界应该保持尽可能小。如何确定边界的位置其实是两个互相矛盾的目标。最初您会希望创建尽可能小的微服务，围绕聚合创建边界。但是，您又希望避免微服务之间的烦琐通信。这些目标可能相互矛盾。您应该将系统分解为尽可能多的小型微服务来找到平衡，直到您看到通信的边界随着每次试图分离一个新的边界上下文而迅速增长。聚合是单个有界上下文的关键。

这有点类似于在面向对象的语言中实现类似的边界问题。如果两个微服务之间需要大量的相互协作，那么它们应该属于同一个微服务。还可以通过自治性的角度来看，如果一个微服务必须依赖另一个微服务来响应一个请求，那么它就不是真正的自治。

1. DDD 微服务中的分层

大多数具有重大业务和技术复杂性的企业应用都是由多个层来定义的。这些层是一些逻辑工件，与服务的部署无关。这些层是为了帮助开发者管理代码中的复杂性。不同的层（如领域模型层和表现层）之间可能有不同的类型，因此需要对这些类型进行转换（或称映射）。例如，可以从数据库中加载一个实体，然后，该实体的一部分信息，或包括来自其他实体数据的信息的聚合，通过 REST Web API 发送到客户端 UI。这里的重点是，领域实体包含在领域模型层中，不应该被传播到其他层，如表现层。此外，您的领域实体应该是始终有效的，这些实体由聚合根（根实体）控制。因此，实体不应该被直接绑定到客户端视图，因为在 UI 层，一些数据可能没有被验证。因此我们还需要一个 ViewModel 层。ViewModel 层是一个专门用于表现层需求的数据模型。领域实体并不直接属于 ViewModel 层，而是需要在 ViewModel 和 领域实体之间进行转换，反之亦然。

在处理复杂的问题时，重要的是要有一个由聚合根控制的领域模型，确保所有与该组实体（聚合）相关的验证和规则都是通过一个入口来执行的，即聚合根。

图 3-24 显示了 eShop 应用程序中的分层设计：

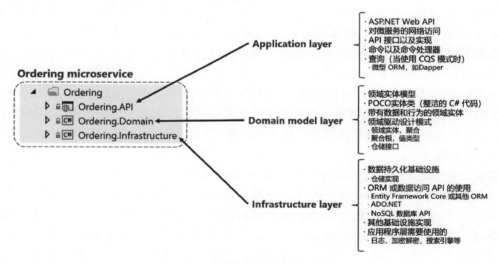

图 3-24　领域驱动设计中的分层

如订单微服务，它由三个层组成，每一层都是一个 VS 项目。应用层是 Ordering.API，领域层是 Ordering.Domain，基础设施层是 Ordering.Infrastructure。在设计这个系统的时候，每层只能与某些其他层进行通信。例如，领域模型层不应该依赖其他层（领域模型类应该是 Plain Old Class Object 类，或称 POCO 类）。我们可以检查这些层之间的依赖关系。如图 3-25 所示，Ordering.Domain 层只对 .NET 库或 NuGet 包有依赖关系，而对其他任何自定义库，如数据库或持久化库没有依赖关系。

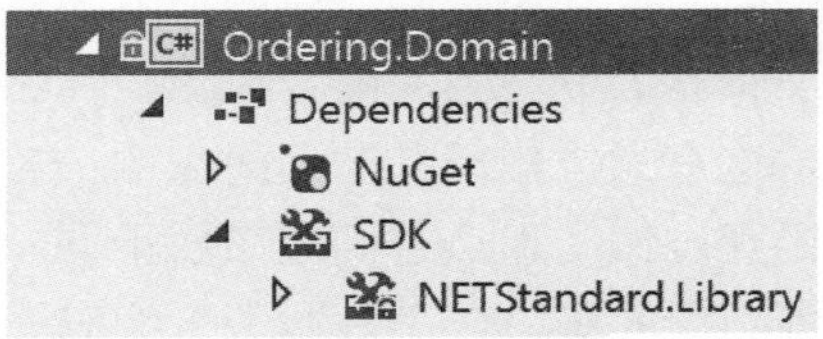

图 3-25　Ordering.Domain 不依赖于其他项目

2. 领域模型层

Eric Evans 的优秀著作《领域驱动设计》对领域模型层和应用层有如下论述。

领域模型层。负责表示业务的概念、关于业务情况的信息和业务规则。反映业务情况的状态在这一层被控制和使用，尽管存储它的技术细节被委托给了基础设施。这一层是商业软件的核心。

领域模型层是表达业务的地方。当你在 .NET 中实现一个微服务领域模型层时，该层被编码为一个类库，其中有捕捉数据的领域实体加上行为（有逻辑的方法）。

遵循持久性无关和基础设施无关的原则，该层必须完全忽略数据的持久性细节。这些持久化任务应该由基础设施层来完成。因此，这一层不应该直接依赖基础设施，这意味着一个重要的规则是，您的领域模型实体类应该是 POCO 类。

领域实体不应该对任何数据访问基础设施框架（如 Entity Framework 或 NHibernate）有任何直接依赖（如从基类派生）。理想情况下，您的领域实体不应该派生或实现任何基础设施框架中定义的任何类型。

大多数现代 ORM 框架，如 Entity Framework Core，都允许这种做法，这样您的领域模型类就不会被耦合到基础设施上。然而，在使用某些 NoSQL 数据库和框架（如 Azure Service Fabric 中的 Actors 和 Reliable Collections）时，有可能无法只使用 POCO 实体。

虽然领域模型遵循无视持久性原则，但也不应该忽视持久性问题。了解物理数据模型以及它如何映射到实体对象模型仍然很重要。否则，这个设计是无法被实现的。

另外，这并不意味着您可以把为关系型数据库设计的模型直接移到 NoSQL 或面向文档的数据库中。在某些实体模型中，该模型可能合适，但通常情况下它不合适。在存储技术和 ORM 技术的基础上，您的实体模型仍然有必须遵守的约束。

3. 应用层

接着是应用层，我们可以再次引用 Eric Evans 的书《领域驱动设计》。

应用层定义了软件应该做的工作，并指导领域对象去解决问题。这一层所负责的工作对业务是非常重要的，或者对与其他系统的应用层的交互是非常必要的。这一层被保持得很薄。它不包含业务规则或知识，而只是协调任务，并将工作委托给下一层的领域对象进行协作。它没有反映业务情况的状态，但它可以有反映用户或程序的任务进展的状态。

.NET 中微服务的应用层通常被编码为 ASP.NET Core Web API 项目。该项目实现了微服务的交互、远程网络访问，以及从用户界面或客户端应用程序使用的外部 Web API。如果使用 CQRS 方法，它包括查询，微服务接受的命令，甚至微服务之间的事件驱动的通信（集成事件）。代表应用层的 ASP.NET Core Web API 不得包含业务规则或领域知识（尤其是事务或更新的领域规则）；这些应该由领域模型类库拥有。应用层必须只协调任务，不能持有或定义任何领域状态（领域模型）。它将业务规则的执行委托给领域模型类本身（聚合根和领域实体），最终更新这些领域实体中的数据。

基本上，应用逻辑是实现所有依赖于特定前端的用例的地方。例如，与 Web API 服务相关的实现。

我们的目标是，领域模型层中的领域逻辑、数据模型和相关的业务规则必须完全独立于表现层和应用层。最重要的是，领域模型层必须不直接依赖于任何基础设施框架。

4．基础设施层

基础设施层是将最初保存在领域实体中的数据（在内存中）持久化在数据库或其他持久化存储中。一个例子是使用 Entity Framework Core 代码来实现 Repository 模式的类，这些类使用 DBContext 来持久化关系数据库中的数据。

根据前面提到的持久性无关和基础设施无关的原则，基础设施层不能"污染"领域模型层。领域模型实体类必须与用来持久化数据的基础设施（EF 或任何其他框架）分离，不要对框架产生硬性依赖。领域模型层类库应该只有领域代码，只有实现软件核心的 POCO 实体类，并与基础设施技术完全解耦。

因此，应用层（Application Layer）和基础设施层（Infrastructure Layer）项目最终应该依赖于你的领域模型层（库），而不是反过来。DDD 服务层之间存在的依赖关系如图 3-26 所示。

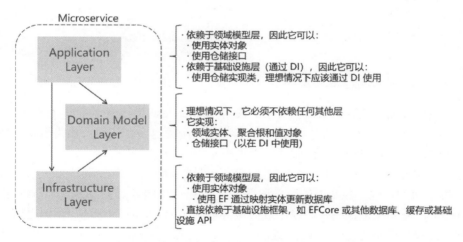

图 3-26　在领域驱动设计中各层之间的依赖关系

在 DDD 服务中的依赖关系是，应用层依赖于领域层和基础设施层，基础设施层依赖于领域层，但领域并不依赖于任何层。这种层的设计对于每个微服务都应该是独立的。如前所述，您可以按照 DDD 模式实现最复杂的微服务，同时以更简单的方式实现简单的数据驱动型微服务（单层的简单 CRUD）。

3.4.4 单元测试和集成测试

eShopOnContainers 中的测试分为以下类型。

● 针对每个微服务的测试，包括单元测试和功能/集成测试。

● 跨微服务的全局集成测试，包括跨微服务的功能/集成测试。

1. 针对每个微服务的测试

eShopOnContainers 的每个微服务都有单元测试和功能测试来验证其行为。测试项目位于每个微服务的文件夹中。如图 3-27 所示。

如图所示，这是 Ordering 微服务的测试项目，有 Ordering.FunctionalTests 和 Ordering.UnitTests 两个项目。

如果使用 Visual Studio 2022，可以方便地使用测试资源管理器来运行单元测试。您可以在测试资源管理器的过滤器编辑框中输入 UnitTest 来过滤单元测试项目。如图 3-28 所示。

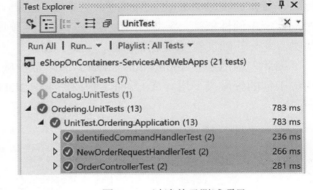

图 3-27 单元测试项目和功能测试项目   图 3-28 过滤单元测试项目

也可以使用命令行转到测试所在目录，使用 dotnet test 命令来运行单元测试。

这些单元测试无须任何外部基础设施，与其他微服务也没有任何依赖关系。因此您可以随时运行它们，而不必担心其他微服务是否可用。

运行功能/集成测试时，这些测试需要依赖于其他基础设施或微服务。例如，一个微服务可能依赖 SQL Server 容器中的数据库服务或消息代理服务（如 RabbitMQ 容器）等。在这种情况下，需要保证这些基础设施或微服务可用。因此，在运行这些测试之前，要先启动所需的基础设施和微服务。eShop 提供了一个 docker-compose-tests.yml 文件，其中包含了所有测试所需的基础设施和微服务。因此，您可以使用以下命令来启动所有测试所需的基础设施和微服务。如图 3-29 所示。

```
docker-compose -f .\docker-compose-tests.yml -f .\docker-compose-tests.override.yml up
```

现在就可以使用 Visual Studio 2022 来启动功能测试了。您可以在测试资源管理器的过滤器编辑框中输入 Functional 来过滤功能测试项目。如图 3-30 所示。

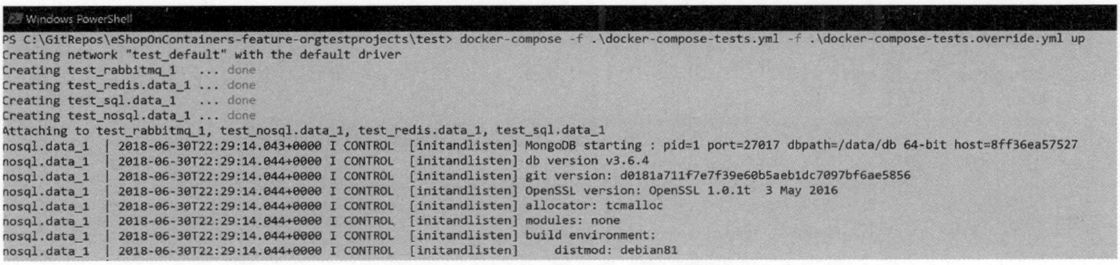

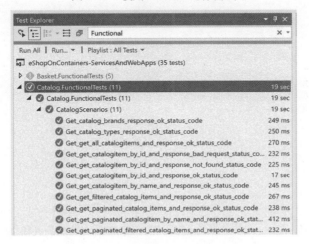

图 3-29 使用 Docker 运行测试

图 3-30 在 VS 2022 中执行功能测试

2. 跨微服务的全局集成测试

除了针对每个微服务的测试外，我们还要测试多个微服务如何与整个应用程序交互。例如，可以从一个微服务中向事件总线（基于 RabbitMQ）发布一个事件，并验证订阅这个事件的另一个微服务是否正确处理了这个事件。这些测试称为跨微服务的全局集成测试。

这些全局的功能/集成测试需要存放在一个公共的测试项目中，因为它们需要访问多个微服务。因此，eShopOnContainers 提供了一个 Tests 文件夹，其中包含了所有跨微服务的全局集成测试。如图 3-31 所示。

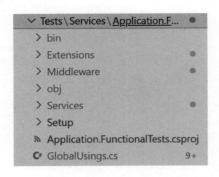

图 3-31 VS 2022 中的 Tests 文件夹

要运行这些全局的功能/集成测试，需要先使用"docker-compose up"命令启动所有基础设施和微服务，然后选择所需的测试项目并运行。如图 3-32 所示。

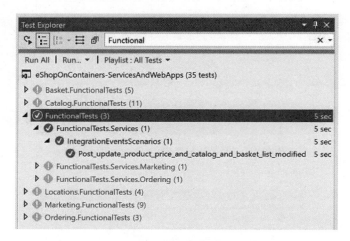

图 3-32　执行功能/集成测试

3.5　小结

在本章中，介绍了 eShopOnContainers 应用程序的基础设施和微服务，包括它们的架构、各个组件的作用以及它们之间的关系。介绍了如何使用 Docker Compose 来启动所有基础设施和微服务。此外，还介绍了 eShopOnContainers 的源代码结构，以及领域驱动设计的理念和实践。最后，介绍了如何使用 Visual Studio 2022 来运行单元测试、功能测试和跨微服务的全局集成测试。

第4章
实现云原生应用的扩展性

2013 年发布的 Docker 作为星星之火，引燃了云原生的燎原之势，借助 Kubernetes 这股强劲东风，云原生引燃了整个 IT 技术界，.NET 带着云原生的基因浴火重生。本章从单体应用面临的挑战开始，深入浅出的介绍容器技术的核心概念，并通过 Docker 来演示使用容器技术来构建 .NET 服务，以及在 Docker 中运行 .NET 服务。最后，介绍服务编排的核心概念，介绍两种常用的编排工具 docker-compose 和 Kubernetes，并通过编排工具来运行服务。

4.1 容器化应用

容器的概念已经广为人知，容器技术也得到广泛的应用，它是 DevOps 的利器，本节将介绍 Docker 这一重要的容器技术。

4.1.1 单体部署面临的挑战

在 Web 框架诞生之后的很长一段时间，Web 应用都是直接部署在物理机上，不管操作系统是 Linux 还是 Windows，也不管宿主是 Tomcat 或 IIS，或是 Self-Host。有时为了更有效地利用硬件资源，还会在一台服务器上部署多个 Web 应用（如图 4-1 所示）。

当有多个 Web 应用部署时，就要在一个操作系统上安装这些应用所需要的全部依赖，然后用不同的端口来分别监听对这些 Web 应用的请求。那么，这就产生一个问题，随着 Web 应用增多，这台物理机上的组件就会越来越多，这些组件或 Web 应用的操作系配置就可能发生冲突。另一方面，有时安装完一个组件，要求重启操作系统，来完成组件的初始化，这对于那些正常服务的 Web 应用来说就是灾难。

后来，随着虚拟机技术的发展，可以在一台物理机上虚拟多个操作系统（如图 4-2 所示），这样一来，就可以让不同的应用，或者相互有干扰的应用，分别部署在不同的虚拟机上。这样解决了重启需求相互干扰和组件相互冲突的问题。这样做优点是明显的，但缺点也是显而易见的，那就是资源浪费，如果操作系统是 Windows，其本身是有成本的，另外是物理机配置是不变的，当虚拟多个操作系统时，这些操作系统会占很大一部分资源，导致真正的运算能力没有最大限度的发挥在应用上。

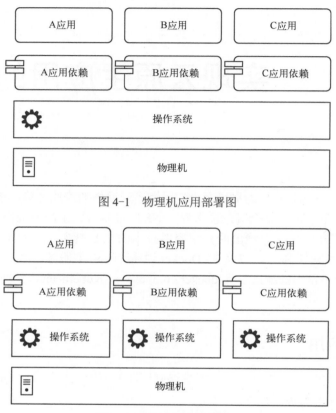

图 4-1　物理机应用部署图

图 4-2　虚拟机应用部署图

不过，最大的挑战是开发环境和运行环境的不一致性。

现在来重现一下我以前的一个系统上线场景：实施人员给开发人员打电话。

实施人员：喂，你的程序怎么安装上了不好用？

开发人员：我的程序肯定没问题，在我电脑上一点都没有问题，肯定你那里配置不对了！

实施人员：不可能呀，我都是按照你给我的手册安装的。

开发人员：是吗？操作系统是什么呀？都安装了那些库？

实施人员：操作系统是×××，安装了×××库……

开发人员：不应该呀，那就该好用呀？启动时报什么错，有日志吗？把日志发我，我看看。

实施人员：好的，发你邮箱里吧。

N 久之后，开发人员回电话给实施人员

开发人员：喂，我看了我计算机上安装的组件和库，有 A，B，C，D，E，F，G，你那里都有吗？

实施人员：手册上有的我都安装了，有几个是手册上没有的，我没安装。

开发人员：因为你系统版本比较低，可能需要安装这些，你安装一下试试。

实施人员：哦……

又 N 久后，实施人员回电话给开发人员。

实施人员：你说库我都安装了，还是报错，不过报的错不一样了，我再把日志发给你吧！

开发人员：啊……

如果你是有多年经验的程序员，估计会对这种场景刻骨铭心，也许今天你还会记起那位实施人员叫什么名字。这种原因在物理机或虚拟机时代，部署 Web 应用是常遇到的事，特别是基于 Windows 的 Web 应用，一方面是 Windows 版本众多，这些版本对 .NET Framework 支持力度是不一样的，另一方面，应用所需的三方组件，对 Windows 版本的要求也有差异，这样多重版本的差异，经常会使开发和实施环境对应不上，出现上面的场景。即使程序员和实施人员都是经验丰富的大神，也不一定一帆风顺。

其实这里还存在一些问题，除软件本身升级外，基础设施也是需要升级维护的。最主要的是，操作系统的升级，会附带着一些组件升级，这些组件，有可能正是你应用服务所使用，就有可能导致服务的不兼容，即使兼容性没问题。升级时间长或需要重启等问题，也会让服务的可用性变差。

难道就没有方法破解了吗？有！那就是 Docker。

4.1.2　什么是 Docker

Docker 官方的说明[一]：

容器是一个标准的软件单元，它打包代码及其所有依赖项，以便应用程序从一个计算环境快速可靠地运行到另一个计算环境。Docker 容器镜像是一个轻量级的、独立的、可执行的软件包，包括运行应用程序所需的一切：代码、运行时、系统工具、系统库和设置。

维基百科：

Docker 是一个开放源代码软件，是一个开放平台，用于开发应用、交付应用、运行应用。Docker 允许用户将基础设施中的应用单独分割出来，形成更小的颗粒（容器），从而提高交付软件的速度。

通过这两个定义的描述，我们可以知道，Docker 像虚拟机，但组件更轻量，体积更小，启动更快，隐隐可以感觉到，能解决前一节提出的所有问题。

查看一下 Docker 与虚拟机部署的不同，就会发现以 Docker 方式部署可以节省操作系统运行的资源。如图 4-3 所示是虚拟机运行环境，每个虚拟机都需要一个完整的操作系统环境，虽然实现了隔离性，但占用了大量的系统资源。

如图 4-4 所示是 Docker 容器化运行环境。在宿主操作系统之上是容器引擎，精简了虚拟机中重复的操作系统环境部分。提高了资源的利用率。

○ https://docs.docker.com/get-started/#what-is-a-container

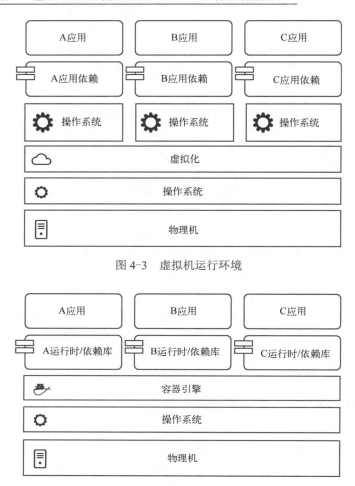

图 4-3　虚拟机运行环境

图 4-4　Docker 容器化运行环境

由于架构的优化，Docker 具有如下特点：

● 启动时间快：由于 Docker 不是一个完整的操作系统，所以在启动时很快，是秒级的。

● 运行环境一致：应用发布生成一个镜像，里面包含运行环境，依赖库，运行时。开发，测试，生产环境都是相同的镜像，从而保证环境一致性，解决实施和开发的矛盾。

● 有效利用资源：Docker 是进程级别的沙盒化，不像虚拟机是操作系统级别，所以除服务以外的资源使用很有限。

为什么 Docker 能够更好地满足我们的要求呢？那就要了解一下 Docker 所依赖的三个操作系统级别的要素：cgroup、namespace 和 unionFS。

1．cgroup

cgroup 的全称是 control group。用来限定一个进程所使用的物理资源，由 Linux 内核支持，可以限制和隔离 Linux 进程组（process group）所使用的物理资源，比如 CPU、内存、磁盘和网络 I/O，是 Linux container 技术的物理基础。Docker 就是有效地利用了这个技术，来达到对现有资源有效分配和隔离。当物理机上同时存在多个沙盒时，通过为每个沙盒分配固定大小的资源来限制资源使用，并实现沙盒之间的隔离。

cgroup 为每种可以控制的资源定义了一个子系统，主要的子系统如下：

- CPU 子系统：主要限制进程的 CPU 使用率。
- cpuacct 子系统：用来统计 cgroup 中的进程的 CPU 使用报告，以供审计等用途。
- cpuset 子系统：用来为 cgroup 中的进程分配单独的 CPU 节点或者内存节点。
- memory 子系统，用来限制进程的 memory 使用量。
- blkio 子系统：用来限制进程的块设备 io。
- devices 子系统：用来控制进程能够访问某些设备。
- net_cls 子系统：用来标记 cgroup 中进程的网络数据包，然后可以使用 tc 模块（traffic control）对数据包进行控制。
- freezer 子系统：用来挂起或者恢复 cgroup 中的进程。
- ns 子系统：用来使不同 cgroup 下面的进程使用不同的 namespace。

这些子系统都是依赖操作系统内核的相应模块来完成对资源控制，子系统更多的是提供配置信息，核心模块按照这些信息完成对沙盒技术的使用限制。

2．namespace

与 C# 中的 namespace 概念类似，同样起到隔离的作用，在 C# 中的 namespace 是隔离关键字，相同的类型名称可以定义在不同的 namespace 里，访问的时候要带上命名空间即可，它只是程序设计语言层面的逻辑隔离。但这里的 namespace 是操作系统层面的隔离，用来实现程序运行环境隔离。namespace 则用来隔离 PID（进程 ID）、IPC、Network 等系统资源。通过将它们分配给特定的 namespace，每个 namespace 里面的资源对其他 namespace 都是隔离的。不同 container 内的进程属于不同的 namespace，彼此透明，互不干扰。简而言之，就是把进程隔离起来，让进程觉得自己在一个完整的操作系统运行。

namespace 细分为如下：

- Mount namespaces。用来隔离文件系统：OS 是以文件为基础，操作系统里的不同的文件夹用来处理不同功能，为了让服务感觉像在正常的系统，就得有一套最简化的，并且与操作系统有相同文件体系的隔离沙盒系文件系统，来冒充。可以说 Mount namespace 是最基础的隔离，也是最重要的隔离，是所有其他 namespace 基盘。
- UTS namespace。提供了主机名和域名的隔离：当访问一个 Web 服务时，可以通过主机名进行访问，在一个物理机上，可以有多个 Docker 容器，每个 Docker 容器内都可以有自己的主机名，不用与物理机共享主机名。
- IPC namespace。用来隔离进程间的通信：既然每个服务进程都在一个独立的沙盒里，为了看起来更独立，就需要把与其他沙盒里的进程通信进行隔离。
- PID namespace。用来隔离进程：在一个操作系统中，所有的进程 ID 都是不一样的，并且 PID 是一个树状结构，为了使沙盒也有一样的表现，会把当前进程模拟成 1 号进程，它下面的进程，再依次排号，这样，从沙盒角度来看这个树状 PID 组，也是从 1 号开始的。

- Network namespace。用来隔离网络资源：例如，在一个 OS 上，每个进程不能有相同的端口，有了 Network namespace 后，同一个 OS 上的不同沙盒里的应用都可以用 80 端口，同时在不同的沙盒里，都可以用不同配置的路由表，防火墙等。
- User namespace。隔离用户和组：对于不同的服务，可能对用户的访问权限有不同的需求，通过隔离，可以在沙盒内灵活配置。
- Time namespace。用来设置时间：通过设置偏量来使沙盒里的时间不同，以达到沙盒时间彼此隔离。

3. unionFS

顾名思义，unionFS 可以把文件系统上多个目录（也叫分支）内容联合挂载到同一个目录下，而实际目录的物理位置是分开的。

从内部看，这就是 Docker 容器镜像分层实现的技术基础。如果我们浏览 Docker Hub，能发现大多数镜像都不是从头开始制作，而是从一些 base 镜像基础上创建，比如 .NET 基础镜像。而新镜像就是从基础镜像上一层层叠加新的逻辑构成的。这种分层设计的一个优点就是资源共享。在运行多个容器的宿主机上，只需要一份基础镜像，就可以被使用该镜像的所有容器所共享。

在前面部分反复说沙盒，对于操作系统，这个沙盒其实就是一个进程，但对于进程里的服务，这个沙盒就是它的操作系统，服务看到的场景是用 Mount namespaces 打造的完整的操作系统文件体系，是这个 OS 的根基，然后是一些 namespace，对场景进行装修，通过 unionFS 构建文件系统，通过 cgroup 对天花板进行了封装，从而这个沙盒形成了一个完整的空间，对于服务，这就是专属的空间，那这个空间就是我们所说的 Container（容器）。

定义 namespace、cgroup 的文件，是一个整体，当它们没有运行前，就是一个文件包，这个文件包就是所说的镜像，镜像和容器的关系，有点像程序文件与进程的关系，进程是程序文件的执行，而容器也是运行起来的镜像。

另外镜像是分层的。举个例子，现在想要写 .NET 程序，首先要有电脑，然后在电脑里装操作系统，相当给电脑这个硬件加一层；然后再安装 .NET 的 SDK，又加了一层；再然后安装 IDE，又一层；这样才具备了开发 .NET 应用的条件。镜像也一样，最底层由 OS 厂商提供镜像；如果想运行 .NET 服务，微软会在 OS 层上加一层，发布成 runtime 级别镜像；最后再把开发的 .NET 服务层增加到 runtime 上，发布成一个新服务镜像，以供使用。

OS 厂商有很多，runtime 厂商也不少，从哪里能找到他们发布的镜像呢？那就是镜像仓库，后文会专门介绍。

综上所述，Docker 提供了一个把进程封装成容器的技术，在进程上的操作要比对虚拟机操作更快速，更便捷。并且容器能有效地发挥隔离和限制的作用，使服务能独立且安全的运行在这个"小操作系统"里。

4.1.3　Docker 常用命令

关于 Docker 的安装，前面的章节已有说明，这里不再赘述，本节介绍 Docker 的常用命令。

这里我们通过基于 Docker 来架设一个使用 Nginx[⊖]的 Web 服务器,来介绍 Docker 的便利和优势。使用 Docker 的话,我们就不再需要在本地安装任何程序,或者复制多个文件。

1. 拉取镜像

我们并不需要总是自己来构建镜像,实际上,已经存在海量的镜像供我们使用,通常只需要从镜像仓库拉取到本地,拉取到本地相当于将镜像缓存到本地,这样在运行镜像时,能快速加载。

Nginx 已经由官方创建好了镜像,它发布位置为 https://hub.docker.com/_/nginx/,它在镜像仓库 Docker Hub 中的官方名称就是 nginx。可以使用 pull 命令将它拉取到本地环境中,如图 4-5 所示。

```
> docker pull nginx
Using default tag: latest
latest: Pulling from library/nginx
3f4ca61aafcd: Pull complete
50c68654b16f: Pull complete
3ed295c083ec: Pull complete
40b838968eea: Pull complete
88d3ab68332d: Pull complete
5f63362a3fa3: Pull complete
Digest: sha256:0047b729188a15da49380d9506d65959cce6d40291ccfb4e039f5dc7efd33286
Status: Downloaded newer image for nginx:latest
docker.io/library/nginx:latest
```

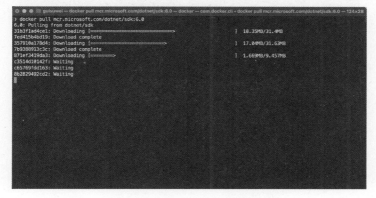

图 4-5　使用 pull 拉取镜像

2. 列出镜像

使用 docker images 命令可以检查本机当前已经存在的镜像,镜像的英文就是 image,在命令中还可以提供搜索镜像的通配符。"IMAGE ID"是镜像的唯一标识,当进一步操作镜像时需要用到它,对于同一个名称的镜像,可以通过 Tag 来进行细分,例如区分不同的版本。在查询结果里,Tag 标签可以查看镜像的版本号,其他信息还有镜像的创建时间和大小。

⊖ https://hub.docker.com/_/nginx/

下面的命令列出了当前名为 nginx 的镜像。

```
> docker images nginx
REPOSITORY TAG IMAGE ID CREATED SIZE
nginx latest 1403e55ab369 2 weeks ago 142MB
```

3. 运行镜像

镜像类似于程序文件，将镜像运行起来使用 run 命令，运行中的镜像称为容器 Container。镜像可以多次运行，可以通过给定不同的名称进行区分，使用--name 为容器命名，nginx 是一个 Web 服务器，默认它运行在容器内的 80 端口，在宿主机上，由于前面介绍的容器的隔离性，我们并不能直接访问容器内的 80 端口，通常是将容器内的端口映射到宿主机上来，-p 8080:80 的意思是将宿主机的 8080 端口映射到容器内的 80 端口。这样我们可以通过宿主机的 8080 端口访问容器内的 Web 服务器。-d 参数表示以服务方式后台运行，这样启动容器之后，控制权会返回到宿主机上来。完整的命令如下所示。

```
> docker run --name some-nginx -d -p 8080:80 nginx
11cb90b7152ecfb7f6b01b41b59fc1e923644a875ef2c15a65e89dc581e426f4
>
```

命令执行之后返回的是正在执行中的容器的标识 Id。

现在，我们可以启动一个浏览器，通过访问宿主机的 8080 端口来访问 nginx 的初始页面。访问地址为：http://localhost:8080/，你应该看到如图 4-6 所示内容。

图 4-6　访问 nginx 默认页面

4. 查询当前容器

已经存在的镜像运行起来之后，它的运行时被称为容器（Container）。类似于查看当前进程，查看当前正在运行的容器使用 docker ps 命令，可以看到容器的一些关键信息，例如，第一列的容器标识（CONTAINER ID）。以后可以通过这个 Id 管理容器。

```
> docker ps
CONTAINER ID IMAGE COMMAND CREATED STATUS PORTS NAMES
11cb90b7152e some-nginx "/docker-entrypoint.…" About a minute ago Up About a minute 0.0.0.0:8080->80/tcp
some-nginx
>
```

5. 检查容器的日志

容器内正在发生什么呢？我们可以查看容器的日志输出，使用 docker logs 命令和目标容器的标识来查看。

docker logs 容器 ID：查看容器内服务的日志。

例如，查询 container id 为 11cb90b7152e 的容器中输出的日志。

```
> docker logs 11cb90b7152e
/docker-entrypoint.sh: /docker-entrypoint.d/ is not empty, will attempt to perform configuration
/docker-entrypoint.sh: Looking for shell scripts in /docker-entrypoint.d/
/docker-entrypoint.sh: Launching /docker-entrypoint.d/10-listen-on-ipv6-by-default.sh
10-listen-on-ipv6-by-default.sh: info: Getting the checksum of /etc/nginx/conf.d/default.conf
10-listen-on-ipv6-by-default.sh: info: Enabled listen on IPv6 in /etc/nginx/conf.d/default.conf
/docker-entrypoint.sh: Launching /docker-entrypoint.d/20-envsubst-on-templates.sh
/docker-entrypoint.sh: Launching /docker-entrypoint.d/30-tune-worker-processes.sh
/docker-entrypoint.sh: Configuration complete; ready for start up
2023/01/06 14:00:06 [notice] 1#1: using the "epoll" event method
2023/01/06 14:00:06 [notice] 1#1: nginx/1.23.3
2023/01/06 14:00:06 [notice] 1#1: built by gcc 10.2.1 20210110 (Debian 10.2.1-6)
2023/01/06 14:00:06 [notice] 1#1: OS: Linux 5.10.16.3-microsoft-standard-WSL2
2023/01/06 14:00:06 [notice] 1#1: getrlimit(RLIMIT_NOFILE): 1048576:1048576
2023/01/06 14:00:06 [notice] 1#1: start worker processes
2023/01/06 14:00:06 [notice] 1#1: start worker process 29
2023/01/06 14:00:06 [notice] 1#1: start worker process 30
2023/01/06 14:00:06 [notice] 1#1: start worker process 31
2023/01/06 14:00:06 [notice] 1#1: start worker process 32
2023/01/06 14:00:06 [notice] 1#1: start worker process 33
2023/01/06 14:00:06 [notice] 1#1: start worker process 34
2023/01/06 14:00:06 [notice] 1#1: start worker process 35
2023/01/06 14:00:06 [notice] 1#1: start worker process 36
```

6. 停止容器运行

当我们不再使用该容器的时候，可以停止容器的运行。需要注意的是，与进程不同，停止之后的容器还将存在，并保持当前的状态，相当于暂停。重新查看当前运行的容器，可以发现它已经不见了。

```
> docker stop 11cb90b7152e
11cb90
> docker ps
CONTAINER ID IMAGE COMMAND CREATED STATUS PORTS NAMES
>
```

如果使用 -a 参数的 docker ps，还是可以查到的。状态已经是：Exited (0) 20 seconds

ago，而且已经没有了端口映射。

```
> docker ps -a
CONTAINER ID IMAGE COMMAND CREATED STATUS PORTS NAMES
a1b1517e4ff7 some-nginx "/docker-entrypoint...." 7 minutes ago Exited (0) 20 seconds ago some-nginx
PS C:\temp>
```

7．删除容器

停止的容器还是占用资源，如果不再使用它，删除容器可以释放资源。使用 docker rm 命令可以完成这个任务。

```
> docker rm 11cb90b7152e
11cb90
> docker ps --all
CONTAINER ID IMAGE COMMAND CREATED STATUS PORTS NAMES
>
```

8．删除镜像

如果连这个镜像也不再使用了，也可以删除指定的镜像，容器使用容器标识来区分，镜像通过名称区分。删除镜像的命令是 docker rmi。当镜像升级，或需要重新生成镜像时，可以用此命令删除镜像。

```
> docker rmi nginx
Untagged: nginx:latest
Untagged: nginx@sha256:0047b729188a15da49380d9506d65959cce6d40291ccfb4e039f5dc7efd33286
Deleted: sha256:1403e55ab369cd1c8039c34e6b4d47ca40bbde39c371254c7cba14756f472f52
Deleted: sha256:0274f249eda4c376bde7cbe0b719ea3aef10201846d7262f37f7a0fc0b4fcf90
Deleted: sha256:e01fc49cb889c5dd6b11390e9863ba00f886315c5a403ee5955fb5c88d2aa576
Deleted: sha256:b2a367ee540c5d40c704fdece005b422f55f85a61b96a25bd99d6847669958a0
Deleted: sha256:2c1c6d39cbcc4767b0798aacc03f203951057e77c5edebca1fdfbcd4997f2919
Deleted: sha256:d260638126e1d2d3202dec36b67f124624fbcdad3afedd334e7260bf75dad8da
Deleted: sha256:8a70d251b65364698f195f5a0b424e0d67de81307b79afbe662abd797068a069
>
```

最后，总结这里使用过的 docker 命令。

- docker -v 或 docker --version：安装完 Docker 后，用来查看当前 Docker 的版本。
- docker pull：拉取镜像。
- docker images：列出镜像。
- docker run：运行镜像。
- docker ps：查看本地运行的容器。
- docker logs：容器 ID：查看容器内服务的日志。
- docker rm 容器 ID：如果容器正在运行，可以通过加-f 参数强制删除。
- docker stop 容器 ID：停止运行的容器。
- docker events：实时监控 Docker 中的事件。

4.1.4　开发中用到的 Docker 知识

除了上面介绍的基本 Docker 命令，Docker 的技术点还有很多，但对于开发人员，不一定要全部精通，下面是常用的开发关注点。

1．挂载外部文件

在刚才的示例中，我们访问 nginx 看到是默认的 Welcome to nginx 页面。它实际上定义在镜像中。在实际应用中，我们肯定希望展示的是我们自己的页面。假设我们在宿主机的 C 盘的 temp 目录下面，已经创建了一个名为 wwwroot 的文件夹，其中保存了名为 index.html 的网页文件。可以通过将宿主机上的文件夹挂接到容器中，来实现对宿主机上文件的访问。

```
> docker run -d -p 8080:80 -v c:/temp/wwwroot:/usr/share/nginx/html:ro nginx
```

nginx 默认使用 /usr/share/nginx/html 作为静态站点的根目录，上面的命令将 c:/temp/wwwroot 文件夹挂载到容器中的 /usr/share/nginx/html 文件夹，这样替换了镜像中的文件夹，nginx 实际访问的就是我们定义的网站了。

开发过程中，文件操作的场景比较多，例如多数的配置文件。当使用 Docker 后，整体环境都在容器里，如果需要对宿主系统的文件进行访问，由于容器的隔离性，就不能使用传统方式了。这时，就需要掌握把宿主机文件夹挂载到容器里的命令了。

2．环境变量

nginx 使用的配置文件位于 /etc/nginx/conf.d/default.conf，通常我们需要在宿主机上准备自定义的配置文件，然后挂载到容器中来改变 nginx 的配置。除了这种配置方式，更为常用的方式是为容器提供环境变量，通过环境变量的不同配置来改变容器的运行行为。

例如，.NET 服务一般都分为开发、测试、生产三个阶段，一般开发阶段是指开发人员在自己的环境中进行开发、调试、测试；测试阶段一般是让质量部门或测试部门对服务进行功能验证；生产阶段就是交付后实际使用。一般情况下，在不同的阶段，服务使用的资源是不同的。例如，数据肯定是不同的，运行时所使用的第三方服务也极有可能是分开的（避免污染生产数据），以及一些配置信息在不同的环境也不一样。在 ASP.NET Core 的项目模板中，默认提供两个配置文件，appsettings.json 和 appsettings.Development.json，当然也可以添加 appsettings.Staging.json，三个配置文件可以通过配置 ASPNETCORE_ENVIRONMENT 为 Development、Staging 或 Production（或不设置）来分别加载不同的配置文件，docker 命令支持设置容器运行时的环境变量。如果 Docker 里想加载 Staging 配置，那么下面的命令是有效的：

```
> docker run -d -p 6000:6000 -e ASPNETCORE_ENVIRONMENT="Staging" sample:v1.0
```

3．限制 CPU、内存等资源的使用

当开发一些高并发服务时，服务的性能成为关键，这时开发人员先要自测性能，为了全方位掌握性能数据，需要把 CPU 和内存限制在一个阈值内，然后进行压力测试。这种情况，对 CPU 和内存的控制就很有必要。下面是限制服务使用两个 CPU 和 500MB 内存

73

（仅供演示），实际环境中，CPU 和内存的值设置成多少，要依赖于服务是运算密集型，还是数据密集型。

```
> docker run -d -p 6000:6000 --cpuset-cpus="1,2" -m=500M sample:v1.0
```

4.2　镜像仓库

上面章节提到过拉取厂商的镜像，这些镜像一定是在一个地方存储着，这个地方就叫镜像仓库，本节重点学习公共镜像仓库和私用镜像仓库。

4.2.1　Docker Hub

很多官方软件都有自己的镜像，比如各种开发语言的 SDK 和 Runtime 镜像，像一些基础功能的软件也是支持 Docker 部署的，所以也有自己镜像，比如 Nginx、Redis 等。当前主流软件，不管是基础设施类，还是行业领域类，或是工具类，都会把自己的产品增加一个发布方式，那就是 Docker 镜像。

这么多的镜像是分布在厂商自己的仓库里吗？如果这样的话，那么我们每次用 Docker 命令拉取的时候，就能需要加上一个镜像所在的 URL 的参数了，有多少镜像就要记住多少个 URL，这其实非常困难。关于这个问题，Docker 在早期就想到了，所以他们提供了一个集中的镜像仓库 Docker Hub[⊖]，各个公司把自己的产品打包成镜像后，可以统一推送到这个平台上，镜像提供唯一的识别名称，以供使用者统一拉取使用。例如，前面使用的 nginx 就是发布到 Docker Hub 上的一个镜像标识。例如，我们可以使用简单的 nginx 这个名称来拉取 nginx 镜像。

```
docker pull nginx
```

pull 命令，默认就是从 Docker Hub 上拉取镜像的。公司也可以创建自己的镜像仓库，例如我们在拉取 .NET SDK 镜像的时候使用的就是微软的仓库。此时可以看到名称前面增加了一个 URI 地址，还可以通过 tag 来指定版本号，它使用冒号（:）分隔。下面是通过微软的镜像仓库拉取 .NET SDK 的 8.0 版镜像。

```
docker pull mcr.microsoft.com/dotnet/sdk:6.0
```

你的产品也可以发布到 Docker Hub 中分享。首先在 Docker Hub 上注册用户，然后创建 Repository，例如，创建名为 axzxs2001 的 Repository，这时就可以在本地用 docker build 自己的镜像了，然后可以在本地运行自己的镜像，并进行测试，测试通过后，用 docker push axzxs2001/sample:v1.0 命令把镜像推送到 Docker Hub 上，这里的 v1.0 是自定义的 tag 标签。推送时候，首先在要本地的 Docker 上登录注册的 Docker Hub 账户。推送完后结果如图 4-7 所示。

⊖ https://hub.docker.com

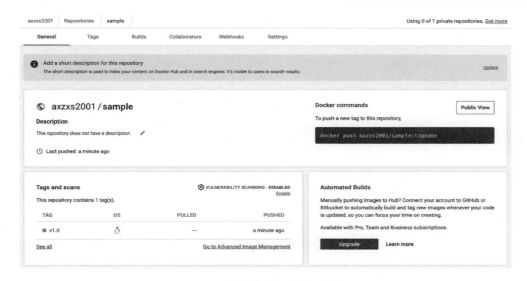

图 4-7　推送镜像到 Docker Hub

为了验证推送的结果，可以用以下命令来拉取自己的镜像，查看是否拉取成功，注意，在拉取前先把本地的镜像删除。

docker pull axzxs2001/sample:v1.0

当然，如果镜像版本过期已经停用，不希望使用者拉取，可以在 Tags 页进行删除，如图 4-8 所示。

图 4-8　删除 Docker 镜像

4.2.2　创建自定义的容器镜像仓库

除了 Docker Hub 外，也可以创建自己的镜像仓库。国内也对镜像仓库提供多种支持，本节介绍一下在阿里云中创建自定义的镜像仓库。

首先注册一个阿里云用户，阿里云会为每个用户生成一个加速器地址，配置镜像加速器前，您需要获取镜像加速器地址。

登录容器镜像服务控制台，在左侧导航栏选择镜像工具→镜像加速器，在镜像加速器页面获取镜像加速器地址，如图 4-9 所示。

图 4-9　获得镜像加速器地址

在"容器镜像服务/实例表表/命令空间"下创建命名空间，然后在"镜像仓库"下创建一个镜像仓库。如图 4-10 所示。

图 4-10　创建镜像仓库

在"源代码"页面选"本地仓库"，这时会有一个 sample 页面，提示怎么使用阿里镜像。如图 4-11 所示。

按照之前的 sample 页面，首先登录镜像，然后给自己上传的镜像打 Tag，最后是推送本地镜像到阿里云镜像仓库。如图 4-12 所示。

76

图 4-11　创建镜像仓库说明

图 4-12　仓库中上传的镜像

这时，就可以使用 pull 命令从阿里的镜像仓库里把上传上去的镜像拉取下来了。

```
docker pull registry.cn-hangzhou.aliyuncs.com/axzxs/sample:v1.0
```

在 Docker 桌面查看下载的镜像如图 4-13 所示。

4.2.3　创建私有镜像仓库

Docker 官方还提供了一个创建私有镜像库的 Docker 镜像，名字叫 registry，并且它本身也支持部署在 Docker 里，运行就成为私有镜像仓库的容器。

首先，从 Docker Hub 拉取 registry 镜像到本地。

```
docker pull registry
```

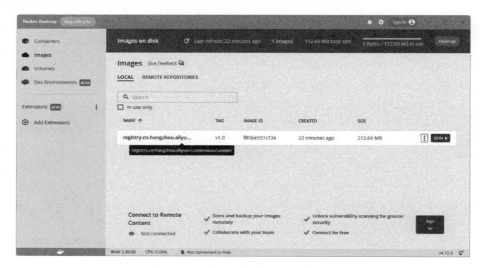

图 4-13　下载到本地的镜像

运行 registry 镜像成为私有仓库容器。

```
docker run -d -p 6000:5000 --name registry registry
```

通过访问 Docker 的 API 查询镜像仓库中存储的镜像，使用 http://127.0.0.1：6000/v2/_catalog 来查看拥有的私有镜像，查看结果为空。因为此时我们还没有在这个私有镜像仓库中保存镜像。如图 4-14 所示。

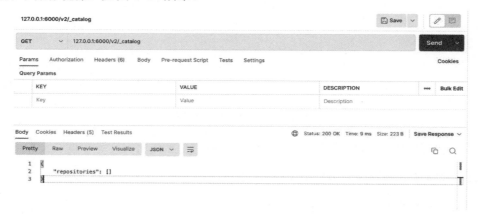

图 4-14　查询新创建的本地镜像仓库

首先在本地构建自己的镜像：

```
docker build -t sample:v1.0 .
```

然后，给镜像打标签，类似于 linux 中为文件创建了一个软链接，此时镜像有了两个名字。新的名称是本地镜像仓库中的名称 127.0.0.1:6000/sample:v1.0。

```
docker tag sample:v1.0 127.0.0.1:6000/sample:v1.0
```

最后，使用 push 命令把镜像发布到私有仓库中命令：

```
docker push 127.0.0.1:6000/sample:v1.0
```

重新查询本地仓库中的镜像，可以看到刚刚推送上去的镜像。如图 4-15 所示。

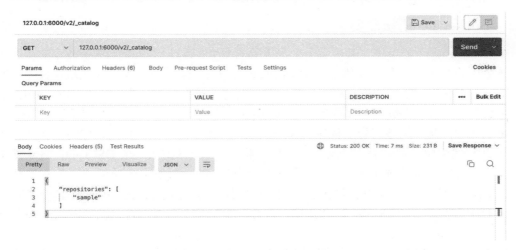

图 4-15　查询本地仓库中镜像列表

现在查看私有仓库 sample 的 Tag 的列表，现在 sample 只有一个 v1.0 的 Tag 存在。如图 4-16 所示。

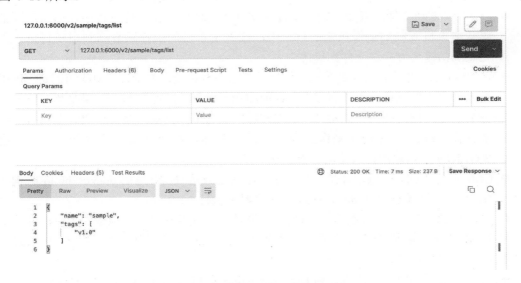

图 4-16　查询发布的 Tag 列表

4.3 Docker 定义文件 Dockerfile

通过 Docker 定义文件 Dockerfile 来定义自定义的 Docker 镜像，并最终创建出 Docker 镜像。Dockerfile 对开发人员很重要，也是开发人员必须掌握的知识点，因为服务需要的基镜像，三方库，环境变量，都是通过 Dockerfile 中的命令完成设置式操作的。

4.3.1 Dockerfile 语法概要

在 Docker 命令章节中，其中有一个很重要的命令：docker build。这个命令的作用是生成当前服务的镜像，镜像主要是通过 Dockerfile 定义完成，Dockerfile 究竟是什么呢？确切地说是一段指导生成镜像的流程脚本。我们希望构建的镜像各种各样，所以 Dockerfile 中的指令也很丰富完善，能够保证完成各种镜像的构建。接下来就看一下主要涉及哪些命令。

- FROM：指定创建镜像所依赖的基础镜像。大部分情况下，自己构建的镜像都是建立在其他镜像的基础上，就像自己开发的服务，一定是跑在一个 OS 上的，这个 OS 就是我们服务的基础依赖。镜像是一层一层建立的，对于上一层而言，下一层是只读的，一般情况下，常使用的镜像分为很多层，可以通过 docker inspect 命令查看镜像信息和层信息。FROM 是必需指令，并且是第一个指令，之后的所有指令都是建立在 FROM 指令上。
- RUN：定义在 Docker 构建过程中在镜像中执行的指令。例如，需要执行更新 apt 仓库的命令。RUN 有两种格式：

shell 格式：RUN \<命令\>［选项］［参数］，和直接在命令行中输入的命令一样；

exec 格式：RUN ["可执行文件", "参数 1", "参数 2"]，像函数调用时的格式。

- COPY：复制文件，例如从宿主机复制文件到镜像中。在构建过程中，通常需要把源码从宿主机复制到镜像指定的目录中，或把发布后的执行码复制到指定目录。主要完成从构建环境复制文件到镜像中。
- WORKDIR：指定镜像中的当前工作目录。它是为后续的 RUN、CMD、ENTRYPOINT 指令指定工作目录，可以有多个 WORKDIR 指令，后面的路径如果是相对路径，则会基于之前指定的路径。用 WORKDIR 指定的工作目录，会在构建镜像的每一层中都存在。docker 在构建镜像过程中，每一个 RUN 命令都会新建一层。只有通过 WORKDIR 创建的目录才会一直存在。
- CMD：与 RUN 类似，都是执行命令，不同之处是 RUN 是在 docker build 时构建镜像中执行，CMD 是在 docker run 时在容器中执行。
- ENTRYPOINT：与 RUN 用法相同，区别是在配置容器启动后执行的命令，并且不可被 docker run 提供的参数覆盖。每个 Dockerfile 中只能有一个 ENTRYPOINT，当指定多个时，只有最后一个起效。
- ENV：配置环境变量，格式为 ENV key value 或 ENV key1=value1 key2=value2。会被后续 RUN 指令使用，并在容器运行时保持。

Dockerfile 中还有其他指令，这里不展开说明，用到时再详细了解即可。

4.3.2　构建 ASP.NET Core 应用

ASP.NET Core 服务的发布是依赖 SDK 中的 CLI 来完成的，其中的 dotnet publish 命令就是用来完成发布的。dotnet publish 编译应用程序、读取项目文件中指定的所有依赖项并将生成的文件集发布到目录。dotnet publish 的输出包括以下内容：

- 编译项目生成的编译结果，通常是扩展名为 DLL 的程序集。
- 包含项目所有依赖项的 .deps.json 文件。
- .runtimeconfig.json 文件，其中指定了应用程序所需的共享运行时，以及运行时的其他配置选项（例如垃圾回收类型）。
- 应用程序的依赖项，将这些依赖项从 NuGet 缓存复制到输出文件夹。

使用 dotnet publish 发布项目的时候，需要与项目文件在同一目录下，否则需要指明项目文件所在路径。现在简单说明几个常用的 dotnet publish 选项参数：

- -o|--output \<OUTPUT_DIRECTORY\>　指定输出目录的路径。
- --os \<OS\>　指定目标操作系统（OS）。
- --sc\|--self-contained [true\|false].NET 运行时随应用程序一起发布，因此无须在目标计算机上安装运行。如果指定了运行时标识符，并且项目是可执行项目（而不是库项目），则默认值为 true。
- --no-self-contained　等效于 --self-contained false。
- --source \<SOURCE\>　要在还原操作期间使用的 NuGet 包源的 URI。
- -r|--runtime \<RUNTIME_IDENTIFIER\>　发布针对给定运行时的应用程序。如果使用此选项，则还要使用 --self-contained 或 --no-self-contained。

其中一些选项，除了在发布时指定为参数，也可以在项目文件.csproj 中配置，一般情况下项目发布模式是不会改变的。

这里重点要说明的是，将项目发布出来目前有三种方式：普通模式、R2R 模式、AOT 模式。

（1）普通模式

普通模式是将源代码编译为 .NET 的中间代码。下面的示例开启了单文件发布选项，同时包含运行时库，以及把不必要的库文件裁剪掉，此案例是在 Windows 下发布的，所以 RuntimeIdentifier 为 Win-x64。

```
<Project Sdk="Microsoft.NET.Sdk.Web">
  <PropertyGroup>
  <TargetFramework>net7.0</TargetFramework>
  <Nullable>enable</Nullable>
  <ImplicitUsings>enable</ImplicitUsings>
  <PublishSingleFile>true</PublishSingleFile>
  <SelfContained>true</SelfContained>
  <PublishTrimmed>true</PublishTrimmed>
```

```
    <RuntimeIdentifier>win-x64</RuntimeIdentifier>
  </PropertyGroup>
</Project>
```

（2）R2R 模式

在执行普通模式的 .NET 程序的时候，由于中间代码不能直接执行，首先需要使用 JIT 编译器将中间代码即时编译为本地代码才能开始执行。这会带来一个延迟时间，为了提高程序的启动速度，.NET 提供了 R2R（Ready to Run）模式。

R2R 模式会提前把一部分代码编译成二进制原生代码，减少在启动时实时编译器（JIT）的编译工作量，从而来改进启动性能。显然，R2R 模式的文件更大，因为它们包含项目完整的中间语言（IL）代码和预编译生成的原生代码。仅当发布面向特定运行时环境（如 Linux x64 或 Windows x64）的应用时 R2R 才可用。下面是使用 R2R 模式的项目配置文件，其中将 PublishReadyToRun 元素的配置为 true 启用了 R2R 模式。

```
<Project Sdk="Microsoft.NET.Sdk.Web">
  <PropertyGroup>
  <TargetFramework>net7.0</TargetFramework>
  <Nullable>enable</Nullable>
  <ImplicitUsings>enable</ImplicitUsings>
  <PublishSingleFile>true</PublishSingleFile>
  <SelfContained>true</SelfContained>
  <PublishTrimmed>true</PublishTrimmed>
  <RuntimeIdentifier>win-x64</RuntimeIdentifier>
  <PublishReadyToRun>true</PublishReadyToRun>
  </PropertyGroup>
</Project>
```

（3）AOT 模式

AOT 模式将应用程序提前编译为本机代码。由于完全没有即时编译阶段，程序代码已经在编译阶段编译为本地代码，所以本机 AOT 应用程序启动速度非常快，并且使用的内存更少。该应用程序的用户可以在没有安装 .NET 运行时的机器上运行它。不过，AOT 的是从 .NET 7 开始的，只支持部分场景，另外编译成 AOT 时还有很多限制，比如不能动态加载 dll，不能用反射等。在即将发布的 .NET 8 中，将会支持 ASP.NET Core 的 AOT 模式。下面示例的将 PublishAot 元素配置为 true 启用了 AOT 模式。

```
<Project Sdk="Microsoft.NET.Sdk.Web">
  <PropertyGroup>
  <TargetFramework>net7.0</TargetFramework>
  <Nullable>enable</Nullable>
  <ImplicitUsings>enable</ImplicitUsings>
  <PublishAot>true</PublishAot>
  </PropertyGroup>
</Project>
```

如表 4-1 所示是项目发布的三种模式的数据比较，AOT 模式和 R2R 模式的启动时间比普通模式要快。

表 4-1　项目发布的三种模式的数据比较

	普通模式	R2R 模式	AOT 模式
项目容量	29.8 MB	62.2 MB	19.5MB
首次请求用时	360ms	90ms	20ms

4.3.3　构建 ASP.NET Core Docker 应用

结合 ASP.NET Core 项目和 Dockerfile，就可以发布自己项目的镜像文件了，下面介绍如何定义 ASP.NET Core 的 Dockerfile。以下是一段 Dockerfile 的代码。

```
FROM mcr.microsoft.com/dotnet/sdk:7.0 AS build-env
WORKDIR /app
COPY sample.csproj ./
RUN dotnet restore
COPY ./ ./
RUN dotnet publish -c Release -o out

FROM mcr.microsoft.com/dotnet/aspnet:7.0
WORKDIR /app
COPY --from=build-env /app/out .
ENTRYPOINT ["dotnet", "sample.dll"]
```

这段代码分为四段：

- 第一段是设置 .NET 7.0 的 SDK 为基镜像，并且给当前镜像起别名为 build-env，并指定工作目录为 /app。
- 第二段是将宿主环境下的项目文件复制到镜像中的当前目录下，这里需要注意，现在 Dockerfile 文件与项目文件在同一个目录下，如果它们不在同一个目录下，要设置相对路径。复制完后开始用 dotnet restore 来还原项目依赖包，这里 RUN 后面用到的是 .NET 的 CLI，之所以可以使用这个命令是因为我们的基镜像是 .NET 7.0 SDK，SDK 里提供了 CLI 的支持。它是在镜像中执行的。
- 第三段复制所有源码到镜像中的当前目录，并且发布当前服务到镜像中的 out 目录下。
- 第四段又开启了一个新的镜像，这次的基镜像是 ASP.NET 7.0 运行时，只有 ASP.NET 运行时，不再包含 SDK。然后指定镜像中的工作目录 /app，接着从 build-env 镜像中的 /app/out 目录中的所有文件复制到当前镜像的 /app 下，最后指定容器启动时的命令 dotnet sample.dll。

在上面的 Dockerfile 中，是一个完整的还原、发布、配置运行环境的过程，即使在本地运行一个 ASP.NET Core 服务，也是这些步骤（有时 Visual Studio 会一键完成）。有了 Dockerfile 中的过程，就可以通过 docker build 命令来生成镜像。按照这个 Dockerfile，执行 docker build 完成后，只有一个基于 ASP.NET Core 7.0 运行时的镜像，原来的 sdk:7.0 AS build-env 不会包含在镜像里面。sdk:7.0 AS build-env 只是发布的一个桥梁。

为了一探生成镜像的结构，可以使用 Docker 的 run 命令运行镜像为一个容器。

```
>docker run -d -p 6001:6000 --name sample1 127.0.0.1:6000/sample:v1.0
```

启动 sample 服务应用之后，可以通过 docker exec 在容器中执行，-it 表示提供一个该容器的交互式终端。

```
>docker exec -it 容器 ID
```

现在已经通过终端进入容器内部了，可以在容器中通过 Linux 命令 ls 来查看 sample1 服务的结构，使用 cd/命令切换到根目录，使用 ls 命令可以看到在根目录下创建了一个 App。App 里有服务运行所需的文件，如图 4-17 所示。

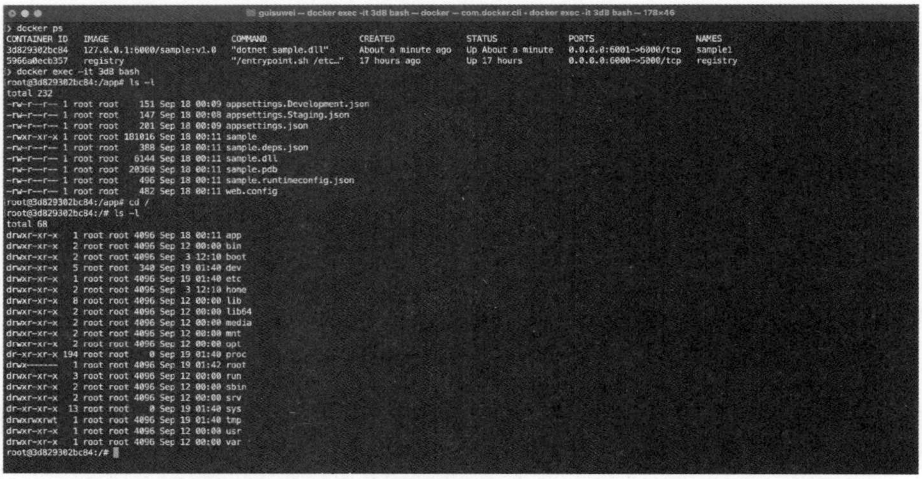

图 4-17　查看镜像中的文件

4.4　扩展容器应用

依照上述介绍的操作，就可以把自己开发的服务发布为镜像了，但一个完整的解决方案很有可能是多个项目组成，甚至可能需要第三方服务，容器化的思想是通过容器将复杂应用拆分为多个独立的相互协作的部分，这就会涉及多个容器的协调工作。编排工具就是解决多容器协作和管理问题，如何对这些服务进行编排管理很重要。本节通过 Docker compose 和 Kubernetes 两种编排工具来说明容器编排和容器扩展。

4.4.1　使用 Docker compose 管理云原生应用

通过前面章节学习了如何创建镜像，把镜像发布到 Dokcer Hub 中，将镜像运行为容器之后，还可以通过 Docker 命令管理容器。如果当服务容器变多时，并且这些服务还有一定的依赖关系，这时直接通过 Docker 命令来完成操作就比较困难和麻烦了，解决方案是使用编排工具，Docker compose 就是 docker 官方提供的一种编排工具。

现在 Docker compose 会随着安装桌面版 Docker 安装而默认安装。关于其他安装方式，可参考 https://docs.docker.com/compose/install/other/。

比如，前面的 Web 服务 sample 使用到了 Redis，这时需要在服务 sample 启动前，先启动 Redis 容器，这样，就需要启动两个容器来协同工作，而且还希望 Redis 容器应该在 sample 之前启动。这可以使用 Docker compose 定义编排文件来实现。

编排文件使用 YAML 模式，它使用缩进来管理配置层级，所以要特别注意定义文件中的缩进。使用支持 YAML 的编辑器，例如 VS Code 可以极大提高效率。下面是 sample 服务的基于 docker compose 的编排文件 compose.yaml。

```yaml
version: '1.0'

services:
  redis:
    image: "redis:alpine"
    ports:
      - "6379:6379"

  web1:
    image: sample:v1.0
    environment:
      - ASPNETCORE_ENVIRONMENT=Staging
    ports:
      - "6001:6000"
    depends_on:
      - redis

  web2:
    image: sample:v1.0
    environment:
      - ASPNETCORE_ENVIRONMENT=Production
    ports:
      - "6002:6000"
    depends_on:
      - redis
```

compose 文件是以一个版本号开始，随后是服务集合 services，下面是各项服务：如 Redis，web1 和 web2。这样通过一次启动三个服务，各个服务默认运行在同一个内部网络中，通过服务名称和其端口对他们进行访问。第一个服务是 Redis，然后使用相同的镜像启动了两个 Web 服务，映射出来到宿主机的端口分别是 6001 和 6002，为了区分不同，一个环境变量是 Staging，一个是 Production，两个 Web 服务都依赖 Redis，这要求启动是 Redis 先于两个 Web 启动。

关于 compose.yaml 文件更多内容请参考：https://docs.docker.com/compose/。

在终端中进入 compose.yaml 同目录下，运行以下命令，就会启动一组 compose 服务，如图 4-18 所示。

```
>docker compose -p webservice up -d
```

图 4-18　启动后的 compose 服务

其中的 docker compose 是 compose 的主命令，-p 是给服务组命名，up 命令很强大，它将尝试自动完成包括构建镜像，（重新）创建服务，启动服务，并关联服务相关容器的一系列操作。参数 -d 是指定在后台运行，否则服务会随着终端关闭而关闭。

可以用 docker compose -p webservice down 来关闭所有服务。当然 docker compose 还有很多其他命令，具体请参考：https://docs.docker.com/compose/reference/。

4.4.2　使用 Kubernetes 管理云原生应用

Kubernetes 是一个可移植、可扩展的开源平台，用于管理容器化的工作负载和服务，可促进声明式配置和自动化。Kubernetes 拥有一个庞大且快速增长的生态，其服务、支持和工具的使用范围相当广泛，可以说是云原生的中流砥柱。Kubernetes 简写 K8s，它的核心功能就是能对服务进行有效编排，相比 compose 在功能上要强大很多。

1. Kubernetes 的架构

相对于 Docker 环境，Kubernetes 引入了 Pod 的概念，它支持将一组容器运行在同一个 Pod 中来实现紧密关联的容器共享相同的资源，并实现统一管理。

从部署上来说，Kubernetes 关注大规模集群，引入了 master 和 node 的概念。在 K8s 部署中，master 主要作用是集群资源的管理，node 是 Pod 的集散中心，是真正的服务功能负载，所以 node 负责管理 Pod 的生命周期。在 master 和 node 中，部署着多个 K8s 的组件，通过这些组件之间的协调工作，来完成各种服务的高效快速和全自动化的编排管理。Kubernetes 的架构图如图 4-19 所示。

1）master：K8s 的控制管理节点，由 etcd、kube-apiserver、kube-scheduler 和 kube-controller-manager 四部分组成。

- etcd：K8s 的集群状态和配置数据存储中心。
- kube-apiserver：K8s 集群 API 的管理和控制入口。
- kube-controller-manager：负责 K8s 集群的资源控制。
- kube-scheduler：Pod 的调度器。

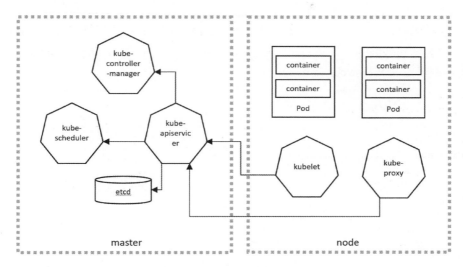

图 4-19　Kubernetes 架构图

2）node：K8s 中工作节点，通常是一台物理机或虚拟机。
- kubelet：负责 Pod 生命周期的管理。
- kube-proxy：负责 Pod 的通信或负载均衡。
- Pod：K8s 中的最小管理单元，通常只运行一个容器。

2．Kubernetes 中的对象

在 Kubernetes 中，支持很多不同的编排对象，比如无状态的 Deployment 对象，将服务公开为网络服务的 Service 对象，有状态的 StatefulSet 对象，定义任务的 CronJob 对象，以及配置 ConfigMap 和加密配置的 Secret 对象等。

- Deployment：一种无状态服务的编排对象，支持动态扩展，滚动升级，多副本等功能。
- Service：一个或一组 Pod 访问策略的抽象，可以把变换不定的内部 IP 转换成固定的访问方式，使得 Pod 在频繁创建销毁中网络申通。
- CronJob：执行定时单次运行的服务对象。
- StatefulSet：有状态服务的编排对象，具体状态是指是否挂卷，是否有固定的网络标志，是否要求 Pod 有固定的序号，有序收缩，有序删除等。
- ConfigMap：相同服务下多个 Pod 副本使用的同一个公共的配置文件对象。
- Secret：相同服务下多个 Pod 副本使用的加密配置文件对象。

3．Kubernetes 管理云原生应用

本节的重点是用 K8s 管理部署 .NET 云原生应用，本节使用的环境是安装 Docker 后，自带的 Kubernetes 环境（使用前，在 Docker Desktop 中启用 Kubernetes 功能）。

在 K8s 中，通常需要定义服务的部署形式，然后定义服务的组织形式等等，它们涉及多个定义文件。

部署是 Kubernetes 中的一种对象。首先在 Kubernetes 中服务部署定义的 yaml 文件。部署的英文为 Deployment，注意：下面配置文件中的 kind 类型为 Deployment。

下面是部署定义文件 web.yaml 的内容。

```
apiVersion: apps/v1
kind: Deployment

metadata:
    name: web

spec:
    replicas: 3
    selector:
        matchLabels:
            app: web
    template:
        metadata:
            labels:
                app: web
        spec:
            containers:
                - name: web
                  image: sample:v1.0
                  imagePullPolicy: IfNotPresent
                  ports:
                      - containerPort: 6000
```

服务部署定义 Web.yaml 文件定义了一个 Web 应用，启动 3 个副本，内部容器端口是 6000。

部署之后，服务并不能被访问，需要添加一个服务定义来配置端口访问。下面是服务定义文件 websev.yaml 的内容，注意该文件中的 kind 为 Service，即服务。

```
apiVersion: v1
kind: Service
metadata:
    name: web-service
    labels:
        app: web-service

spec:
    type: NodePort
    #clusterIP: None
```

```
selector:
    app: web
ports:
  - name: http
      protocol: TCP
      nodePort: 30501
      port: 6000
      targetPort: 6000
```

这个 websev.yaml 文件定义了访问容器的方式，是在物理机上通过 30501 端口来轮询访问内部应用，起到一个负载均衡的效果。通过 selecter 属性的值和 Web 服务关联起来。

3．在 Kubernetes 中部署和发布服务

在终端中，进入 yaml 文件所在目录，执行下面命令，运行结果如图 4-20 所示。

```
>kubectl  apply  -f web.yaml
>kubectl  apply  -f websev.yaml
```

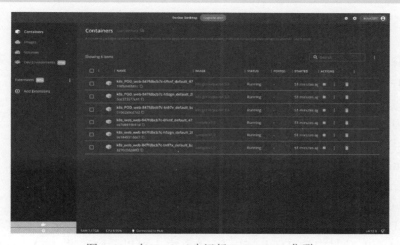

图 4-20　在 Docker 中运行 Kubernetes 集群

如果在 sample 服务中定义了一个返回 hostname 的 API，如下所示。

```
app.MapGet("host", () =>
    {
        return System.Net.Dns.GetHostName();
    });
```

这时可以通过 Postman 工具来访问这个 API，如图 4-21 所示。注意：请求端口是 service 中配置的 30501，在 Postman 的 headers 里，把 connection 选项去掉，这样返回的 hostname 才不一样。

4.4.3　使用环境变量

在 .NET 的默认配置下，来自环境变量的配置加载位于加载 appsettings.json 之后，所以，来自环境变量中的配置定义会优先于来自 appsettings.json 中的定义。在云原生环境下，大量使用环境变量来支持动态环境下的配置定义。

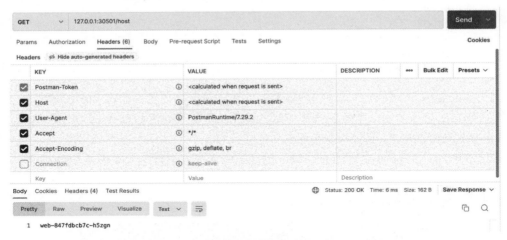

图 4-21　访问 Kubernetes 中的提供的 API

.NET 中默认的配置优先级从高到低如下（高优先级会覆盖低优先级）：

● 命令行参数配置。

● 不是以 ASPNETCORE_ 或 DOTNET_ 为前缀的环境变量配置。

● 在开发环境下，User secrets 配置。

● 基于环境的 appsettings.\{Environment}.json。

● appsettings.json。

● 主机配置。

1. Docker file 中设置环境变量

在构建 Docker 镜像的过程中，使用 ENV 关键字定义镜像在运行时的环境变量。例如，在 Basket.API 项目中的 Dockerfile.develop 中，可以看到通过 ENV 关键字定义的环境变量。

```
FROM mcr.microsoft.com/dotnet/sdk:8.0
ARG BUILD_CONFIGURATION=Debug
ENV ASPNETCORE_ENVIRONMENT=Development
ENV DOTNET_USE_POLLING_FILE_WATCHER=true
EXPOSE 80
```

通过定义 ASPNETCORE_ENVIRONMENT 环境变量为 Development 来支持针对开发测试环境的功能支持。例如，在 ASP.NET Core 的代码中，可以通过如下方式检测环境变量，并分别处理。

```
if (env.IsDevelopment())
{
        app.UseDeveloperExceptionPage();
```

```
        app.UseBrowserLink();
}
else
{
        app.UseExceptionHandler("/Home/Error");
}
```

2. docker compose 中设置环境变量

在 docker compose 中，可以通过默认名为 .env 的环境变量文件来配置在 docker compose 文件中所使用的环境变量的默认值。默认使用执行 docker compose 命令所在的目录中的 .env 文件。

在 eShopOnContainers 中，可以在 src 文件夹中找到 docker-compose.yml 和相关的 .env 文件。其中默认配置如下：

```
ESHOP_EXTERNAL_DNS_NAME_OR_IP=host.docker.internal
ESHOP_STORAGE_CATALOG_URL=http://host.docker.internal:5202/c/api/v1/catalog/items/[0]/pic/
ESHOP_PROD_EXTERNAL_DNS_NAME_OR_IP=10.121.122.162
```

例如，这里定义了一个名为 ESHOP_EXTERNAL_DNS_NAME_OR_IP 的环境变量，它的值为 host.docker.internal。后面我们就会使用到这个环境变量。

在 docker compose 定义文件中，可以针对服务定义更有针对性的环境变量，它通过 environment 来定义。下面的示例来自 src\docker-compose.override.yml 文件，截取了为 basket-api 服务所定义的环境变量。

```
basket-api:
  environment:
    - ASPNETCORE_ENVIRONMENT=Development
    - ASPNETCORE_URLS=http://0.0.0.0:80
    - ConnectionString=${ESHOP_AZURE_REDIS_BASKET_DB:-basketdata}
    - identityUrl=http://identity-api
    - IdentityUrlExternal=http://${ESHOP_EXTERNAL_DNS_NAME_OR_IP}:5105
    - EventBusConnection=${ESHOP_AZURE_SERVICE_BUS:-rabbitmq}
    - EventBusUserName=${ESHOP_SERVICE_BUS_USERNAME}
    - EventBusPassword=${ESHOP_SERVICE_BUS_PASSWORD}
    - AzureServiceBusEnabled=False
    - ApplicationInsights__InstrumentationKey=${INSTRUMENTATION_KEY}
    - OrchestratorType=${ORCHESTRATOR_TYPE}
    - UseLoadTest=${USE_LOADTEST:-False}
    - PATH_BASE=/basket-api
    - GRPC_PORT=81
    - PORT=80
  ports:
    - "5103:80"
    - "9103:81"
```

在这些环境变量中，以 ASPNETCORE_ 开始的环境变量是 .NET 本身所使用的环境变量。环境变量 identityUrl 则为自定义的环境变量，它的值为 http://identity-api。注意：这个

identity-api 为身份管理服务的服务名称，在 docker compose 中，默认所有的服务都连接在同一个默认的内部网络中，彼此之间可以通过服务名称定位。

环境变量 IdentityUrlExternal 则比较特殊，它使用如下形式定义：

```
- IdentityUrlExternal=http://${ESHOP_EXTERNAL_DNS_NAME_OR_IP}:5105
```

这里使用了 \${} 形式来取得已经定义的环境变量的值，我们可以在 .env 定义中找到这个环境变量，它的值为：host.docker.internal。这个值将会替换这里的 \${ESHOP_EXTERNAL_DNS_NAME_OR_IP}，所以，IdentityUrlExternal 的值最终为 host.docker.internal:5105。

更为特殊的环境变量 EventBusConnection，这里的 \${} 中还出现了特殊的符号 ':-'，定义如下所示。

```
- EventBusConnection=${ESHOP_AZURE_SERVICE_BUS:-rabbitmq}
```

有的时候，并不能保证所使用的环境变量一定被提前定义，我们希望能够在这种场景下提供一个默认值。类似于 C# 中 ?? 操作符，在 ${} 中出现的 ':-' 就是提供了类似的支持。当 ':-' 左边的环境变量没有定义，或者它的值为空串的时候，将使用右边提供的默认值。

在上面的示例中，如果没有环境变量 ESHOP_AZURE_SERVICE_BUS，则实际的返回值将是 rabbitmq。在默认设置下，在 .env 文件中的 ESHOP_AZURE_SERVICE_BUS 环境变量是已经被注释掉的，所以在 basket-api 服务中，连接事件总线的连接串的值就是 rabbitmq。

3．.NET 中通过环境变量配置参数

在 .NET Framework 应用中，应用的配置主要来自于 xml 格式的配置文件。与此不同的是，在 .NET 应用中，应用的配置可以来自多种不同的来源，其中来自环境变量配置是非常重要的一种来源。

在 .NET 中，各种来源的配置数据最终通过接口 IConfiguration 获取，我们可以将它看作一个以字符串为键的字典，通过配置名称来访问对应的配置值。它的定义来自 Microsoft.Extensions.Configuration.Abstractions NuGet 包。实现来自 Microsoft.Extensions.Configuration 包。针对环境变量的支持来自 Microsoft.Extensions.Configuration.EnvironmentVariables 包。

调用 AddEnvironmentVariables() 扩展方法将来自环境变量的配置添加到 Configuration Builder 中。通过 Build() 方法我们可以得到一个 IConfigurationRoot 对象，实际上，它派生自 IConfiguration 接口，一般来说，只有在需要重新加载配置信息和针对不同来源访问配置信息的时候，才会使用它。

下面的示例将环境变量配置加载到 .NET 的配置系统中，并输出环境变量 PATH 的值。

```csharp
IConfiguration configuration = new ConfigurationBuilder()
    .AddEnvironmentVariables();
    .Build();

Console.WriteLine($"path:{configuration["Path"]}");
```

当访问分级的配置信息时，使用通过冒号 ':' 来分割不同级别的名称。例如，在 src\Services\Basket\Basket.API\Program.cs 中，访问 Serilog 配置的服务器地址的代码如下所示。

```
var seqServerUrl = configuration["Serilog:SeqServerUrl"];
var logstashUrl = configuration["Serilog:LogstashgUrl"];
'''
```

这些配置信息来自 appsettings.json 配置文件。对应 Serilog 配置部分如下所示。

```json
{
  "Serilog": {
    "SeqServerUrl": null,
    "LogstashgUrl": null,
    // ......
  }
  // ......
}
```

在 .NET 中，在环境变量中，可以通过使用双下划线'__'来支持分级的配置。在 src\docker-compose.override.yml 中的 ordering-api 服务配置部分，可以看到如下所示的环境变量配置：

```
environment:
    - Serilog__MinimumLevel__Override__Microsoft.eShopOnContainers.BuildingBlocks.EventBusRabbitMQ=Verbose
    - Serilog__MinimumLevel__Override__ordering-api=Verbose
```

在 ordering.api 项目的 appsettings.json 中，可以看到对应的配置。

```
{
    // ......
    "Serilog": {
     "SeqServerUrl": null,
     "LogstashgUrl": null,
     "MinimumLevel": {
        "Default": "Information",
        "Override": {
          "Microsoft": "Warning",
          "Microsoft.eShopOnContainers": "Information",
          "System": "Warning"
        }
      }
    }
    // ......
```

4.5　容器与编排器实践

通过前面的介绍，相信你已经对容器化技术有了一定的了解，理论需要联系到实践中才能产生价值，下面我们介绍在 eShopOnContainers 项目的购物车服务中，容器和编排技术是如何被使用的。

4.5.1　购物车服务

在 eShopOnContainers 项目中，Basket.API 项目定义了购物车模块，它位于 /src/Services/Basket/Basket.API 文件夹中。本节主要了解一下的结构，方便我们接下来的部署。

购物车服务的结构相对简单，请求有两种入口方式，一是 API 方式，在 Controllers 文件夹下，二是 Grpc 方式，在 Grpc 文件夹下。

这两个接口调用的后台服务都是 Model 下 IBasketRepository.cs 接口的实现，主要功能是：获取用户购物车信息 GetBasketAsync；获取用户 GetUsers；更新购物车 UpdateBasketAsync；删除购物车 DeleteBasketAsync。

购物车使用了仓储模式，实现 IBasketRepository 接口的是位于 Infrastructure/Repositories 目录下的 RedisBasketRepository.cs，这是基于 Redis 实现的持久化版本，当然可以基于其他 NoSql 或关系型数据库，只需切换注入的类型就可以了。

另外微服务间的调用是基于事件总线完成的，在项目中，事件总线提供了两种实现，AzureServiceBus 和基于 RabbitMQ 实现的事件总线，为了方便读者起见，本书中没有使用基于 Azure 的实现。本节使用 RabbitMQ 事件总线进行说明，它基本功能的实现是通过 eShopOnContainers 项目中位于 BuildingBlocks/EventBus 文件夹下的项目实现的，这三个项目分别是：

- EventBus。
- EventBusRabbitMQ。
- EventBusServiceBus。

在购物车项目中，IntegrationEvents 目录里，Events 中定义了三个事件，分别是：

- OrderStartedIntegrationEvent：订单生成事件。
- ProductPriceChangedIntegrationEvent：价格变动事件。
- UserCheckoutAcceptedIntegrationEvent：用户结账事件。

对于事件的处理有两种实现：

- OrderStartedIntegrationEventHandler：当购物车收到这个事件后，会把购物车清空。
- ProductPriceChangedIntegrationEventHandler：当购物车收到这个事件后，会把对应商品的价格进行更新。

在 BasketController 中有一个 CheckoutAsync 的 Action，会把结账事件从购物车微服务 push 出去。

Infrastructure 中除了 Repositories 外，还有一些其他的基础类型，封装的 Http 响应

500 状态码返回类型，自定义异常类，三个过滤器，和五个中间件相关的类型。Model 中除了 Repository 的接口外，还有一些项目中用到的实体类。

购物车依赖两个外部服务：Redis 和 RabbitMQ。内部使用了一些三方库，比如 Swagger、Serolog、AppInsights、健康检查、重试库等。

源码中的 eShopOnContainers 是个整体，部署需要整体完成。本节只说明购物车服务的部署，所以把购物车依赖的三个服务 EventBus、EventBusRabbitMQ 和 EventBusServiceBus 以最简单的 DLL（复制过来的 DLL 保存在项目下的目录 refdll 中）方式进行引入，以便演示和生成镜像。

修改完后的项目文件 Basket.API.csporj 如下所示，其中把对 csporj 的引用替换成了 dll 的引用。

```
<ItemGroup>
  <Reference Include="EventBusRabbitMQ">
  <HintPath>refdll\EventBusRabbitMQ.dll</HintPath>
  </Reference>
  <Reference Include="EventBusServiceBus">
  <HintPath>refdll\EventBusServiceBus.dll</HintPath>
  </Reference>
  <Reference Include="EventBus">
  <HintPath>refdll\EventBus.dll</HintPath>
  </Reference>
</ItemGroup>
</Project>
```

这样我们就可以直接构建这个项目了。

4.5.2　构建 Dockerfile

购物车服务 Basket.API 的 Docker 定义 Dockerfile 如下所示。

```
FROM mcr.microsoft.com/dotnet/sdk:6.0 AS build-env
EXPOSE 80
WORKDIR /app

COPY Basket.API.csproj ./
RUN dotnet restore

COPY ./ ./
RUN dotnet publish -c Release -o out

FROM mcr.microsoft.com/dotnet/aspnet:6.0
WORKDIR /app
COPY --from=build-env /app/out .
ENTRYPOINT ["dotnet", "Basket.API.dll"]
```

在购物车项目的目录下，构建镜像的命令如下。

```
> docker build -t basket:v1.0 .
```

手动启动购物车服务需要如下步骤。

由于购物车服务依赖 RabbitMQ 消息队列，在运行 Basket.API 服务前，需要先启动 RabbitMQ 服务，如果是直接在 Docker 中运行，要把对应的端口映射到物理机上，方便 Basket.API 访问，然后再用下面命令运行购物车服务，这时 Basket.API 的配置文件中的 EventBusConnection 连接串等信息也要配置成物理机 IP。

启动 Docker 中的 RabbitMQ 命令如下。

```
> docker run -d --hostname my-rabbit --name RabbitMQ -p 15672:15672 -p 5672:5672 rabbitmq:3-management
```

这里的 5672 是 RabbitMQ 的访问端口，15672 是管理端口。

启动 Basket.API 的命令如下。

```
> docker run -d -p 6000:80 --name Basket.API basket:v1.0
```

最后，可以在浏览器上查看是否能访问到 Basket.API 服务的 Swagger 页面。

```
http//:127.0.0.1:6000/swagger/index.html
```

4.5.3 构建 docker-compose.yaml

对于多个容器的管理，使用编排工具就会大幅度提高效率，本书中主要介绍使用 Docker compose 编排工具进行管理。

用 Compose 部署购物车服务需要定义编排文件，同一 Compose 内部的各个服务默认在同一个内部网络中，所以可以使用服务名称来访问，如下所示。

```
{
    ......
    "ConnectionString": "redis",
    "AzureServiceBusEnabled": false,
    "EventBusConnection": "rabbitmq"
    ......
}
```

完整的编排配置文件如下所示，其中包含三个服务，Redis、RabbitMQ 和 Basket.API 服务。

```
version: '3.9'
    services:
        redis:
            image: "redis:alpine"
            ports:
                - "6379:6379"
            hostname: redis
```

```
            networks:
                - eshopnet

        rabbitmq:
            image: "rabbitmq:3-management"
            ports:
                - "15672:15672"
                - "5672:5672"
            hostname: rabbitmq
            networks:
                - eshopnet

        basket:
            image: basket:v1.0
            ports:
                - "6000:80"
            depends_on:
                - redis
                - rabbitmq
            deploy:
                mode: replicated
                replicas: 1
            hostname: basket
            networks:
                - eshopnet
            links:
                - redis
                - rabbitmq

    networks:
        eshopnet:
            driver: bridge
```

运行方式可参考之前的 Docker compose 命令。

4.5.4　构建 Kubernetes 部署文件

在前一章节介绍过，如果部署 K8s 服务，不仅需要部署 pod，与之对应还要部署一个 service，这样才能让外部访问到这个 pod。服务有三个：rabbitmq、redis 和 basketapi，每个服务都需要一个部署文件和一个服务定义文件，三个服务一共需要 6 个 yaml 文件，具体如下：

（1）k8s_rabbitmq.yaml 文件

```
apiVersion: apps/v1
kind: Deployment
metadata:
    name: rabbitmq

spec:
```

```yaml
    replicas: 1
    selector:
        matchLabels:
            app: rabbitmq
    template:
        metadata:
            labels:
                app: rabbitmq
        spec:
            containers:
                - name: rabbitmq
                  image: rabbitmq:3-management
                  ports:
                      - containerPort: 5672
                      - containerPort: 15672
```

（2）k8s_rabbmitsev.yaml 文件

```yaml
apiVersion: v1
kind: Service
metadata:
    name: rabbitmq
    labels:
        app: rabbitmq

spec:
    type: NodePort
    selector:
        app: rabbitmq
    ports:
        - name: http1
          port: 15672
          targetPort: 15672
          protocol: TCP

        - name: http2
          port: 5672
          targetPort: 5672
          protocol: TCP
```

（3）k8s_redis.yaml 文件

```yaml
apiVersion: apps/v1
kind: Deployment
metadata:
    name: redis

spec:
    replicas: 1
    selector:
```

```yaml
      matchLabels:
          app: redis
    template:
      metadata:
        labels:
            app: redis
      spec:
        containers:
          - name: redis
        image: redis:alpine
        ports:
          - containerPort: 6379
```

（4）k8s_redissev.yaml 文件

```yaml
apiVersion: v1
kind: Service
metadata:
    name: redis
    labels:
        app: redis

spec:
    type: NodePort
    selector:
        app: redis
    ports:
      - name: http
        port: 6379
        targetPort: 6379
        protocol: TCP
```

（5）k8s_basket.yaml 文件

```yaml
apiVersion: apps/v1
kind: Deployment
metadata:
    name: basket

spec:
    replicas: 1
    selector:
        matchLabels:
            app: basket
    template:
      metadata:
        labels:
            app: basket
        spec:
          containers:
```

```
    - name: basket
  image: basket:v1.0
  imagePullPolicy: IfNotPresent
  ports:
    - containerPort: 80
```

（6）k8s_basketsev.yaml 文件

```
apiVersion: v1
kind: Service
metadata:
  name: basketsev
    labels:
        app: basketsev

spec:
  type: NodePort
  selector:
    app: basket
  ports:
  - name: http
    protocol: TCP
    nodePort: 30501
    port: 80
    targetPort: 80
```

有了文件后，可以通过 kubectl 命令，把 6 个文件全部应用到 K8s 中：

```
>kubectl apply -f k8s_redissev.yaml,k8s_rabbitmqsev.yaml,k8s_basketsev.yaml,k8s_rabbitmq.yaml,k8s_
redis.yaml,k8s_basket.yaml
```

运行命令后，可以看到 Docker 显示各个服务状态正常（如图 4-22 所示）。

图 4-22　运行中的容器

可以通过 Postman 工具来访问购物车 API 进行验证（如图 4-23 所示），访问 http://localhost:30501/hc，30501 是映射到物理机上的端口。

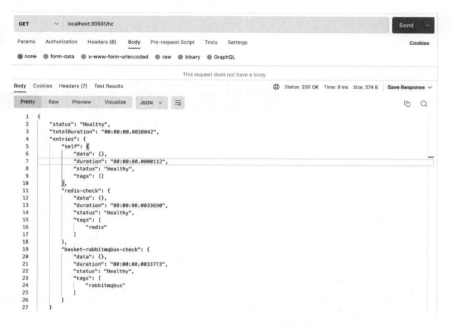

图 4-23　查询 Kubernetes 的健康检查 API

4.6　小结

本章从传统应用开发部署方式的局限性开始，引入了容器化的优势，即体积小、部署快、还能打通开发与部署的环境，解决了环境不一致导致的运维难题。接着进一步解释了 Docker 的几个核心技术：namespae、cgroup 和 unionFS，以及 Docker 常用的命令。在镜像章节，分享了镜像仓库的作用，包括公有仓库和私有仓库的使用方式和使用场景。为了发布自己的服务到镜像仓库，需要正确地配置 Dockerfile，然后用 docker build 来构建自定义的镜像，同时也可以把自己的镜像推到公有镜像仓库或私有镜像仓库。为了更好地管理多容器和依赖服务，介绍了 Docker compose 和 Kubernetes 这两种常见的容器编排工具，这两个工具都可以很友好地编排和管理多容器服务。最后我们通过 eShopOnContainers 项目中的购物车服务，以及这个服务的不同部署方式，通过案例讲解的方式具体说明多容器的部署和编排。

通过本章内容，读者可以掌握 Docker 的基本原理，常用的 Docker 命令，Dockerfile 的基本指令，能正确地使用 Docker 构建一个基于 .NET Core 的 Web 服务；掌握基础的容器编排技术：Docker compose 和 Kubernetes 的一些基本应用，完成有依赖关系的容器编排。

第5章
实现云原生应用的通信

当构建云原生系统的时候，由于组成系统的组件不再运行在同一个进程内，组件之间的通信问题就成为设计必须考虑的重点。由于应用本身从单体模式化身为基于微服务的模式，那么在动态部署的云原生环境下，如何定位微服务，前端的客户端应用程序如何与后端的微服务器进行通信，后端的微服务之间如何相互通信，当实现云原生应用程序的时候，有哪些原则、模式和最佳实践可以参考。本章将一一探讨这些问题。然后在 eShopOnContainers 中展示对这些问题的解决方案。

5.1 云原生应用通信的复杂性

在单体应用中，通信非常简单。代码模块实际上运行在服务器上同一个进程的执行空间内。由于所有的模块实际上共享内存空间，这种方式带来性能上的优势，但是也导致了代码耦合问题。伴随着应用的演进，系统逐渐变得难以维护、演进和扩展。

云原生应用实现为基于微服务架构的多个小型的、独立的微服务。每个微服务运行在独立的进程内，甚至在不同的物理机上，并且通常运行于部署在集群中的彼此隔离的容器中。

集群将一组池化的虚拟机聚合成为高可用的运行环境。这些虚拟机使用编排器进行管理，编排器负责部署和管理这些容器化的微服务。图 5-1 展示了部署在微软 Azure 中的 Kubernetes 集群，它通过 Azure Kubernetes 服务进行管理。每个集群包括一个集群控制节点（Master Node），基本上所有的控制命令都是发送给它，它负责具体的执行过程；Master 节点上运行一组关键进程，例如，DNS 服务，调度器（Scheduler）；另外还有多个工作节点（Node），下图中包括了 5 个工作节点。工作节点会托管 Pod，而 Pod 就是作为应用负载的组件。可以看到每个工作节点中包含了 5 个 Pod。所有这些节点都基于 Linux 系统。

在整个集群中，微服务通过 API 和消息传递技术等相互通信。

虽然这种模式带来了许多优势，但微服务也不是免费的午餐。原来简单的组件之间的本地进程内方法调用被替换为网络调用。微服务之间必须通过网络进行通信，这增加了系统的复杂性：

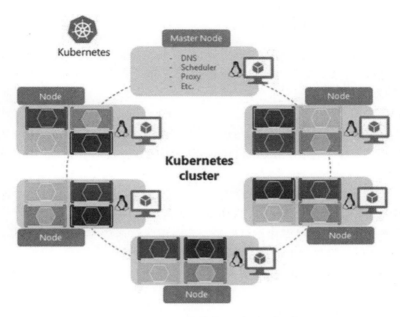

图 5-1　Azure 中的 Kubernetes 集群

- 网络阻塞、延迟和暂时性故障是一个需要持续关注的问题。
- 复原能力（即重试失败的请求）至关重要。
- 某些调用必须是幂等的，以保持一致的状态。
- 每个微服务都必须对调用者进行身份验证和授权处理。
- 必须序列化每条消息，然后反序列化，代价可能很高。
- 消息加密/解密变得很重要。

　　在本章中，将首先介绍服务注册和服务发现问题，然后解决前端应用程序与后端微服务之间的通信问题。随后将探讨后端微服务之间的通信。还会探索 gRPC 通信技术。最后，将介绍使用服务网格技术的通信模式。

5.2　服务注册与服务发现

　　在云原生的微服务架构中，由于服务众多，且单个服务可能被部署为多个实例，当部署在云原生环境中时，例如 Kubernetes 集群中，每个服务的网络 IP 地址也是动态的，它可能随着服务的迁移或者重新创建而随时发生变化，这就需要对服务进行统一管理，以提供对服务访问的一致性，服务注册和服务发现就是处理此类问题的机制。

　　服务注册是指，服务在注册中心注册自己的实际地址，访问服务的客户端向注册中心发起询问来获得服务的当前实际地址，服务发现的重要作用就是提供一个可用的服务列表，通过统一的中心化管理，使得可以通过服务名称来访问服务，而无须知道服务实例的具体 IP 地址。

5.2.1　微服务下的服务注册和服务发现

在微服务时代，需要由开发者负责服务注册和服务发现，已经存在多种广泛使用的服务发现和服务注册解决方案，这些方案既可以单独使用，也可以与云原生环境配合使用。这里介绍常见的两种方案。

1. Consul

Consul 是一个分布式、高可用的系统，是为了解决在生产环境中服务注册，服务发现和服务配置的一个工具，它使用 Mozilla Public License 2.0 授权[一]。Consul 包含多个组件，提供如下关键功能。

- 服务发现：可以使用 HTTP 或者 DNS 的方式将服务实例的元数据注册到 Consul，其他客户端可以通过 Consul 发现所依赖服务的元数据列表。
- 健康检查：Consul 提供健康检查机制，定时请求注册到 Consul 中的服务实例提供的健康检查接口，将异常返回的服务实例标记为不健康。
- Key/Value 存储：Consul 提供了 Key/Value 存储功能，可以通过简单的 HTTP 接口进行使用。
- 多数据中心：Consul 使用 Raft 算法来保证数据一致性，提供了开箱即用的多数据中心功能。

访问 Consul 官网[二]可以得到更为详细的说明。

2. etcd

一个用于存储分布式系统中关键数据的仓库，它是分布式的、可靠的键值对数据仓库。etcd 使用 Apache License 2.0 授权[三]，具有以下特点：

- 简单：基于 gRPC 的 API。
- 安全：可选 SSL 客户认证机制。
- 快速：单个实例每秒支持千次写操作。
- 可信：使用 Raft 算法充分实现了分布式。

访问 etcd 官网[四]可以得到更为详细的说明。

现在常见的云原生环境下已经集成了服务注册和发现机制，通常我们不会直接使用这些软件，而是直接使用云原生环境所提供的机制。例如，在 Kubernetes 中的服务（Service）提供了将内部的应用暴露为公共网络服务的机制，该 Service 的关键目标就是让你无须修改现有的应用程序就能使用不熟悉的服务发现机制。

[一] https://github.com/hashicorp/consul/blob/main/LICENSE

[二] https://www.consul.io/

[三] https://github.com/etcd-io/etcd/blob/main/LICENSE

[四] https://etcd.io/

5.2.2　Docker Compose 环境下的服务注册与发现

默认情况下 docker-compose 会建立一个默认的网络，网络名称为定义文件 docker-compose.yml 所在目录名称，以小写形式加上 "_default"。这个默认网络会对所有 service 下面的服务生效，所以同一个 compose 中 service 下面的各个服务之间能够通过 service 名称互相访问。

例如，eShopOnContainers 中源代码所在目录名称为 src，在 src 目录下启动 docker-compose 所创建的默认网络名称为 "src_default"，通常并不需要特别关心这个默认网络名称。

在 eShopOnContainers 中，webstatus 服务需要检查其他服务的健康状态，此服务需要访问其他服务来检查服务的工作状态，它就是通过其他服务的名称作为地址进行访问。在下面的配置中，通过环境变量的形式提供了被监控服务的健康监测地址，可以看到使用的都是 services 中定义的服务名称，例如，对于 webmvc 站点来说，监测地址为http://webmvc/hc，这里的webmvc 即为其服务名称。完整配置如下所示。

```
webstatus:
  environment:
    - ASPNETCORE_ENVIRONMENT=Development
    - ASPNETCORE_URLS=http://0.0.0.0:80
    - HealthChecksUI__HealthChecks__0__Name=WebMVC HTTP Check
    - HealthChecksUI__HealthChecks__0__Uri=http://webmvc/hc
    - HealthChecksUI__HealthChecks__1__Name=WebSPA HTTP Check
    - HealthChecksUI__HealthChecks__1__Uri=http://webspa/hc
    - HealthChecksUI__HealthChecks__2__Name=Web Shopping Aggregator GW HTTP Check
    - HealthChecksUI__HealthChecks__2__Uri=http://webshoppingagg/hc
    - HealthChecksUI__HealthChecks__3__Name=Mobile Shopping Aggregator HTTP Check
    - HealthChecksUI__HealthChecks__3__Uri=http://mobileshoppingagg/hc
    - HealthChecksUI__HealthChecks__4__Name=Ordering HTTP Check
    - HealthChecksUI__HealthChecks__4__Uri=http://ordering-api/hc
    - HealthChecksUI__HealthChecks__5__Name=Basket HTTP Check
    - HealthChecksUI__HealthChecks__5__Uri=http://basket-api/hc
    - HealthChecksUI__HealthChecks__6__Name=Catalog HTTP Check
    - HealthChecksUI__HealthChecks__6__Uri=http://catalog-api/hc
    - HealthChecksUI__HealthChecks__7__Name=Identity HTTP Check
    - HealthChecksUI__HealthChecks__7__Uri=http://identity-api/hc
    - HealthChecksUI__HealthChecks__8__Name=Payments HTTP Check
    - HealthChecksUI__HealthChecks__8__Uri=http://payment-api/hc
    - HealthChecksUI__HealthChecks__9__Name=Ordering SignalRHub HTTP Check
    - HealthChecksUI__HealthChecks__9__Uri=http://ordering-signalrhub/hc
    - HealthChecksUI__HealthChecks__10__Name=Ordering HTTP Background Check
    - HealthChecksUI__HealthChecks__10__Uri=http://ordering-backgroundtasks/hc
    - ApplicationInsights__InstrumentationKey=${INSTRUMENTATION_KEY}
    - OrchestratorType=${ORCHESTRATOR_TYPE}
  ports:
    - "5107:80"
```

在基于 docker-compose 的示例中，主要通过这种方式实现服务发现。

除了默认网络之外，docker-compose 也支持自定义网络，也可以在 service 中指定服务所使用的网络。例如：

```
version: '3'
services:
    nginx:
        image: nginx
        networks:
            - sample_net

networks:
  sample_net:
    driver: bridge
```

有的时候，我们想使用通过 docker network create 命令创建好的网络，而不是由 docker-compose 再创建一个新的，这可以通过关键字 external 来实现。

```
networks:
  persist:
    external:
      name: eshop
```

5.2.3　Kubernetes 环境下的服务注册与发现

作为当前主流的服务编排器，Kubernetes 内置提供了服务注册和发现机制。

Kubernetes 中的 Service 是集群中提供相同功能的一组 Pod 的抽象表达。当每个 Service 创建时，会被分配一个唯一的 IP 地址（也称为 cluster IP）。这个 IP 地址与 Service 的生命周期绑定在一起，只要 Service 存在，它就不会改变。Pod 使用它与其他 Service 进行通信，与 Service 的通信将被自动地负载均衡到该 Service 中的某个 Pod 上。

```
apiVersion: v1

kind: Service
metadata:
  name: my-nginx
  labels:
    run: my-nginx

spec:
  ports:
  - port: 80
    protocol: TCP
  selector:
    run: my-nginx
```

上述配置将创建一个 Service，该 Service 会将所有具有标签 run: my-nginx 的 Pod 的 TCP 80 端口暴露到一个抽象的 Service 端口上。

106

Kubernetes 支持两种查找服务的主要模式: 环境变量和 DNS。前者开箱即用，而后者则需要 CoreDNS 集群插件。

对于环境变量模式，当 Pod 运行的时候，Kubelet 会为每个活跃的 Service 添加一组环境变量。

```
{SVCNAME}_SERVICE_HOST
{SVCNAME}_SERVICE_PORT
```

这里的 Service 名称使用大写，横线被转换为下划线。例如对于上面定义的服务所创建的 Pod，可能生成如下环境变量。

```
MY_NGINX_SERVICE_PORT=80
MY_NGINX_SERVICE_HOST=10.0.162.149
KUBERNETES_SERVICE_PORT=443
KUBERNETES_SERVICE_HOST=10.0.0.1
KUBERNETES_SERVICE_PORT_HTTPS=443
```

除了环境变量模式，Kubernetes 还提供了一个自动为其他 Service 分配 DNS 名字的 DNS 插件 Service。你可以通过如下命令检查它是否在工作:

```
> kubectl get services kube-dns --namespace=kube-system
```

通过上面的 Service 定义，就可以通过 my-nginx 这个服务名称来发现服务。

可以看到，服务注册和服务发现问题已经被云原生平台所直接支持。我们关注的重点在服务之间的通信问题上。

5.3　前端应用的通信模式

在云原生系统中，前端客户端应用（Client apps，移动、Web 和桌面应用程序）与独立的后端微服务（Microservice）进行通信有多种方式。

简单起见，前端客户端可以直接与后端微服务通信，如图 5-2 所示，客户端应用直接通过 Web API 分别访问了运行在容器中的三种微服务。

使用这种方式，每个微服务都需要一个可由前端客户端访问的公共端点。在生产环境中，通过将负载均衡器放置在微服务前面，实现按比例路由流量。

虽然实现起来很简单，但客户端直接访问后端服务的通信方式只适用于简单的微服务应用程序。此模式将前端客户端与核心后端服务紧密耦合，产生了许多潜在问题。

- 客户端对后端服务重构的敏感性。
- 作为核心后端服务，直接暴露了更广泛的攻击面。
- 重复处理跨多个微服务的跨领域关注点。
- 过于复杂的客户端代码-客户端必须访问多个微服务并需要支持以可复原的方式处理故障。

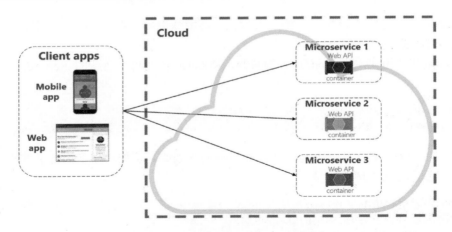

图 5-2　客户端到微服务的直接通信方式

与此相反，广泛接受的云设计模式是在前端应用程序和后端服务之间实现 API 网关服务。该模式如图 5-3 所示，客户端应用没有直接访问后台的微服务，而是通过 API 网关（API gateway）再分发到后台的微服务。对于没有客户端应用的基于浏览器的传统 Web 应用，则提供了一个 Web 应用（Web app）来渲染 HTML 页面。

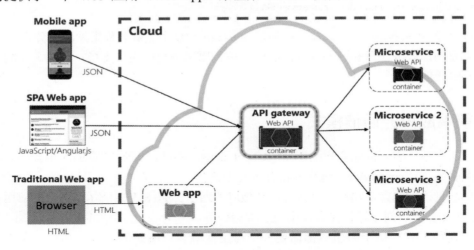

图 5-3　API 网关模式

在上图中，请注意 API 网关服务如何抽象出后端核心微服务。它作为 Web API 实现，充当反向代理，将传入流量路由到内部微服务。

API 网关通常支持的特性包括：

● 路由：API 网关作为反向代理将客户端的请求路由到后端 API，API 网关作为单一入口对客户端和后端服务进行解耦。

● 聚合：当客户端的某个操作需要调用多个后端服务时，API 网关可以把多个后端服务请求聚合为一个请求，即客户端发送一个请求至 API 网关，然后 API 网关拆分

为多个请求到各个后端服务，并且将各个后端服务返回的结果聚合成一个整体返回
给客户端，从而达到降低请求交互次数的作用。

● 卸载：API 网关可以卸载 API 的功能，尤其是一些横切多个微服务的功能。例如
API 访问日志等。因此我们可以在 API 网关上单点实现该功能，而不需要在每个后
端服务上重复实现。

网关通过将客户端与内部服务进行分区和重构实现隔离。如果变更后端服务，则可以在
网关中适配掉，而不会造成客户端的破坏性变更。它也是解决横切问题（如身份、缓存、复
原、计量和限制）的第一道防线。其中许多横切问题可以从后端核心服务卸载到网关处理，
从而简化后端服务。

必须注意保持 API 网关的简单性和快速性。通常，业务逻辑被排除在网关的功能之
外。另外复杂的网关也可能成为瓶颈，并最终又成为一个单体应用。较大的系统通常会公开
多个按客户端类型（移动、Web、桌面）或后端功能分区的 API 网关。面向前端的后端
（BFF）是实现这种网关的主要模式。该模式如图 5-4 所示，对于三种不同的客户端类型，
分别提供了三种不同的 API 网关，以实现针对性优化。每个 API 网关聚合了后端微服务的
访问。

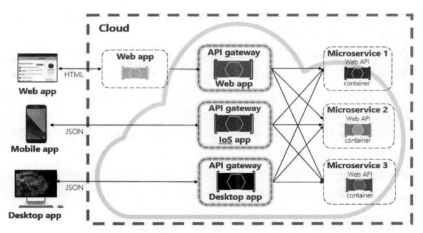

图 5-4　面向前端的后端微服务模式

请注意上图中是如何根据客户端类型（Web、移动或桌面应用）将传入流量发送到特定
API 网关的。这种方法很有意义，因为每个设备的功能在规格、性能和显示限制方面都有很
大差异。通常，移动应用程序公开的功能少于浏览器或桌面应用程序。通过这种方式可以优
化每个网关以匹配相应设备的功能。

5.3.1　实现网关的选择

首先，您可以基于 .NET 技术自己构建一个 API 网关服务。通过搜索 GitHub 可以找
到许多示例实现。

不过一般不建议从头重新造一遍轮子，YARP（Yet Another Reverse Proxy）是由 Microsoft 开发的开源反向代理库。YARP 以 NuGet 包形式下载使用，作为中间件插入到 ASP.NET Core 框架中，并且支持高度自定义规则。YARP 有详尽的文档，其中包含各种用法示例。请访问 YARP 的 GitHub 仓库⊖获得更为详细的说明。

另外一个被大量的用户采用的网络代理 Envoy，既可以作为 API 网关，也可以作为服务网格中的 sidecar 代理。在 eShopOnContainers 中单独使用了 Envoy 作为 API 网关。Envoy 的优势如下。

- 非侵入式架构：Envoy 基于网络代理模式，是一个独立进程，对应用透明。
- 基于 C++开发实现：拥有强大的定制化能力和优异的性能。
- L3/L4/L7 架构：传统的网络代理，要么在 HTTP 层工作，要么在 TCP 层工作。而 Envoy 同时支持 3、4 层和 7 层代理。
- 顶级 HTTP/2 支持：它将 HTTP/2 视为一等公民，并且可以在 HTTP/2 和 HTTP/1.1 之间相互转换（双向）。
- gRPC 支持：Envoy 完美支持 HTTP/2，也可以很方便地支持 gRPC（gRPC 使用 HTTP/2 作为底层多路复用传输协议）。
- 服务发现和动态配置：与 Nginx 等代理的热加载不同，Envoy 可以通过 API 接口动态更新配置，无须重启代理。
- 特殊协议支持：Envoy 支持对特殊协议在 L7 进行嗅探和统计，包括：MongoDB、DynamoDB 等。
- 可观测性：Envoy 内置 stats 模块，可以集成诸如 prometheus/statsd 等监控方案。还可以集成分布式追踪系统，对请求进行追踪。

随后我们会详细介绍在 eShopOnContainers 中使用 Envoy 实现 API 网关。请访问 Envoy 官网⊜可获得更为详细的说明。

除了这些使用这些开源中间件开发 API 网关，还可以直接使用网关产品，例如开源的 Apache APISIX⊜、Kong®，甚至直接使用云平台的 API 网关产品。

5.3.2　实时通信

前端应用与后端服务通信的另一种方式是实时通信或者推送通信。应用程序（如金融股票软件、在线教育、游戏和工作进度更新等）都需要来自后端的实时响应。基于普通的请求/响应的 HTTP 通信方式，客户端无法知道新数据何时可用。传统的客户端必须不断向服务器发送请求进行轮询。通过实时通信，服务器可以随时将新数据推送到客户端。

实时系统通常具有高频数据流和大量并发客户端连接的特征。手动实现实时连接可能很快就会变得复杂，需要优秀的基础架构来确保通信的可伸缩性和向连接的客户端发送可靠的

⊖ https://github.com/microsoft/reverse-proxy

⊜ https://www.envoyproxy.io/

⊜ https://apisix.apache.org/zh/

⊕ https://konghq.com/

消息传递。你可能会发现自己需要 Redis 缓存，以及一组配置了客户端相关性黏性会话的负载均衡器等等。

使用高级框架和协议（比如 ASP.NET SignalR⊖和 WebSockets⊖）是实现实时通信的比较好的选择。在图 5-5 中，使用基于 SignalR 的服务总线，支持三种不同客户端与服务器的持久连接（Persistant Connection），它们之间的通信使用 JSON 数据格式，客户端与 SignalR 服务总线（SignalR Service Hub）通过持久连接（Persistent Connection）进行通信，通信的基本单位是一个个的消息（Message in communicate）。

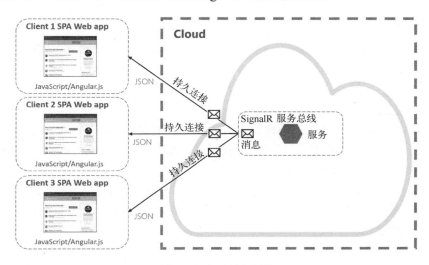

图 5-5　实时通信架构

在 eShopOnContainers 中，实现了基于 SignalR 的实时通信。

5.4　服务与服务之间的通信

实现了客户端的通信之后，现在开始考虑后端服务之间的通信问题。

当构建云原生应用的时候，你将会面对后端服务之间通信的问题。理想情况下，服务之间的通信越少越好。不过，服务之间完全不通信几乎不太可能，因为微服务化的后端的服务经常依赖于其他服务来完成处理。

已经有多种被广泛接受的方式用于实现跨服务之间的通信。通信交互的类型决定了使用的最佳方式。

通信方式分为如下几种类型。

● Query 查询，当调用另一个微服务要求从被调用的微服务得到响应的时候。例如，需要返回对于指定的客户编号的买家信息。

⊖ https://learn.microsoft.com/en-us/aspnet/signalr/overview/getting-started/introduction-to-signalr

⊖ https://developer.mozilla.org/en-US/docs/Web/API/WebSockets_API

- Command 命令，当调用另一个微服务来执行特定操作，但并不需要响应的时候，例如，将指定的订单发货。
- Event 事件，当微服务调用事件发布器，发布关于状态发生变化，或者发生了某种操作。其他的微服务，被称为订阅者，它们关注该事件，并对特定的事件做出响应。这里的发布者和订阅者彼此解耦。

在微服务之间需要跨服务交互的时候，通常在微服务中组合使用这些通信类型。让我们看一下每种类型的特色并介绍如何实现它们。

5.4.1 查询 Query

很多情况下，微服务需要访问其他的微服务进行查询，要求得到立即的响应来完成某个处理。购物车微服务需要产品的信息和其价格来将其添加到购物车中。有多种方式实现查询处理。

1. 请求/响应消息

访问后端微服务的一种方式是对目标微服务发出直接的 HTTP 请求来进行查询，如图 5-6 所示。来自客户端的添加到购物车请求到达 API 网关之后，①使用 HTTP 请求访问购物车微服务的 Add Item API，然后购物车微服务将这个操作拆分为两步完成，②使用 HTTP 请求访问产品目录，通过查询产品（Product Lookup）来获得产品信息，③使用 HTTP 请求访问价格微服务，通过查询对应产品的架构（Price Lookup）获得价格信息。最终完成添加到购物车的处理。

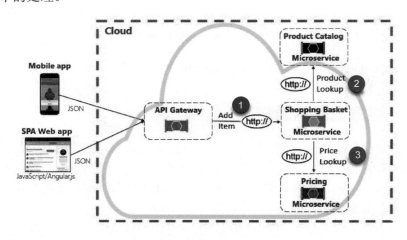

图 5-6　直接 HTTP 通信

尽管在微服务之间的直接调用易于实现，还是需要小心并尽量少使用它。首先，这些调用是同步的，将会阻塞处理过程，直到请求返回结果或者请求超时。请记住，网络请求的处理速度远远低于方法调用。并且原本是自包含的、独立的微服务，它们可以独立演进和频繁部署，在使用直接调用之后却变得相互耦合了。随着微服务之间耦合的增加，它们的架构优势会被削弱。

对于某些系统，对另一个微服务进行单个直接的、不频繁的 HTTP 调用也是可以接受的。但是，不建议频繁使用对多个微服务直接 HTTP 调用，它们会增加延迟，并对系统的性能、可伸缩性和可用性产生负面影响。更糟糕的是，一长串的直接 HTTP 通信可能会导致深度和复杂的同步微服务调用链。

实际的调用链可能高度复杂，如图 5-7 所示，添加到购物车的操作可能涉及多达 8 个步骤，8 个微服务，由于延迟的存在，导致处理过程高度复杂。

1）客户端发出添加商品（Add Item）到购物车的请求。

2）购物车微服务使用 HTTP 请求访问产品目录，查询产品信息（Product Lookup）。

3）产品目录访问价格服务来获得商品价格（Price Lookup）。

4）产品目录访问订单微服务来创建客户订单（Creat Order）。

5）订单微服务访问货运微服务来获得承运商（Find Carrier）。

6）货运微服务需要访问仓储微服务获得货物信息（Lookup Inventory）。

7）订单微服务需要访问仓库微服务检查库存（Check Stock）。

8）订单微服务访问客户微服务获得客户信息（Get Customer Info）。

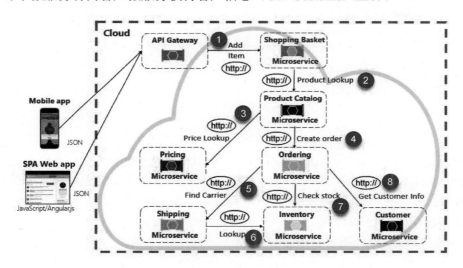

图 5-7　HTTP 调用链

您当然可以想象上图所示设计中的风险。如果步骤 3 失败，会发生什么情况？还有步骤 8 失败呢？您如何恢复？如果步骤 6 由于基础服务繁忙而运行缓慢，该怎么办？您如何继续？即使一切正常，也请考虑此调用将产生的延迟，它将是每个步骤的延迟之和。

上图中的复杂耦合程度表明服务没有经过最佳建模。开发团队应该重新审视他们的设计。

2．物化视图

避免微服务之间耦合的常用选择是物化视图模式。使用此模式，微服务会在本地存储自己的非规范化数据副本，数据是由其他微服务所拥有并管理的。例如，购物车微服务不频繁查询产品目录微服务，而是通过维护自己在本地的该数据的副本来获得数据。此模式消除了不必要的耦合，并提高了可靠性和响应时间。整个操作在同一个进程内执行。我们将在第 6 章中探讨这种模式以及数据同步问题。

3．服务聚合模式

消除微服务到微服务耦合的另一个选项是微服务聚合器，如图 5-8 中的 Aggregator 所示。在此模式中，前端没有直接访问后端服务，而是通过结账聚合器（Checkout Aggregator）来完成。增加项目（Add Item）的请求首先发送给结账聚合器，由结账聚合器先查询产品（Product Lookup），然后查询价格（Price Lookup），最后添加到购物车（Add Item）中。

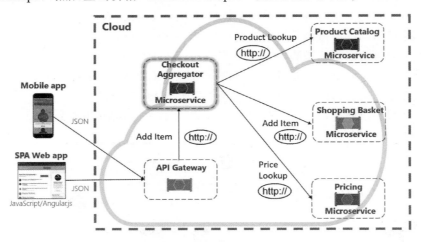

图 5-8　微服务聚合器

该模式隔离了调用多个后端微服务的操作，将其逻辑集中到专用微服务中。上图中的结账聚合器微服务编排结账操作的工作流。它包括按顺序调用多个后端微服务。来自工作流的数据将被聚合并返回给调用方。虽然它仍然实现直接 HTTP 调用，但聚合器微服务减少了后端微服务之间的直接依赖关系。

4．请求（Request）/答复（Reply）模式

解耦同步 HTTP 消息的另一种方法是请求-答复模式，它使用队列通信。使用的队列通信始终是单向通道，由生产者发送消息，消费者接收消息。使用此模式，可以通过实现请求队列和响应队列而实现。如图 5-9 所示，其中使用两个队列实现请求/答复模式：（请求队列）Request Queue 和（响应队列）Response Queue。

1）客户端发出添加到购物车请求（Add Item Post），访问购物车微服务。

2）购物车微服务发布一个请求产品价格的消息（GetPrice Request Message），其中包含了产品的编号，这里是 557，和此次通信的唯一关联标识（Correlation Id），这里是 xyz。这时购物车微服务的角色是生产者（Producer）。

3）价格微服务作为购物车微服务的消费者（Consumer），通过订阅请求消息队列，得到查询价格的请求。

4）在获得价格信息之后，价格微服务将查询结果投递到 Response Queue 中，消息中包括了对应产品的价格 3.98，以及此消息所关联的通信唯一标识（Correlation Id），注意它还是原来的 xyz。

5）由于购物车微服务订阅了 Response Queue，它从消息队列中，通过响应消息（GetPrice Response Message）异步获得价格的查询结果。

6）购物微服务将订单信息更新（DB update）到自己的数据库中。

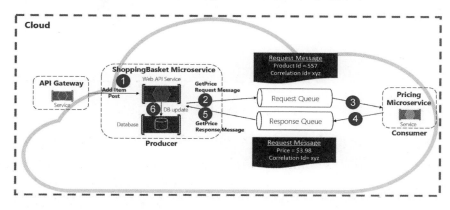

图 5-9 请求/答复模式

在这里，消息创建器创建一个基于查询的消息，其中包含唯一的相关性 ID，并将其放入请求队列中。使用服务对消息进行出队操作，以对其进行处理，并将响应放入具有相同相关性 ID 的响应队列中。创建器服务从消息队列中检索消息，通过匹配相关 ID 来获得查询结果并继续处理。我们将在下一节中详细介绍队列。

5.4.2 命令 Command

另一种类型的通信交互是命令模式。微服务可能需要另一个微服务来执行操作而并不需要返回结果。例如，订单微服务可能需要发货微服务才能为已批准的订单创建发货。在图 5-10 中，称为"生产者"的微服务向另一个微服务"消费者"发送一条消息，命令它执行某些操作。

1）客户端向订单微服务（Ordering Microservice）发出准备订单（Prepare Order）的请求。

2）订单微服务（Ordering Microservice）通过缓存（Cache）获得订单数据（Get Order Data）。

3）订单微服务发出订单发货（Ship Order Command）的命令到消息队列（Queue）中，这里的订单微服务是生产者（Producer）。

4）发货微服务（Shipping Microservice）作为消费者（Consumer）通过消息队列收到发货的命令，安排发货（Schedule Shipping），并更新到数据库中。

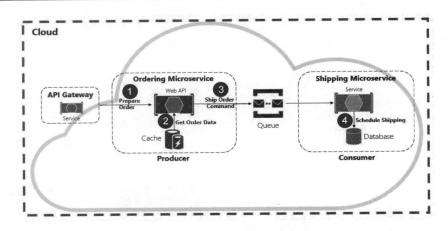

图 5-10　对于队列的命令式交互

大多数情况下，创建者不需要响应，并且可以"即发即忘"。如果需要回复，使用者会在另一个通道上向生产者发送一条单独的消息。命令消息最好通过消息队列异步发送。通过轻量级消息代理来支持。在上图中，请注意队列如何分离并解耦这两个服务。

消息队列是生产者和消费者传递消息的中介。通过消息队列实现异步的点对点消息传递。创建者知道需要将命令发送到何处并相应地进行路由。队列保证消息确实由从通道读取的一个消费者实例处理。在此方案中，生产者服务或消费者服务可以横向扩展，而不会影响另一个。同样，各个微服务所使用的技术也可以不同，这意味着我们可能会有一个 .NET 微服务调用 Golang 微服务。

在第 1 章中，我们讨论了支持服务。支持服务是云原生系统所依赖的辅助资源。消息队列是支持服务的一种。

5.4.3　事件 Event

当生产者可以异步发布消息给消费者的时候，消息队列是一种有效的方式来实现通信。不过，当多个不同的消费者需要对同一个消息进行处理又怎么办呢？针对多个消费者的独有消息队列不易扩展并难以管理。

为了处理这种问题，我们考虑第 3 种服务通信交互类型：事件 Event。微服务发布发生了某种操作的事件。其他的微服务，如何需要处理的话，通过订阅该操作，或者说事件，做出响应。

事件分为两步处理。对于特定的状态改变，微服务将事件发布到消息中间件，使得它对所有需要处理事件的其他微服务可见。感兴趣的微服务通过在消息中间件上订阅该事件而得到通知。使用 发布/订阅模式来实现基于事件的通信。

图 5-11 展示了购物车微服务发布事件，有两个其他的微服务订阅了该事件。

1）客户端发出结账命令（Checkout command）到购物车微服务（Shopping Basket Microservice）。

2）购物车微服务更新信息（DB update）到数据库中。

3）购物车微服务发布（Publish Action）结账事件（Checkout Event）。

4）订单微服务（Ordering Microservice）和库存微服务（Inventory Microservice）订阅了结账事件（Checkout Event），分别执行创建订单和相应的库存处理。

这里的事件总线（Event Bus）作为抽象层和接口，提供了发布（Publish）和订阅（Subscribe）事件的通道（Channel）事件总线既可以直接使用来自 Azure 的 Azure Service Bus 实现，也可以使用 RabbitMQ 等消息队列来实现。

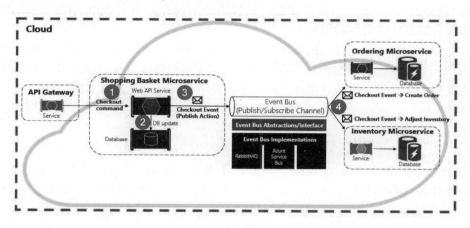

图 5-11　事件驱动消息

请注意：事件总线组件位于通信通道的中间。它是自定义的封装了消息中间件的类，并将它与基础应用程序进行了解耦。这里的订单和库存管理微服务彼此独立处理该事件，且相互无感，对于购物车微服务也是这样。当注册的事件发布到事件总线，它们会做出响应并处理。

当事件发生的时候，我们使用主题（Topic）。主题类似队列，但是支持一对多的消息模式。微服务发布一个消息，可以有多个微服务选择接收并处理该消息。图 5-12 展示了主题的架构。

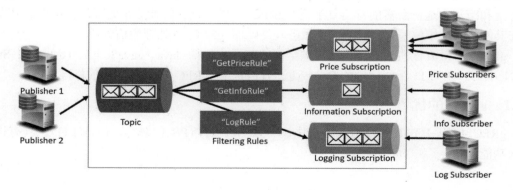

图 5-12　Topic 架构

在上图中的左边，发布者发布消息到 Topic。在右边，订阅者通过订阅得到消息。在中间部分，主题基于一组定义的规则（Filtering Rules）将消息转发给订阅者。在中间的盒子部分，规则扮演过滤器的角色来转发特定的消息给订阅者。例如，一个 GetPrice 事件会发布给 Price 和 Logging 两个订阅者，因为 Logging 订阅选择接收所有的消息。而 GetInformation 事件将会发送给 Information 和 Logging 两个订阅。

5.4.4　领域总线和集成总线

事件可以划分为微服务内部的事件和跨微服务的事件，微服务内部的事件称为领域事件，跨微服务的事件称为集成事件。

事件的发布和订阅是通过总线来实现的，发布方和订阅方借助总线实现解耦。总线又可以分为两种：处理领域事件的领域总线和处理集成事件的集成总线。从技术上讲，领域总线是进程内处理，而集成总线是进程外处理，通常使用消息队列来提供支持。

5.5　新一代通信协议 gRPC

到目前为止，在本书中，我们一直专注于基于 REST 风格的通信。我们已经看到 REST 是一种灵活的体系结构风格，它针对实体资源定义了基于 CRUD 的操作。客户端通过请求/响应通信模型并通过 HTTP 与资源进行交互。虽然 REST 被广泛实施，但一种较新的通信技术 gRPC 在整个云原生社区中获得了巨大的发展。

gRPC[⊖]是现代的高性能框架，它发展了古老的远程过程调用（RPC）协议。在应用程序级别，gRPC 简化了客户端和后端服务之间的消息传递。gRPC 源于谷歌并开源，它是云原生计算基金会（CNCF）云原生产品生态系统的一部分。

通过提供业务操作的本地代理，典型的 gRPC 客户端应用在进程内调用代理对象的代理方法。在内部，该本地方法调用远程计算机上的另一个方法。看似对本地方法的调用实质上变成了对远程服务的透明进程外调用。RPC 管道抽象化计算机之间的点对点网络通信、序列化和执行。

在云原生应用程序中，开发人员通常跨编程语言、框架和技术工作。这种互操作性使消息协定和跨平台通信所需的管道复杂化。gRPC 提供了统一的抽象来处理这些问题。开发人员在其本机平台中编写代码，专注于业务功能，而 gRPC 则处理通信管道。

gRPC 为最流行的开发技术栈提供全面的支持，包括 Java、JavaScript、C#、Go、Swift 和 NodeJS。在第 11 章所讨论的 Dapr 通过 HTTP 和 gRPC 提供构建块的标准 API。

5.5.1　gRPC 的优势

gRPC 使用 HTTP/2 作为其传输协议。虽然与 HTTP/1.1 兼容，但 HTTP/2 具有许多高级功能：

⊖ https://grpc.io/

- 使用二进制帧协议进行数据传输，这与基于文本的 HTTP/1.1 不同。
- 多路复用，支持通过同一连接发送多个并行请求，而 HTTP/1.1 将处理限制为一次一个请求/响应消息。
- 双向全双工通信，用于同时发送客户端请求和服务器响应。
- 内置流式处理，使请求和响应能够异步流式传输大型数据集。
- 减少网络使用率的标头压缩。

5.5.2　gRPC 核心概念

gRPC 轻量且高性能，它比 JSON 序列化快 8 倍，消息少 60%～80%。gRPC 采用被称为 Protocol Buffers[⊖] 的开源技术。它提供一种高效且与平台无关的序列化格式，用于序列化服务相互发送的结构化消息。使用跨平台接口定义语言（IDL），开发人员为每个微服务定义一个服务协定。该协定作为基于文本的 .proto 文件实现，描述了每个服务的方法、输入和输出。同一协定文件可用于在不同开发平台上构建的 gRPC 客户端和服务。

使用.proto 文件，Protobuf 编译器将 proto 为目标平台生成客户端和服务端代码。该代码包括以下组件：

- 由客户端和服务共享的强类型对象，表示消息的服务操作和数据元素。
- 用于远程 gRPC 服务可以继承和扩展所需的网络管道的强类型基类。
- 一个客户端代理存根，其中包含调用远程 gRPC 服务所需的管道。

在运行时，每条消息都序列化为标准的 Protobuf 表示形式，并在客户端和远程服务之间进行交换。与 JSON 或 XML 不同，原始缓冲区消息被序列化为已编译的二进制字节。

5.5.3　在 .NET 中应用 gRPC

从 .NET Core 3.0 开始，gRPC 被集成进来。通过一组 NuGet 包提供对 gRPC 的支持。例如，对于 gRPC 客户端项目需要以下 NuGet 包。

- Grpc.Net.Client，其中包含 .NET Core 客户端。
- Google.Protobuf 包含适用于 C# 的 Protobuf 消息。
- Grpc.Tools，其中包含适用于 Protobuf 文件的 C# 工具支持。

SDK 中包括用于端点路由、内置 IoC 和日志记录的工具。开源的 Kestrel Web 服务器支持 HTTP/2 连接。

图 5-13 展示了内置于 Visual Studio 2022 中的工具生成的 gRPC 服务。

在图 5-13 中，请注意位于 Protos 文件夹中 gRPC 协议定义文件 greet.proto，Grpc.Tools 工具支持通过 gRPC 协议定义自动生成相应的 C# 访问代码。而定义在 Services 文件夹的自定义服务访问类就可以通过自动生成的代码使用 gRPC 协议。在 VS 2022 中，这是透明完成的，大大提高了 gRPC 的开发体验。

⊖ https://developers.google.cn/protocol-buffers/

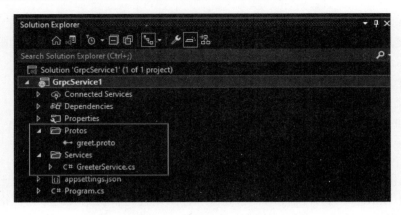

图 5-13　Visual Studio 2022 中的 gRPC 服务

注意：WCF 已经从 .NET 中弃用，如果您还希望继续使用 WCF，请考虑使用 CoreWCF[⊖]，CoreWCF 是将 Windows Communication Foundation（WCF）的服务端移植到 .NET Core。此项目的目标是使现有的 WCF 服务能够迁移到 .NET。

5.5.4　gRPC 的使用场景

在以下情况，考虑在项目中提供 gRPC 支持：

- 同步的后端微服务到微服务通信，需要立即响应才能继续处理。
- 需要支持混合编程平台的多语言环境。
- 性能至关重要的低延迟和高吞吐量通信。
- 点对点实时通信。gRPC 无须轮询即可实时推送消息，并且对双向流具有出色的支持。
- 网络受限环境。二进制 gRPC 消息始终小于等效的基于文本的 JSON 消息。

gRPC 主要用于后端服务。现代浏览器无法提供支持前端 gRPC 客户端所需的 HTTP/2 控制级别。或者说，需要通过 gRPC-Web 协议[⊖]进行支持，以支持 .NET 从使用 JavaScript 或 Blazor Web 组件技术构建的基于浏览器的应用进行 gRPC 通信。ASP.NET Core gRPC 应用通过 gRPC-Web 来支持浏览器应用中的以下 gRPC 特性。

- 强类型、代码生成的客户端。
- 紧凑的原始缓冲区消息。
- 服务器流式传输。

5.5.5　在 eShopOnContainers 中实现 gRPC 支持

eShopOnContainers 使用 .NET 技术实现 gRPC 服务，图 5-14 展示了其后端架构。

在图 5-14 中，请注意 eShopOnContainers 如何通过公开多个 API 网关来实现面向前端

⊖ https://github.com/CoreWCF/CoreWCF
⊖ https://github.com/grpc/grpc-web

的后端模式（BFF）。我们在本章前面讨论了 BFF 模式。请特别注意位于 API 网关和后端微服务之间的聚合器微服务。聚合器接收来自客户端的单个请求，将其分派到各种后端微服务，聚合后端服务返回的结果，然后将其响应回客户端。此类操作通常需要同步通信以产生即时响应。在 eShopOnContainers 中，来自聚合器的后端调用是使用 gRPC 执行的，如图 5-15 所示。

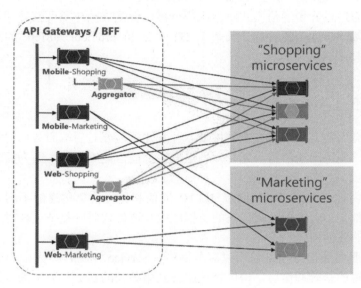

图 5-14　eShopOnContainers 的后端架构

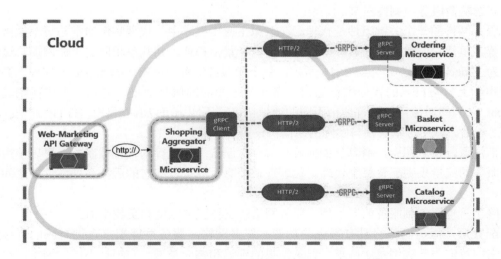

图 5-15　gRPC 在 eShopOnContainers 中的应用

　　gRPC 通信涉及客户端和服务器组件。在上图中，请注意购物聚合器如何实现 gRPC 客户端。客户端对后端微服务进行同步 gRPC 调用，每个微服务都实现一个 gRPC 服务器。客户端和服务器都利用 .NET 开发工具包中的内置 gRPC 管道。客户端存根提供用于调用远程 gRPC 的管道。服务器端组件提供自定义服务类可以继承和使用的 gRPC 管道。

同时公开 RESTful API 和 gRPC 通信的微服务需要多个终结点来管理流量。您将打开一个终结点用于侦听用于 RESTful 调用的 HTTP 流量，以及另一个用于 gRPC 调用的终结点。必须为 gRPC 通信所需的 HTTP/2 协议配置 gRPC 终结点。

虽然我们努力通过异步通信模式将微服务分离，但某些操作需要直接调用。gRPC 应该是微服务之间直接同步通信的首选。其基于 HTTP/2 和 protocol buffers 的高性能通信协议使其成为完美的选择。

5.6　服务网格（Service Mesh）

本章探讨了微服务之间通信带来的挑战。开发团队需要对后端服务如何相互通信保持敏感，理想情况下，服务间通信越少越好。当然，这种通信是难免的，因为后端服务通常相互依赖来完成操作。

本章之前的内容还介绍了实现同步 HTTP 通信和异步消息传递的不同方法。在每种情况下，开发人员都担负着实现通信代码的负担。编写通信代码既复杂又耗时。不正确的决策可能会导致严重的性能问题。

更现代的微服务通信方法是使用以服务网格（Service Mesh）[⊖]为中心的通信技术。服务网格提供可配置的基础通信层，提供处理服务到服务间的通信、通信的复原能力，内置多种通信所涉及的跨领域问题的支持。它将这些问题的责任从微服务本身转移到服务网格，将通信问题从微服务中剥离出来。

服务网格的一个关键组件是代理。在云原生应用程序中，代理实例通常与每个微服务实例共置。虽然它们在单独的进程中执行，但两者紧密相连，并共享相同的生命周期。这种模式称为 Sidecar 模式[⊖]，如图 5-16 所示，每个微服务都有一个相伴的 Sidecar 代理。微服务本身实际上只与自己的代理进行通信，微服务之间的通信是通过 Sidecar 来代理完成的。Sidecar 之间的通信可以配置使用不同的通信协议，下图中可以看到既有 HTTP 通信，也有 gRPC 通信。微服务本身则与实际的通信协议实现解耦。

请注意，在上图中，消息是如何被与每个微服务一起运行的代理截获的。可以使用特定于微服务的流量规则配置每个代理。代理理解消息，并可以在您的服务和外部世界之间路由它们。

除了管理服务到服务的通信外，服务网格还支持服务发现和负载平衡。

配置后，服务网格将具有很强的功能。服务网格从服务发现端点查询对应的目标实例池。它向特定服务实例发送请求，记录结果的延迟和响应类型。它根据不同的因素（包括观察到的最近请求的延迟）选择最有可能返回快速响应的实例。

⊖　https://learn.microsoft.com/en-us/azure/aks/servicemesh-about

⊖　https://learn.microsoft.com/en-us/azure/architecture/patterns/sidecar

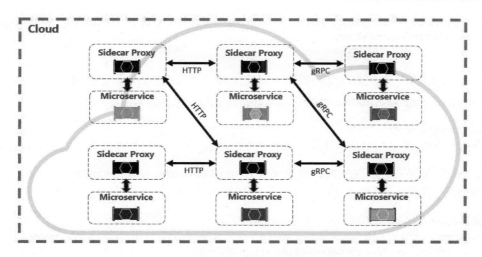

图 5-16 使用 Sidecar 的服务网格

服务网格在应用程序级别管理流量、通信和网络问题。它理解消息和请求。服务网格通常与容器业务流程协调程序集成。Kubernetes 支持可扩展的架构，可以在其中添加服务网格。

5.7 实战演练：实现 eShopOnContainers 中的组件间通信

在 eShopOnContainers 应用中，使用了多种通信技术来针对不同的场景实现通信支持。在客户端与后台微服务之间，实现了基于 Envoy 的 API 网关。对于前端的 SPA 应用，实现了面向前端的后端服务聚合。微服务之间的通信既使用了基于 gRPC 的高性能直接访问，也使用了基于 RabbitMQ 消息队列实现的领域总线对服务间通信进行解耦。

5.7.1 实现基于 Envoy 的 API 网关

前面我们已经介绍了 Envoy 网关，Enovy 是一款开源的专为云原生应用设计的服务代理。eShopOnContainers 中实现了基于 Envoy 的 API 网关。

面向移动客户端的 mobileshoppingapigw 代理了多个后端 API，这里以产品目录的 Catalog.API 为例进行说明。

在 src\docker-compose.override.yml 中，通过环境变量 PATH_BASE 为 Catalog.API 定义了 API 的路径前缀：

```
PATH_BASE=/catalog-api
```

在 Startup.cs 中通过配置对象使用了该 API 前缀。

```
var pathBase = Configuration["PATH_BASE"];

if (!string.IsNullOrEmpty(pathBase))
{
```

```
        loggerFactory.CreateLogger<Startup>().LogDebug("Using PATH BASE '{pathBase}'", pathBase);
        app.UsePathBase(pathBase);
}
```

所以，实际的产品目录后端服务的访问地址有一个 /catalog-api 的前缀。

在 docker-compose.yml 中，定义了此网关使用 Envoy 实现。

```
mobileshoppingapigw:
    image: envoyproxy/envoy:v1.11.1
```

Envoy 的配置来自配置文件，在定义文件 docker-compose.override.yml 中，通过挂载卷的方式映射了 Envoy 的配置文件，并映射了暴露的端口。

```
mobileshoppingapigw:
    volumes:
      - ./ApiGateways/Envoy/config/mobileshopping:/etc/envoy
    ports:
    - "5200:80"
    - "15200:8001"
```

此配置文件名称为 envoy.yaml，这里选取部分内容作为示意：

```
static_resources:
    listeners:
    - address:
        socket_address:
            address: 0.0.0.0
            port_value: 80
      filter_chains:
      - filters:
        - name: envoy.http_connection_manager
          config:
            codec_type: auto
            stat_prefix: ingress_http
            route_config:
                name: eshop_backend_route
                virtual_hosts:
                - name: eshop_backend
                  domains:
                  - "*"
                  routes:
                  - name: "c-short"
                    match:
                        prefix: "/c/"
                    route:
                        auto_host_rewrite: true
                        prefix_rewrite: "/catalog-api/"
                        cluster: catalog
                  - name: "c-long"
```

```
                    match:
                      prefix: "/catalog-api/"
                    route:
                      auto_host_rewrite: true
                      cluster: catalog

  clusters:
  - name: catalog
      connect_timeout: 0.25s
      type: strict_dns
      lb_policy: round_robin
      hosts:
      - socket_address:
          address: catalog-api
          port_value: 80
```

在配置文件最后的 clusters 部分，定义了名为 catalog 的 cluster，它定义了流量的目标终点，这里实际映射到 catalog-api 服务的 80 端口。此集群还支持基于 DNS 轮询的负载均衡。

在配置文件中间的 routes 部分，可以看到这里定义了两种访问后端服务的模式：短模式和长模式。短模式使用前缀 /c/ 来表示 catalog-api 的前缀，长模式使用 /catalog-api/ 前缀。两种模式都会被网关映射到内部的 /catalog-api/ 上。配置文件中的 prefix 定义了路由前缀。

配置文件开始部分的 listeners 中定义了 Envoy 的监听地址，用来接收处理入站请求。Envoy 通过暴露 listener 来监听来自客户端的请求。其中的 route_config 部分定义路由规则，定义入站请求到后端集群之间的路由关系。在示例中对 catalog 服务定义了两个入口映射到 catelog-api 服务，并自动处理 Catalog.API 的前缀问题。

5.7.2　实现 BFF 网关

BFF 是面向前端的后端（Backend for frontend）的缩写，项目名称中嵌入了 Bff 的是使用 BFF 模式的项目。它用来聚合后端服务，为前端提供对后端服务的封装。

在 eShopOnContainers 中通过独立 ASP.NET Core Web API 项目来提供 API 的聚合服务。项目中的 src/ApiGateways 目录中的 Mobile.Bff.Shopping 和 Web.Bff.Shopping 分别实现了面向移动端和面向 Web 前端的后端服务聚合，其中的 aggregator 项目实现了聚合器。

其核心思路是，收到以 HTTP 方式的客户端请求之后，在自定义网关服务中使用 gRPC 协议向后端服务发起请求。下面以 Mobile.Bff.Shopping 中的 BasketService 的实现为例进行说明，BFF 网关本身作为后端服务的客户端存在，在 BFF 网关的构造函数中注入了客户端代理，这里是购物车微服务的客户端代理。

```
public BasketService(Basket.BasketClient basketClient, ILogger<BasketService> logger)
{
    _basketClient = basketClient;
```

```
        _logger = logger;
    }
```

当实际的客户端应用访问 BFF 的 API 时，BFF 通过自己的实际服务代理转发到后端处理，下面的代码展示了查询购物车数据的处理。

```
public async Task<BasketData> GetByIdAsync(string id)
{
    _logger.LogDebug("grpc client created, request = {@id}", id);
    var response = await _basketClient.GetBasketByIdAsync(new BasketRequest { Id = id });
    _logger.LogDebug("grpc response {@response}", response);

    return MapToBasketData(response);
}
```

这里所使用的 Basket.BasketClient 来自注册到依赖注入容器中的服务，在 Startup.cs 代码中，可以看到使用强类型方式注册的 Grpc 客户端。

```
public static IServiceCollection AddGrpcServices(this IServiceCollection services)
{
    services.AddTransient<GrpcExceptionInterceptor>();
    services.AddScoped<IBasketService, BasketService>();
    services.AddGrpcClient<Basket.BasketClient>((services, options) =>
    {
        var basketApi = services.GetRequiredService<IOptions<UrlsConfig>>().Value.GrpcBasket;
        options.Address = new Uri(basketApi);
    }).AddInterceptor<GrpcExceptionInterceptor>();

    services.AddScoped<ICatalogService, CatalogService>();
    services.AddGrpcClient<Catalog.CatalogClient>((services, options) =>
    {
        var catalogApi = services.GetRequiredService<IOptions<UrlsConfig>>().Value.GrpcCatalog;
        options.Address = new Uri(catalogApi);
    }).AddInterceptor<GrpcExceptionInterceptor>();

    services.AddScoped<IOrderingService, OrderingService>();
    services.AddGrpcClient<OrderingGrpc.OrderingGrpcClient>((services, options) =>
    {
        var orderingApi = services.GetRequiredService<IOptions<UrlsConfig>>().Value.GrpcOrdering;
        options.Address = new Uri(orderingApi);
    }).AddInterceptor<GrpcExceptionInterceptor>();

    return services;
}
```

由于需要共享相同的通信协议，BasketClient 所使用的 proto 定义位于文件夹 src/Services/Basket/Basket.API/Proto 中的 basket.proto 文件中。该文件被客户端和服务器端所共享使用。

```
syntax = "proto3";

option csharp_namespace = "GrpcBasket";

package BasketApi;

service Basket {
  rpc GetBasketById(BasketRequest) returns (CustomerBasketResponse) {}
  rpc UpdateBasket(CustomerBasketRequest) returns (CustomerBasketResponse) {}
}

message BasketRequest {
  string id = 1;
}

message CustomerBasketRequest {
  string buyerid = 1;
  repeated BasketItemResponse items = 2;
}

message CustomerBasketResponse {
  string buyerid = 1;
  repeated BasketItemResponse items = 2;
}

message BasketItemResponse {
  string id = 1;
  int32 productid = 2;
  string productname = 3;
  double unitprice = 4;
  double oldunitprice = 5;
  int32 quantity = 6;
  string pictureurl = 7;
}
```

在 src/ApiGateways/Mobil.Bff.Shopping/aggregator 项目的项目文件中，可以看到它被用来生成客户端代理。

```
<ItemGroup>
<Protobuf Include="..\..\..\Services\Basket\Basket.API\Proto\basket.proto" GrpcServices="Client" />
<Protobuf Include="..\..\..\Services\Catalog\Catalog.API\Proto\catalog.proto" GrpcServices="Client" />
<Protobuf Include="..\..\..\Services\Ordering\Ordering.API\Proto\ordering.proto" GrpcServices="Client" />
</ItemGroup>
```

而在 src/Services/Basket/Basket.API 项目的项目文件中，则可以看到它被用来生成服务器端代码。

```
<ItemGroup>
<Protobuf Include="Proto\basket.proto" GrpcServices="Server" Generator="MSBuild:Compile" />
```

```
<Content Include="@(Protobuf)" />
<None Remove="@(Protobuf)" />
</ItemGroup>
```

5.7.3 实现基于 MediatR 的领域总线

在运行于同一进程内的应用内部，通常使用方法调用来实现不同组件之间的协作。不过，这也带来了不同组件之间的紧密耦合的副作用。尤其是在面向领域的开发中，人们希望针对跨界访问进行解耦。这些耦合可以通过类似服务间的调用模式进行解耦。

1. 中介者模式库 MediatR[⊖]

MediatR 是基于 .NET 技术实现的进程内中介者模式库，支持进程内的请求（Request）/答复（Reply）模式、命令（Command）、查询（Query）模式。该库的地址为：https://github.com/jbogard/MediatR。

MediatR 通过接口 IRequest 提供请求/答复模式和命令模式的支持，命令模式被看作是没有返回值的请求/答复特例处理。需要注意的是，没有使用 Query 或者 Command 这样的名字，而是使用了 Request 这个名字。

看一个请求/答复的示例。

定义请求对象 Ping，对于该请求，希望返回一个 string 类型的答复。IRequest 标识这是一个请求对象，通过泛型指定返回类型。

```
public class Ping : IRequest<string> { }
```

然后，创建请求处理器 PingHandler，它将实际处理 Ping 类型的请求。开发人员需要实现接口方法 Handle()来实现实际的业务处理逻辑。

```
public class PingHandler : IRequestHandler<Ping, string>
{
    public Task<string> Handle(Ping request, CancellationToken cancellationToken)
    {
        return Task.FromResult("Ping");
    }
}
```

最后，通过中介器发出请求，就可以得到返回结果。MediatR 负责根据请求对象类型找到对应的处理器，并调用其 Handle()方法并返回结果。

```
var response = await mediator.Send(new Ping());
Debug.WriteLine(response); // "Ping"
```

MediatR 通过 INotification 提供了进程内的一对多事件通知机制。eShop 中的领域总线则基于该 INotification 通过 MediatR 实现。

首先，通过官方示例来说明一下 INotification 的使用。一对多需要实现接口 INotification，

⊖ https://github.com/jbogard/MediatR

并且不会有返回值。其处理器的处理方法名称也是 Handle()。

```
// 自定义的通知消息
public class Ping : INotification { }

// 应用中可以存在多个消息处理器
// 消息处理器 1
public class Ping1 : INotificationHandler<Ping> {
    public Task Handle(Ping notification, CancellationToken cancellationToken) {
        Debug.WriteLine("Ping 1");
        return Task.CompletedTask;
    }
}

// 消息处理器 2
public class Ping2 : INotificationHandler<Ping> {
    public Task Handle(Ping notification, CancellationToken cancellationToken) {
        Debug.WriteLine("Ping 2");
        return Task.CompletedTask;
    }
}

//发布消息
await mediator.Publish(new Ping());
```

这个示例非常简单，在发布消息之后，订阅消息的两个消息处理器都会得到消息，然后通过调试器输出相应的结果。

消息与消息处理之间的关联是需要注册到 MediatR 的，这一步工作通常在系统初始化过程中统一处理，这里就不再介绍。

2. 使用 MediatR 实现进程内的请求/答复

在订单服务 Ordering.API 中，使用基于 MediatR 的进程内请求/答复模式，实现 Web 层与业务处理层之间的解耦。支持我们将业务逻辑从 Web 控制器中剥离出来。这里使用了 CQRS 模式实现命令和查询的分离，我们在项目的 Application/Commands 文件夹中，可以看到一系列以 Command 为后缀的类型定义所使用的命令。

以取消订单为例，取消订单的命令定义在 Ordering.API/Application/Commands/CancelOrderCommand.cs 中。这里的 Command 表示使用了 CQRS 模式中的 Command，它需要一个 bool 类型的返回值。你会看到，所有的业务处理都被分离出来，组织到 Application 这个文件夹中，与 Web 层完全解耦。

```
namespace Microsoft.eShopOnContainers.Services.Ordering.API.Application.Commands;

public class CancelOrderCommand : IRequest<bool>
{

    [DataMember]
    public int OrderNumber { get; set; }
```

```
        public CancelOrderCommand()
        {

        }
        public CancelOrderCommand(int orderNumber)
        {
            OrderNumber = orderNumber;
        }
    }
```

相应的处理器是同一个文件夹中的 CancelOrderCommandHandler 中。

```
public class CancelOrderCommandHandler : IRequestHandler<CancelOrderCommand, bool>
{
    private readonly IOrderRepository _orderRepository;

    public CancelOrderCommandHandler(IOrderRepository orderRepository)
    {
        _orderRepository = orderRepository;
    }

    public async Task<bool> Handle(CancelOrderCommand command, CancellationToken cancellationToken)
    {
        var orderToUpdate = await _orderRepository.GetAsync(command.OrderNumber);
        if (orderToUpdate == null)
        {
            return false;
        }

        orderToUpdate.SetCancelledStatus();
        return await _orderRepository.UnitOfWork.SaveEntitiesAsync(cancellationToken);
    }
}
```

当存在指定订单号，取消订单的时候，实际上做了两步操作：
● 将订单对象的状态设置为取消。
● 使用工作单元持久化。

在控制器 OrdersController 中，将来自 Body 中的请求参数封装为 CancelOrderCommand 对象实例。然后，通过中介器发送出来。

```
[Route("cancel")]
[HttpPut]
[ProducesResponseType((int)HttpStatusCode.OK)]
[ProducesResponseType((int)HttpStatusCode.BadRequest)]
public async Task<IActionResult> CancelOrderAsync([FromBody] CancelOrderCommand command,
[FromHeader(Name = "x-requestid")] string requestId)
{
    bool commandResult = false;
```

```
if (Guid.TryParse(requestId, out Guid guid) && guid != Guid.Empty)
{
    var requestCancelOrder = new IdentifiedCommand<CancelOrderCommand, bool>(command, guid);

    _logger.LogInformation(
        "----- Sending command: {CommandName} - {IdProperty}: {CommandId} ({@Command})",
        requestCancelOrder.GetGenericTypeName(),
        nameof(requestCancelOrder.Command.OrderNumber),
        requestCancelOrder.Command.OrderNumber,
        requestCancelOrder);

    commandResult = await _mediator.Send(requestCancelOrder);
}

if (!commandResult)
{
    return BadRequest();
}

return Ok();
}
```

这里的 IdentifiedCommand 对 CancelOrderCommand 又进行了一次封装，用来处理重复请求问题，它可以通过检查 requestId 是否已经被使用过来过滤掉重复的请求。该对象最后通过 _mediator 发出并处理。

3. 使用 MediatR 实现进程内领域事件

领域事件本质上是一对多的通知，可以使用 MediatR 的 INotification 来实现。在 eShop 中，使用了 DomainEvent 后缀来表示这是领域事件对象。

在订单服务 Ordering.API 中，当订单付款之后，会首先创建订单被支付的事件对象。

```
public class OrderStatusChangedToPaidDomainEvent
    : INotification
{
    public int OrderId { get; }
    public IEnumerable<OrderItem> OrderItems { get; }

    public OrderStatusChangedToPaidDomainEvent(int orderId,
        IEnumerable<OrderItem> orderItems)
    {
        OrderId = orderId;
        OrderItems = orderItems;
    }
}
```

它对应的处理器是 OrderStatusChangedToPaidDomainEventHandler。简化之后的代码如下所示。

```
namespace
```

```
Microsoft.eShopOnContainers.Services.Ordering.API.Application.DomainEventHandlers.OrderPaid;

    public class OrderStatusChangedToPaidDomainEventHandler
                    : INotificationHandler<OrderStatusChangedToPaidDomainEvent>
    {
        // ......
        public async Task Handle(OrderStatusChangedToPaidDomainEvent orderStatusChangedToPaidDomainEvent,
CancellationToken cancellationToken)
        {
            // ......
            var order = await _orderRepository.GetAsync(orderStatusChangedToPaidDomainEvent.OrderId);
            var buyer = await _buyerRepository.FindByIdAsync(order.GetBuyerId.Value.ToString());

            var orderStockList = orderStatusChangedToPaidDomainEvent.OrderItems
                .Select(orderItem => new OrderStockItem(orderItem.ProductId, orderItem.GetUnits()));

            var orderStatusChangedToPaidIntegrationEvent = new OrderStatusChangedToPaidIntegrationEvent(
                orderStatusChangedToPaidDomainEvent.OrderId,
                order.OrderStatus.Name,
                buyer.Name,
                orderStockList);

            await _orderingIntegrationEventService.AddAndSaveEventAsync(orderStatusChangedToPaidIntegrationEvent);
        }
    }
```

通过该领域事件实现与集成事件发布的解耦。在领域事件处理器中，获得订单，客户和购买的商品列表，将这些数据封装为集成事件 OrderStatusChangedToPaidIntegrationEvent 数据的形式保存起来，以便随后通过集成事件来通知其他微服务。在下一节，我们就会介绍这个跨微服务的集成总线。

MediatR 提供了一个 Publish() 来发布 INotification。发布领域事件是通过 Mediator 的扩展方法 DispatchDomainEventsAsync()来实现。

```
namespace Microsoft.eShopOnContainers.Services.Ordering.Infrastructure;

static class MediatorExtension
{
    public static async Task DispatchDomainEventsAsync(this IMediator mediator, OrderingContext ctx)
    {
        var domainEntities = ctx.ChangeTracker
            .Entries<Entity>()
            .Where(x => x.Entity.DomainEvents != null && x.Entity.DomainEvents.Any());

        var domainEvents = domainEntities
            .SelectMany(x => x.Entity.DomainEvents)
            .ToList();

        domainEntities.ToList()
```

```
            .ForEach(entity => entity.Entity.ClearDomainEvents());

        foreach (var domainEvent in domainEvents)
            await mediator.Publish(domainEvent);
    }
}
```

它会遍历保存的领域事件信息，并发布出来。

它是在什么时候才会被调用呢？在 OrderingContext 的 SaveEntitiesAsync()方法中。

```
public async Task<bool> SaveEntitiesAsync(CancellationToken cancellationToken = default(CancellationToken))
{
    // Dispatch Domain Events collection.
    // Choices:
    // A) Right BEFORE committing data (EF SaveChanges) into the DB will make a single transaction including
    // side effects from the domain event handlers which are using the same DbContext with
    "InstancePerLifetimeScope" or "scoped" lifetime
    // B) Right AFTER committing data (EF SaveChanges) into the DB will make multiple transactions.
    // You will need to handle eventual consistency and compensatory actions in case of failures in any of the
    Handlers.
    await _mediator.DispatchDomainEventsAsync(this);

    // After executing this line all the changes (from the Command Handler and Domain Event Handlers)
    // performed through the DbContext will be committed
    var result = await base.SaveChangesAsync(cancellationToken);

    return true;
}
```

还记得前面 CancelOrderCommandHandler 中的这段代码吗？这里的 UnitOfWork 就是这个 OrderingContext。

```
return await _orderRepository.UnitOfWork.SaveEntitiesAsync(cancellationToken);
```

5.7.4　基于 RabbitMQ 实现跨微服务的事件总线

对于跨微服务之间的事件，MediatR 就无能为力了。在 eShop 中，使用 RabbitMQ 消息队列来实现跨微服务的集成事件。

在 src/BuildingBlocks/EventBus/Abstractions 文件夹中定义事件总线接口 IEventBus。

```
public interface IEventBus
{
    void Publish(IntegrationEvent @event);
    void Subscribe<T, TH>()
        where T : IntegrationEvent
        where TH : IIntegrationEventHandler<T>;
    void SubscribeDynamic<TH>(string eventName)
```

```
            where TH : IDynamicIntegrationEventHandler;
        void UnsubscribeDynamic<TH>(string eventName)
            where TH : IDynamicIntegrationEventHandler;
        void Unsubscribe<T, TH>()
            where TH : IIntegrationEventHandler<T>
            where T : IntegrationEvent;
    }
```

在 src/BuildingBlocks/EventBus/EventBusRabbitMQ 文件夹中定义基于 RabbitMQ 的事件总线实现。

在发布消息和订阅消息的时候，使用了 RabbitMQ 的 direct 交换机，交换机的名字：eshop_event_bus。使用的 routingKey 就是事件类型的字符串名称。

```
    public class EventBusRabbitMQ : IEventBus, IDisposable
    {
        // Implementation using RabbitMQ API
        //...
        public void Publish(IntegrationEvent @event)
        {
            if (!_persistentConnection.IsConnected)
            {
                _persistentConnection.TryConnect();
            }

            var policy = RetryPolicy.Handle<BrokerUnreachableException>()
                .Or<SocketException>()
                .WaitAndRetry(_retryCount, retryAttempt => TimeSpan.FromSeconds(Math.Pow(2, retryAttempt)), (ex, time) =>
                {
                    _logger.LogWarning(ex, "Could not publish event: {EventId} after {Timeout}s ({ExceptionMessage})", @event.Id, $"{time.TotalSeconds:n1}", ex.Message);
                });

            var eventName = @event.GetType().Name;

            _logger.LogTrace("Creating RabbitMQ channel to publish event: {EventId} ({EventName})", @event.Id, eventName);

            using var channel = _persistentConnection.CreateModel();
            _logger.LogTrace("Declaring RabbitMQ exchange to publish event: {EventId}", @event.Id);

            channel.ExchangeDeclare(exchange: BROKER_NAME, type: "direct");

            var body = JsonSerializer.SerializeToUtf8Bytes(@event, @event.GetType(), new JsonSerializerOptions
            {
                WriteIndented = true
            });

            policy.Execute(() =>
```

```
    {
        var properties = channel.CreateBasicProperties();
        properties.DeliveryMode = 2; // persistent

            _logger.LogTrace("Publishing event to RabbitMQ: {EventId}", @event.Id);

        channel.BasicPublish(
            exchange: BROKER_NAME,
            routingKey: eventName,
            mandatory: true,
            basicProperties: properties,
            body: body);
    });
}
```

这里还通过使用 Polly 实现了重试策略，在实际应用中，如果 RabbitMQ 此时没有就绪，该策略可以重试一定次数。

RabbitMQ 是通过一个独立的容器提供支持的。在 docker-compose.yml 中可以找到它的定义，服务的名称就是 rabbitmq。

```
rabbitmq:
  image: rabbitmq:3-management-alpine
```

在 docker-compose.override.yml 中可以看到对它的配置：

```
rabbitmq:
  ports:
    - "15672:15672"
    - "5672:5672"
```

5.7.5　基于事件总线实现集成总线

集成总线基于底层的事件总线实现，以下代码是 Catalog.API 项目中针对 Catalog 定义的集成总线服务接口。

```
public interface ICatalogIntegrationEventService
{
    Task SaveEventAndCatalogContextChangesAsync(IntegrationEvent evt);
    Task PublishThroughEventBusAsync(IntegrationEvent evt);
}
```

在 Catalog 集成总线服务的实现中，通过依赖注入在构造函数中注入所依赖的事件总线，实际上注入的是基于 RabbitMQ 的事件总线。

```
public class CatalogIntegrationEventService: ICatalogIntegrationEventService, IDisposable
{
    private readonly Func<DbConnection, IIntegrationEventLogService> _integrationEventLogServiceFactory;
    private readonly IEventBus _eventBus;
```

135

```
        private readonly CatalogContext _catalogContext;
        private readonly IIntegrationEventLogService _eventLogService;
        private readonly ILogger<CatalogIntegrationEventService> _logger;
        private volatile bool disposedValue;

        public CatalogIntegrationEventService(
            ILogger<CatalogIntegrationEventService> logger,
            IEventBus eventBus,
            CatalogContext catalogContext,
            Func<DbConnection, IIntegrationEventLogService> integrationEventLogServiceFactory)
        {
            _logger = logger ?? throw new ArgumentNullException(nameof(logger));
            _catalogContext = catalogContext ?? throw new ArgumentNullException(nameof(catalogContext));
            _integrationEventLogServiceFactory = integrationEventLogServiceFactory ?? throw new
ArgumentNullException(nameof(integrationEventLogServiceFactory));
            _eventBus = eventBus ?? throw new ArgumentNullException(nameof(eventBus));
            _eventLogService = _integrationEventLogServiceFactory(_catalogContext.Database.GetDbConnection());
        }


        public async Task PublishThroughEventBusAsync(IntegrationEvent evt)
        {
            try
            {
                _logger.LogInformation("---- Publishing integration event: {IntegrationEventId_published} from
{AppName} - ({@IntegrationEvent})", evt.Id, Program.AppName, evt);

                await _eventLogService.MarkEventAsInProgressAsync(evt.Id);
                _eventBus.Publish(evt);
                await _eventLogService.MarkEventAsPublishedAsync(evt.Id);
            }
            catch (Exception ex)
            {
                _logger.LogError(ex, "ERROR Publishing integration event: {IntegrationEventId} from {AppName} -
({@IntegrationEvent})", evt.Id, Program.AppName, evt);
                await _eventLogService.MarkEventAsFailedAsync(evt.Id);
            }
        }
    }
```

定义产品价格发生变化的集成事件派生自 IntegrationEvent，以属性方式扩展了集成事件的数据表示，如下所示。

```
    public class ProductPriceChangedIntegrationEvent : IntegrationEvent
    {
        public int ProductId { get; private set; }
        public decimal NewPrice { get; private set; }
        public decimal OldPrice { get; private set; }
        public ProductPriceChangedIntegrationEvent(int productId, decimal newPrice, decimal oldPrice)
        {
            ProductId = productId;
```

```
            NewPrice = newPrice;
            OldPrice = oldPrice;
        }
    }
```

在 Catalog.API 项目的控制器 CatalogController 中，当修改产品价格之后，使用
PublishThroughEventBusAsync()方法将事件通过集成总线发布出来。

首先通过依赖注入在构造函数中注入集成事件服务 ICatalogIntegrationEventService，需要注
意的是注入的是接口而不是具体实现。然后，在控制器的 Action 方法 UpdateProductAsync()
中，通过调用 PublishThroughEventBusAsync()方法将产品的更新事件发布到集成事件总线。

```
public CatalogController(CatalogContext context, IOptionsSnapshot<CatalogSettings> settings,
ICatalogIntegrationEventService catalogIntegrationEventService)
{
    _catalogContext = context ?? throw new ArgumentNullException(nameof(context));
    _catalogIntegrationEventService = catalogIntegrationEventService ?? throw new ArgumentNullException
(nameof(catalogIntegrationEventService));
    _settings = settings.Value;

    context.ChangeTracker.QueryTrackingBehavior = QueryTrackingBehavior.NoTracking;
}

//PUT api/v1/[controller]/items
[Route("items")]
[HttpPut]
[ProducesResponseType((int)HttpStatusCode.NotFound)]
[ProducesResponseType((int)HttpStatusCode.Created)]
public async Task<ActionResult> UpdateProductAsync([FromBody] CatalogItem productToUpdate)
{
    var catalogItem = await _catalogContext.CatalogItems.SingleOrDefaultAsync(i => i.Id ==productToUpdate.Id);

    if (catalogItem == null)
    {
        return NotFound(new { Message = $"Item with id {productToUpdate.Id} not found." });
    }

    var oldPrice = catalogItem.Price;
    var raiseProductPriceChangedEvent = oldPrice != productToUpdate.Price;

    // Update current product
    catalogItem = productToUpdate;
    _catalogContext.CatalogItems.Update(catalogItem);

    if (raiseProductPriceChangedEvent) // Save product's data and publish integration event through the Event
Bus if price has changed
    {
        //Create Integration Event to be published through the Event Bus
        var priceChangedEvent = new ProductPriceChangedIntegrationEvent(catalogItem.Id, productToUpdate.Price,
```

```
oldPrice);

        // Achieving atomicity between original Catalog database operation and the IntegrationEventLog
thanks to a local transaction
        await _catalogIntegrationEventService.SaveEventAndCatalogContextChangesAsync(priceChangedEvent);

        // Publish through the Event Bus and mark the saved event as published
        await _catalogIntegrationEventService.PublishThroughEventBusAsync(priceChangedEvent);
    }
    else // Just save the updated product because the Product's Price hasn't changed.
    {
        await _catalogContext.SaveChangesAsync();
    }

    return CreatedAtAction(nameof(ItemByIdAsync), new { id = productToUpdate.Id }, null);
}
```

在构建块 BuildingBlocks 中定义了 IIntegrationEventHandler 接口。由于不是每个事件都需要详细的事件信息，这个接口实际上是一个空接口，而另一个泛型的 IIntegrationEventHandler <in TIntegrationEvent> 派生自这个空接口，它定义了需要详细事件信息的处理器。

```
namespace Microsoft.eShopOnContainers.BuildingBlocks.EventBus.Abstractions;

public interface IIntegrationEventHandler<in TIntegrationEvent> : IIntegrationEventHandler
    where TIntegrationEvent : IntegrationEvent
{
    Task Handle(TIntegrationEvent @event);
}

public interface IIntegrationEventHandler
{
}
```

Basket.API 中的 ProductPriceChangedIntegrationEventHandler 通过实现泛型的 IIntegration-EventHandler<ProductPriceChangedIntegrationEvent>，订阅了 ProductPriceChangedIntegrationEvent 集成事件，所以，这里是存在详细事件描述信息的。

```
namespace Microsoft.eShopOnContainers.Services.Basket.API.IntegrationEvents.EventHandling;

public class ProductPriceChangedIntegrationEventHandler: IIntegrationEventHandler<ProductPrice
ChangedIntegrationEvent>
{
    private readonly ILogger<ProductPriceChangedIntegrationEventHandler> _logger;
    private readonly IBasketRepository _repository;

    public ProductPriceChangedIntegrationEventHandler(
        ILogger<ProductPriceChangedIntegrationEventHandler> logger,
        IBasketRepository repository)
    {
```

```
        _logger = logger ?? throw new ArgumentNullException(nameof(logger));
        _repository = repository ?? throw new ArgumentNullException(nameof(repository));
    }

    public async Task Handle(ProductPriceChangedIntegrationEvent @event)
    {
        using (LogContext.PushProperty("IntegrationEventContext", $"{@event.Id}-{Program.AppName}"))
        {
            _logger.LogInformation("----- Handling integration event: {IntegrationEventId} at {AppName}
- ({@IntegrationEvent})", @event.Id, Program.AppName, @event);

            var userIds = _repository.GetUsers();

            foreach (var id in userIds)
            {
                var basket = await _repository.GetBasketAsync(id);

                await UpdatePriceInBasketItems(@event.ProductId, @event.NewPrice, @event.OldPrice,
basket);
            }
        }
    }

    private async Task UpdatePriceInBasketItems(int productId, decimal newPrice, decimal oldPrice,
CustomerBasket basket)
    {
        var itemsToUpdate = basket?.Items?.Where(x => x.ProductId == productId).ToList();

        if (itemsToUpdate != null)
        {
            _logger.LogInformation("----- ProductPriceChangedIntegrationEventHandler - Updating items
in basket for user: {BuyerId} ({@Items})", basket.BuyerId, itemsToUpdate);

            foreach (var item in itemsToUpdate)
            {
                if (item.UnitPrice == oldPrice)
                {
                    var originalPrice = item.UnitPrice;
                    item.UnitPrice = newPrice;
                    item.OldUnitPrice = originalPrice;
                }
            }
            await _repository.UpdateBasketAsync(basket);
        }
    }
}
```

在 Basket.API 项目的 Startup.cs 中，在构建 Web 处理管道的 Configure()方法中，通过调用 ConfigureEventBus() 方法，订阅了集成事件总线中的事件。

在该方法中，通过来自 IApplicationBuilder 的依赖注入容器来获得注册的事件总线实例，然后调用 Subscribe<> 泛型方法将订阅的事件与相应的事件处理器关联在一起。

```
private void ConfigureEventBus(IApplicationBuilder app)
{
    var eventBus = app.ApplicationServices.GetRequiredService<IEventBus>();

    eventBus.Subscribe<ProductPriceChangedIntegrationEvent, ProductPriceChangedIntegrationEventHandler>();
    eventBus.Subscribe<OrderStartedIntegrationEvent, OrderStartedIntegrationEventHandler>();
}
```

5.8 小结

在本章中，我们讨论了云原生通信模式。首先介绍了前端客户端如何与后端微服务进行通信。在此过程中，我们讨论了 API 网关平台和实时通信。然后，我们研究了微服务如何与其他后端服务进行通信。我们研究了跨服务的同步 HTTP 通信和异步消息传递。我们介绍了 gRPC，这是云原生世界中被广泛使用的技术。最后，我们引入了一种名为 Service Mesh 的快速发展的新技术，该技术可以简化微服务通信。

第6章
数据访问模式

云原生改变了我们设计、部署和管理应用程序的方式。它也改变了我们管理和存储数据的方式。对于单体应用，传统上所有的数据都保存在一个关系数据库中，借助于关系数据库系统提供的事务支持，我们可以轻松保障数据的完整性。在云原生方式下，由于数据的所有权是去中心化的，数据被分布到各个微服务中，微服务对于数据层面的解耦有助于服务自治，可以为我们带来扩展性的优势。但是，由于没有了单一数据库的存在，也就失去了数据库为我们提供的好处，此时我们失去了数据库在应用层面的数据一致性支持，实现应用层面的数据一致性就成为开发人员需要关注的新问题。本章将讨论在微服务环境下的数据管理问题。

6.1 云原生应用中的数据访问模式

传统的单体模式可能内部也会在逻辑上划分为多个服务，但这些服务还是共享一个唯一个数据库，使用同一个数据库来存储和管理数据。数据库帮助我们实现了数据的持久化，实现了数据完整性，实现了大规模数据的管理，通过索引帮助我们实现在大量数据中的快速查询。数据库系统是多数系统的核心基石。

在云原生应用中，应用从物理上划分为多个独立的微服务，每个微服务拥有自己管理和使用的数据存储，这样的设计方式便于微服务的动态扩展，但是，显然，这些数据库彼此隔离，我们难以实现跨数据库的数据完整性。

下面的图 6-1 对比了在单体应用与云原生应用中数据访问方式的区别。

有经验的开发人员可以轻松识别出图 6-1 左侧的体系结构。在传统的单体应用程序中，业务服务组件在共享的服务层中并置在一起，共享来自单个关系数据库的数据。

在许多方面，单个数据库使数据管理变得简单。跨多个数据表的查询非常容易。通过关系型数据库中的提供的事务管理的支持，对数据所做的更改可以做到要么全部更新，要么全部回滚。ACID 事务保证了数据的一致性。

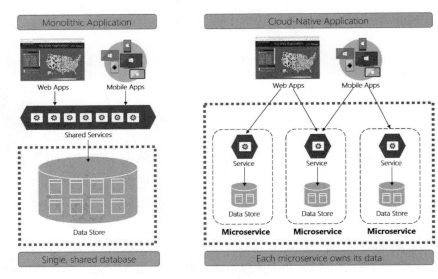

图 6-1　云原生应用中的数据管理

针对云原生进行设计时，我们采用了不同的方法来管理数据。在图 6-1 的右侧，请注意业务功能如何隔离到小型、独立的微服务中。每个微服务都封装了特定的业务功能及其自己的数据。中心化的数据库被分解为分布式数据模型，其中包含许多较小的数据库，每个数据库属于一个微服务。最终，每个微服务拥有属于自己的数据库。

6.1.1　微服务中对数据库使用方式的变化

微服务拥有自己的数据库提供了许多优势，特别是对于必须快速迭代演进的系统，和支持大规模扩展的系统。使用该模型有如下的优势。

- 领域数据封装在微服务内部。
- 数据架构可以演进而不会影响其他的服务。
- 每个数据存储都可以独立扩展。
- 单个数据存储的失效不会直接影响到其他服务。

数据的隔离还使每个微服务能够独立选择最适合的实现方式，候选的方案包括关系数据库、文档数据库、键值数据库，甚至基于图的数据存储。

图 6-2 显示了云原生系统中多样化的持久性实现。下图中的应用由 3 个微服务组成，使用了 4 种不同类型的数据库支持。

请注意在上图中，每种微服务是如何通过不同类型的数据存储来实现的。

- 产品目录微服务使用①中的关系数据库来存储其基础数据的复杂关系结构。
- 购物车微服务使用④中的分布式缓存支持简单键值数据存储。
- 订单微服务使用②的 NoSQL 文档数据库进行写入操作，同时使用③的高度非规范化的键/值存储来适应大量读取操作。

虽然关系数据库仍然适用于具有复杂数据的微服务，但它已经不再是我们的唯一选择，

NoSQL 数据库已经获得了相当广泛的普及。它们提供扩展性和高可用性。它们的无模式特性使开发人员能够摆脱类型化数据类和 ORM 的体系结构，这些体系结构使得对系统的变更变得昂贵且耗时。我们将在本章后面介绍 NoSQL 数据库。除了 NoSQL 数据库之外，还有多种更具针对性的数据管理系统越来越多地进入开发人员的工具箱，本章将会介绍这些常用的数据管理系统。

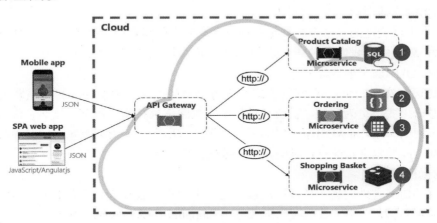

图 6-2　数据多样化的持久性

虽然将数据封装到单独的微服务中可以提高敏捷性、性能和可伸缩性，但它也带来了许多挑战。在下一节中，我们将讨论这些挑战以及帮助克服这些挑战的模式和实践。

6.1.2　跨微服务的查询

虽然微服务是独立的，并且专注于特定的功能，如库存、发货或订单，但它们通常需要与其他微服务集成。集成通常涉及微服务需要查询另一个微服务以获取数据。图 6-3 显示了该场景，图中左边的购物车服务中，产品（Product）和价格（Price）的数据，需要通过访问图中右边的产品目录服务（Catalog Service）和定价服务（Pricing Service）来获得，这些数据实际上由右边的服务所拥有（Owned by）和管理。

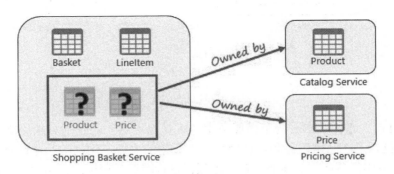

图 6-3　跨微服务的查询

在上图中，我们看到的是购物车微服务，它将一个购物项目添加到用户的购物车中。虽然此微服务的数据存储包含购物车和购物车的详细购物数据，但它并不维护产品或定价数据。相反，这些数据项归产品目录和产品价格微服务所拥有。这些数据并不在同一个数据库中存在。这就引出一个问题。购物车微服务如何在其数据库中没有商品或价格数据时将商品添加到用户的购物车中？接下来我们介绍微服务间数据查询的几种常见形式。

1. 服务间直接访问

第 5 章中讨论过的一个方式是从购物车到产品目录和定价微服务的直接 HTTP 调用。但是，在第 5 章中，我们说过同步的 HTTP 调用将微服务彼此耦合在一起，从而降低了它们的独立权，并削弱了架构优势。

我们还可以实现一个请求/答复模式，为每个服务提供单独的入站和出站队列。但是，这种模式逻辑上变得更为复杂，需要某种机制来关联请求和响应消息。虽然它确实解耦了后端微服务之间的调用，但调用服务仍必须同步等待调用完成。网络阻塞、暂时性故障或微服务过载，都可能导致更长的执行时间甚至失败的操作。

2. 物化视图

除了直接访问之外，另一种被广泛接受的用于消除跨服务依赖关系的模式是物化视图模式，如图 6-4 所示。图中左边的购物车服务（Shopping Basket Service）中，产品（Product）和价格（Price）是只读模式（Read model），它们的数据使用发布/订阅模式（Pub/Sub）通过图中右边的产品目录服务（Catalog Service）和定价服务（Pricing Service）进行数据同步（Syncs）得到。对于只读模式（Read model）的数据而言，它们是由右边的服务所管理的，左边得到的是实际数据进行非规范化（denormalized）之后的投影，所以是只读的。

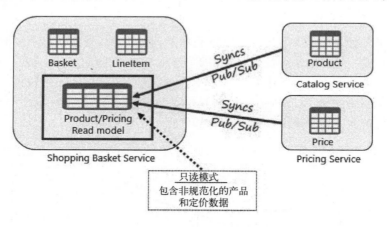

图 6-4　物化视图模式

使用此模式，您可以在购物车微服务中在本地保存这些数据的只读版本（称为读取模型）。此表中包含了产品微服务和价格微服务中数据的非规范化副本。通过将数据直接复制到购物车微服务中，从而在后继的处理中无须再进行跨服务调用。使用存储在微服务本地的数据副本，可以提高微服务的响应时间和可靠性。此外，拥有自己的数据副本使购物车服务更具弹性。如果目录服务因为某种原因变得不可用，则不会直接影响到购物车服务。购物车可以继续使用来自其本地存储的数据进行副本操作。

这种方法的问题在于系统中有重复的数据。但是，在云原生系统中策略性地复制数据是一种常见做法，不被视为反模式或不良做法。请记住，一个且只有一个服务可以拥有数据集并对其拥有修改权限。更新数据的时候，您需要将变更之后的数据同步到读取模型。同步通常通过具有发布/订阅模式的异步消息传递实现。

6.1.3　数据完整性和分布式事务

跨微服务查询分布在多个微服务中的数据很困难，跨越多个微服务实现事务则更加复杂和困难。在横跨多个微服务的独立数据源之间维护数据的一致性，本质上就带来严峻的挑战。与关系数据库系统不同，云原生应用程序本质上缺乏分布式事务支持，意味着用户必须以编程方式自行管理分布式事务，从关系数据库系统支持的即时一致性的世界，来到了分布式系统的最终一致性的世界。

在关系数据库中，成功提交事务之后，数据立即更新为新的状态，关系数据库系统保证了此时的数据一致性，我们完全看不到数据库内部的处理过程，在成功提交的时刻之后，数据立即更新为新状态。新的数据状态与旧的数据状态之间只有一个无限小的不可分割的时刻。

最终一致性指的是系统中的所有分散在不同节点的数据，经过一定时间后，最终能够达到符合业务定义的一致的状态。需要一段时间之后，数据的状态才能达到新的状态，其中会存在一个数据不一致的时间片，不过，最终数据会达到一致的状态。

你可能在想为什么不使用关系数据库的两阶段提交来实现分布式事务呢？顾名思义，这种处理事务的方法包含两个阶段，准备阶段和提交阶段。其中事务协调器是重要的参与组件，维护事务的生命周期。简单来说，在准备阶段，各个参与方执行本地事务，但在执行完成后并不会真正提交数据库本地事务。在提交阶段，如果所有参与方都成功执行事务，则协调器通知所有节点正式提交事务，分布式事务成功完成。如果任何一个参与方失败，则协调器通知所有节点回滚事务，事务失败。在稳定和可靠的本地环境下，两阶段提交是一个很好的方案，但在云原生环境下，微服务需要动态扩展和收缩，两阶段提交的缺点就不可接受，由于二阶段提交存在着诸如同步阻塞、单点问题等，导致两阶段提交不是微服务环境下的好的处理方案。

在不使用两阶段提交的方案中，需要以编程方式自己实现分布式事务管理。如图 6-5 所示，五个独立的微服务参与了创建订单的分布式事务。每个微服务都维护着自己的数据存储，每个本地存储都支持本地事务。若要创建订单，每个微服务的本地事务必须成功，或者所有微服务的本地事务都必须中止并回滚操作。虽然每个微服务中都提供了内置的事务支持，但并没有跨所有五个服务以保持数据一致的分布式事务。所以用户必须以编程方式构造此分布式事务。

实现分布式事务支持的一种常见的模式是 Saga 模式。它是通过以编程方式将本地事务组合在一起并按顺序调用每个事务来实现的。如果任何一个本地事务失败，Saga 将中止该操作并调用一组补偿事务。补偿事务撤销前面的本地事务所做的更改并恢复数据一致性。图 6-6 显示了 Saga 模式中对失败事务的处理。

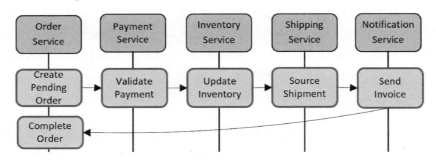

图 6-5　实现跨越微服务的事务

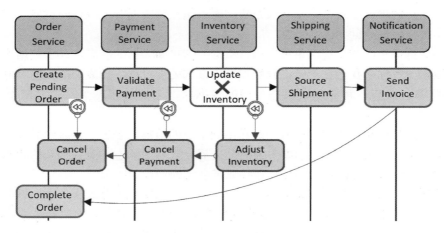

图 6-6　事务回滚

在上图中，库存（Inventory）微服务中的更新库存操作失败。Saga 调用一组补偿事务来调整库存计数、取消付款和订单，并将每个微服务的数据返回到一致状态。

在多个微服务存在的情况下，有两种方式来组织微服务之间的协作：编排（choreography）和编配（orchestration）。

在编排式系统中，服务不需要直接向其他服务发送命令和触发操作。相反，每个服务拥有自己特定的职责，通过对特定事件进行响应和执行操作来完成彼此之间的协作。采用编排方案所开发的微服务相互之间是解耦的，相应地，可以更加独立的部署这些微服务，修改微服务也变得更加容易，选择编排方式有助于提高微服务的灵活性、自治性和维护性。不过，有得就有失，需要在基础架构中通过消息队列提供对事件的支持。

在编配式系统中，通过一个特定的编配服务来管理其他服务，该服务通过显式调用其他微服务来编配其行为。编配会增加微服务之间的耦合度，并且会增加独立部署的风险；为了让业务更有价值，负责编配的微服务可能会承担越来越多的职责，导致其他微服务越来越贫血。需要在编排和编配之间进行平衡以降低各服务之间的缺乏自治的风险。

1．编排型 Saga

Saga 模式通常编排为一系列相关事件，或编排为一组相关命令。在第 5 章中，我们讨论了服务聚合器模式，该模式将成为编排 Saga 实现的基础。我们还讨论了事件和服务网格，这些主题将成为精心设计的 Saga 实现的基础。

事件使得开发者可以使用乐观的方式来实现高可用。也就是说，我们认为大多数情况下，微服务之间的协作会正常完成。即使在某个微服务偶尔出现故障，其他微服务仍可以继续工作。当出现故障的微服务恢复正常之后，它可以继续处理积压的事件。这种方式称为编排，每个服务可以在不了解整个流程的情况下响应各种事件，独立执行各种操作。这种设计方式解除了服务之间的耦合，提升了各个服务的独立性，并简化了独立部署变更的复杂度。

Saga 的基本用法就是采用编排，Saga 是一组互相协作的本地事务序列，在 Saga 中，每一步的操作都是由前一步的操作所触发的。当任务失败的时候，通过回滚使得整个系统达到语义上的一致性，而非数学意义上的一致。

编排型很有用，因为参与的各个服务之间不需要明确知道对方的存在，这也确保了它们之间的松耦合。相应地，也提高了服务的自治性。

但是使用编排型 Saga，并没有一个代码片段体现出完整的执行流程。这增加了验证和测试的难度，因为这些验证工作被分摊到了不同的服务上。它同时还增加了状态管理的复杂度。对于编排型来说，监控和跟踪能力是至关重要的。

2．编配型 Saga

与编排型不同，编配型 Saga 有一个编配服务来承担编配器或者协调器的功能。它会执行和跟踪多个服务的 Saga 及其结果。编配器的唯一作用是管理 Saga 的执行。它会通过异步事件或者请求-响应的消息来与 Saga 中的各个参与方进行交互。最重要的是，它负责跟踪流程中的每个步骤的执行状态。

编配器可以让开发者更加容易分析和推断 Saga 的当前进展和处理结果，而且更加易于修改 Saga 的执行顺序。这种方式也简化了每个服务的工作，降低了这些服务所需要管理的状态的复杂度。因为这些业务逻辑被转移到了编配器中。

6.1.4　大规模数据访问

大型云原生应用程序通常支持高容量数据要求。在这些情况下，传统的数据存储技术可能会导致瓶颈。对于大规模部署的复杂系统，命令和查询责任分离（CQRS）和事件溯源都可以提高应用程序性能。

1．CQRS 读写分离

CQRS 是一种体系结构模式⊖，可帮助微服务最大限度地提高性能、可伸缩性和安全性。该模式将读取数据的操作与写入数据的操作分开来实现数据访问性能的最大化。

通常来说，读取和写入操作使用相同的实体模型和数据存储库对象。

但是，对于大量数据的场景，可以从单独用于读取和单独用于写入的模型和数据表中获

⊖ https://learn.microsoft.com/en-us/azure/architecture/patterns/cqrs

益。为了提高性能，读取操作还可以针对高度非规范化的数据表示形式进行查询，以避免代价高昂的多重表联接和表锁。写入操作（称为命令）将针对数据的完全规范化表示形式进行更新，从而保证一致性。然后，您需要实现一种机制来保持两种表示形式同步。通常，每当修改写表时，它都会发布一个事件，将修改复制到读取表。

图 6-7 显示了 CQRS 模式的实现。这是典型的使用场景，数据库被分为两个彼此独立的数据库，它们通过某种机制实现最终一致性（Eventual Consistency），保证了用于读取的数据库中数据的有效性。根据用户对数据的操作不同，将操作分为修改数据操作和查询数据操作，所有修改数据的操作，称为 Command，将发送到只写数据库中，而所有查询数据的操作，称为 Query，将通过只读数据库来完成。由于读写分离，大幅度提高了数据更新和数据查询的性能。

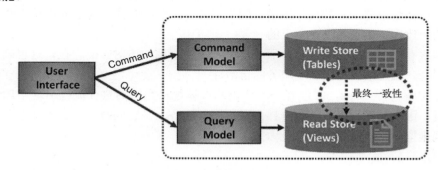

图 6-7　CQRS 模式的实现

在上图中，实现了单独的命令和查询模型。每个数据写入操作都保存到写入存储，然后同步到读取存储。请注意数据传播过程如何根据最终一致性原则运行。读取模型最终会与写入模型同步，但在此过程中可能存在一些滞后。我们将在下一节中讨论最终一致性。

这种分离使读取和写入能够独立扩展。读取操作使用针对查询优化的架构，而写入操作使用针对更新优化的架构。甚至读取数据的查询可以使用非规范化的数据，而复杂的业务逻辑也可以应用于写入模型。此外，与更为开放的读取操作相比，您可能会对写入操作施加更严格的安全性。

实现 CQRS 可以提高云原生服务的应用程序性能。但是，它确实会导致更复杂的设计。请仔细规划，根据需要在云原生应用程序中应用。

2．事件溯源

优化大容量数据方案的另一种方法称为事件溯源[⊖]。

系统通常存储数据实体的当前状态。例如，如果用户更改了其电话号码，则客户的数据记录将使用新号码进行更新。我们始终知道数据实体的当前状态，但每次更新都会覆盖以前的状态。

⊖ https://learn.microsoft.com/en-us/azure/architecture/patterns/event-sourcing

在大多数情况下，此模型可以正常工作。但是，在高容量数据系统中，修改导致的事务锁定和频繁更新操作产生的开销可能会影响数据库性能、响应处理能力并限制可扩展性。

事件溯源采用另一种方法来捕获数据。影响数据的每个操作都保存到事件存储中。我们不是更新数据记录的最终状态，而是将每次更改追加到过去事件的顺序列表中，类似于会计师的分类账。事件存储成为数据的记录系统。它用于在微服务的有界上下文中传播各种物化视图。图 6-8 展示了该模式。在左边的事件数据存储中，保存的是事件发生的序列，而不是最终的购物车。这里可以看到购物车创建的一系列过程，创建购物车，增加第一个商品，增加第二个商品，然后删除了第一个商品，最后修改了货运信息，这些过程逐条存储到事件存储中，并通过将存储的事件发布出来（published events）。该图展示了消费这些事件的可能方式（Some options for consuming events），例如，订阅方可以根据这些事件构建最终状态视图。中间的物化视图通过这些事件构建了最终的购物车，这些事件也可以被外部系统或者应用（External systems and applications）所订阅。另外，通过重放这些事件，右下角的服务提供了查询实体当前状态的功能。

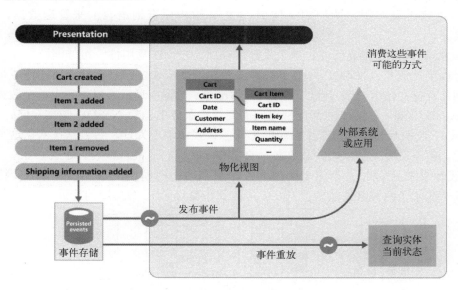

图 6-8　事件溯源

在上图中，请注意用户购物车的每个条目是如何追加到基础事件存储中的。在相邻的物化视图中，系统通过重放与每个购物车关联的所有事件来投影当前状态。然后，此视图或被称为读取模型将公开给 UI 来访问。事件还可以与外部系统和应用程序集成，或查询以确定实体的当前状态。使用此方法，可以维护历史记录。您不仅知道实体的当前状态，还可以知道是如何达到此状态的。

从机制上讲，事件溯源简化了写入模型。由于没有更新或删除。将每个数据条目追加为不可变事件可最大程度地减少关系数据库中带来的数据争用、锁定和并发冲突。使用实例化视图模式构建读取模型使您能够将视图与写入模型分离，并选择最佳数据存储以优化应用程

149

序 UI 的需求。

对于此模式，请考虑直接支持事件溯源的数据存储。Azure Cosmos DB、MongoDB、Cassandra、CouchDB 和 RavenDB 都是很好的候选者。

与所有模式和技术一样，在使用时需要权衡它的优缺点。虽然事件溯源可以提供更高的性能和可伸缩性，但它是以牺牲复杂性和学习曲线为代价的。

6.2 关系型与非关系型数据库

关系型和 NoSQL 是两种不同类型的数据库系统，经常同时应用于云原生应用中。它们的构建方式不同，存储数据的方式不同，访问方式也不同。在本节中，我们将介绍这两者。在本章还将介绍一种名为 NewSQL 的新兴数据库技术。

几十年来，关系数据库一直是主流的数据管理技术。它成熟、久经考验并得到广泛实施。经过激烈的竞争，数据库产品、工具和专业知识比比皆是。关系数据库提供相关数据表的存储。这些表具有固定的架构，使用 SQL（结构化查询语言）来管理数据，并支持 ACID 保证。

NoSQL 数据库是指高性能、非关系数据存储。它们在易用性、可伸缩性、弹性和可用性特征方面表现出色。NoSQL 不存储关系规范化的数据表，而是存储非结构化或半结构化数据，通常存储在键值对或 JSON 文档中。NoSQL 数据库通常不提供超出单个数据库分区范围的 ACID 保证。需要亚秒级响应时间的高容量服务更喜欢 NoSQL 数据存储。

NoSQL 技术对分布式云原生系统的影响怎么强调都不为过。新数据技术在这个领域的激增已经瓦解了曾经完全依赖关系数据库的解决方案。

NoSQL 数据库包括几个用于访问和管理数据的不同模型，每个模型都适合特定的用例。图 6-9 显示了四种常见模型。表 6-1 总结了各类 NoSQL 数据库的特点。

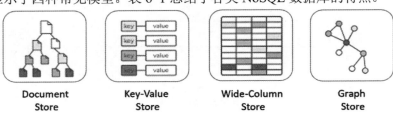

图 6-9　NoSQL 数据库的数据模型

表 6-1　各种 NoSQL 数据库的特点

模型	特点
文档存储（Document Store）	数据和元数据层次化的被存储在数据库中基于 JSON 的文档中
键值存储（Key-Value Store）	最简洁的 NoSQL 数据库，数据以键值对的集合表示
宽列存储（Wide-Column Store）	相关联的数据以内嵌的键值对集合形式，存储在单个列中
图谱存储（Graph Store）	数据以图的形式表示为节点、边和数据属性

6.2.1　CAP 定理

为了理解这些类型的数据库之间的差异，需要考虑一下 CAP 定理[○]，这是一组应用于存储状态的分布式系统的原则。图 6-10 显示了 CAP 定理的三个属性。

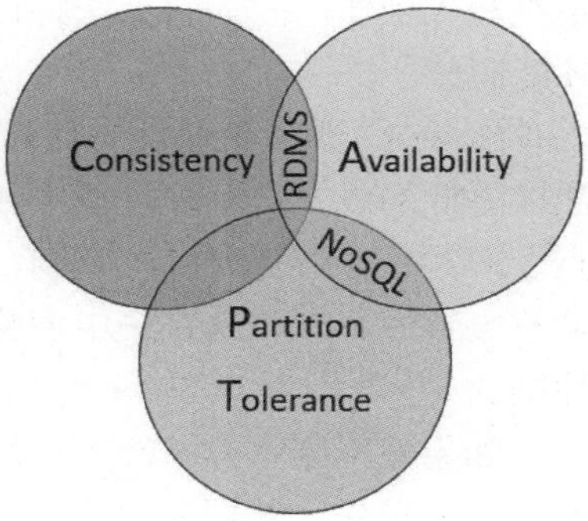

该理论指出，分布式数据系统将在一致性、可用性和分区容错之间进行权衡。而且，任何数据库只能保证三个属性中的两个，三个属性如下。

- 一致性（Consistency），群集中的每个节点都使用最新数据进行响应，即使系统必须在所有副本更新之前阻止请求也是如此。如果在"一致系统"中查询当前正在更新的项目，则会等待该响应，直到所有副本成功更新。但是，您将收到最新的数据。

图 6-10　CAP 定理

- 可用性（Availability），每个节点都会返回一个即时响应，即使该响应不是最新的数据。如果您在"可用系统"中查询正在更新的项目，您将获得该服务在该时刻可以提供的最佳答案。
- 分区容错（Partition Tolerance），保证即使复制的数据节点出现故障或与其他复制的数据节点断开连接，系统也能继续运行。

CAP 定理阐述了在网络分区期间，管理一致性和可用性相关的权衡。系统设计中，这三点只能取其二，由于一般的分布式系统要求必须有分区容错性。剩下的只能从一致性 C 或者可用性 A 中取舍。但是这个理论并不能很好地应用于实际，首先，A 中是有一定争议的，可能很长时间才返回，虽然可用，但是业务上可能不能接受。并且，系统大部分时间下，分区都是平稳运行的，并不会出错，在这种情况下，系统设计要均衡的其实是延迟与数据一致性的问题，为了保证数据一致性，写入与读取的延迟就会增高。这就引出了 PACELC[○]理论。在出现分区错误的情况下，取前半部分 PAC，理论和 CAP 内容一致。没有出现分区错误的情况下（PACELC 中的 E 代表 Else），取 LC，也就是 Latency（延迟）与 Consistency（一致性）。

关系数据库通常提供一致性和可用性，但不提供分区容错。它们通常预配到单个服务器，并通过向计算机添加更多资源来垂直扩展。

许多关系数据库系统都支持内置的复制功能，在这些功能中，可以将主数据库的副本复制到其他辅助服务器实例。写入操作对主实例进行，并复制到每个辅助实例。发生故障时，主实例可以故障转移到辅助实例以提供高可用性。辅助数据库还可用于分发读取操作。虽然写入操作始终针对主数据库，但可以将读取操作路由到任何辅助副本以减少系统负载。

数据还可以跨多个节点进行水平分区，例如使用分片。但是，分片会通过向许多不容易通信的片段吐出数据来显著增加操作开销。管理起来可能既昂贵又耗时。包括表连接、事务

　　[○] https://ruanyifeng.com/blog/2018/07/cap.html

　　[○] https://ardalis.com/cap-pacelc-and-microservices/

和参照完整性在内的关系功能要求在分片部署中受到严重的性能损失。

可以通过配置复制是同步进行还是异步进行来调整复制一致性和恢复点目标。如果数据副本在"高度一致"或同步关系数据库群集中失去网络连接，您将无法写入数据库。系统将拒绝写入操作，因为它无法将该更新复制到其他数据副本。每个数据副本都必须更新，事务才能完成。

NoSQL 数据库通常支持高可用性和分区容错。它们支持跨服务器进行横向扩展。此方法以更低的成本在地理区域内和跨地理区域提供了巨大的可用性。您可以在这些计算机或节点之间对数据进行分区和复制，从而提供冗余和容错能力。通常通过共识协议或仲裁机制来调整一致性。在关系系统中调整同步复制与异步复制之间进行权衡时，它们可以提供更多的控制。

如果数据副本在"高可用性" NoSQL 数据库群集中失去连接，您仍然可以完成对数据库的写入操作。数据库集群将允许写入操作，并在每个数据副本可用时对其进行更新。支持多个可写副本的 NoSQL 数据库可以在优化恢复时间目标时避免故障转移，从而进一步增强高可用性。

现代 NoSQL 数据库通常将分区功能作为其系统设计的一项功能来实现。分区管理通常内置于数据库中，路由是通过设置提示（通常称为分区键）实现的。灵活的数据模型使 NoSQL 数据库能够在部署需要更改数据模型的应用程序更新时，降低架构管理负担并提高可用性。

高可用性和大规模可伸缩性通常比关系表联接和参照完整性对业务更为重要。开发人员可以实现 Saga、CQRS 和异步消息传递等技术和模式，以得到最终一致性。

如今，在考虑 CAP 定理约束时必须小心。一种名为 NewSQL 的新型数据库已经出现，它扩展了关系数据库引擎，以支持 NoSQL 系统的横向扩展性和性能扩展性。

从前面的介绍可以看到，从头开始实现对 CAP 的支持，需要付出大量的努力。基于 .NET 的 CAP 库⊖是一个用来解决微服务或者分布式系统中分布式事务问题的开源解决方案，同样它还可以用来作为 EventBus 使用，该项目诞生于 2016 年，目前在 GitHub 已经有超过 5.9k Star 和 90+贡献者，以及在 NuGet 超 400 万的下载量，并在越来越多公司的和项目中得到应用。

如果你想对 CAP 更多了解，请查看 CAP 库的官方文档⊖。

在 eShopOnContainers 项目中，为了便于展示，没有使用 CAP 库，而是直接使用代码实现。

6.2.2　关系型数据库与 NoSQL 数据库

根据特定的数据要求，基于云原生的微服务可以实现关系数据存储或 NoSQL 数据存储。表 6-2 对关系数据库和非关系数据库的差异进行了对比，可供参考。

⊖ https://github.com/dotnetcore/CAP

⊖ http://cap.dotnetcore.xyz/

表 6-2　对比关系数据库和非关系数据库的差异

考虑非关系数据库	考虑关系型数据库
拥有需要大规模可预测延迟的高容量工作负载（例如，在每秒执行数百万个事务时，以毫秒为单位测量的延迟）	工作负载量通常为每秒数千个事务
数据是动态的，并且经常更改	数据是高度结构化的，需要完整性支持
数据关系可以表示为非规范化数据模型	数据之间的关系通过规范化数据模型上的表联接来表示
数据检索很简单，无须表联接即可表示	需要处理复杂的查询和报告
数据通常跨地理位置复制，需要对一致性、可用性和性能进行更精细的控制	数据通常是集中式的，或者可以异步复制区域
应用程序将部署到常用商用硬件，例如公有云	应用程序将会部署到大型高端硬件

6.2.3　NewSQL 数据库

NewSQL 是一种新兴的数据库技术，它将 NoSQL 的分布式可扩展性与关系数据库的 ACID 保证相结合。NewSQL 数据库对于必须跨分布式环境处理大量数据的业务系统非常重要，并具有完全的事务支持和 ACID 合规性。虽然 NoSQL 数据库可以提供巨大的可扩展性，但它并不能保证数据的一致性。数据不一致的间歇性问题可能会给开发团队带来负担。开发人员必须在其微服务代码中构建安全措施，以管理由不一致的数据引起的问题。

云原生计算基金会（CNCF）具有几个 NewSQL 数据库项目，如表 6-3 所示。

表 6-3　常见的 NewSQL 数据库

项目	特点
CockroachDB[1]	符合 ACID 标准的关系数据库，可在全球范围内扩展。将新节点添加到集群，CockroachDB 负责在实例和地理位置之间平衡数据。它创建、管理和分发副本以确保可靠性。它是开源的，可以免费获得
TiDB[2]	支持混合事务和分析处理（HTAP）工作负载的开源数据库。它与 MySQL 兼容，具有水平可扩展性、强一致性和高可用性。TiDB 就像一个 MySQL 服务器。您可以继续使用现有的 MySQL 客户端库，而无须对应用程序进行大量代码更改
YugabyteDB[3]	开源、高性能、分布式 SQL 数据库。它支持低查询延迟、故障恢复能力和全局数据分发。YugabyteDB 与 PostgressSQL 兼容，可处理横向扩展 RDBMS 和互联网规模的 OLTP 工作负载。该产品还支持 NoSQL，并与 Cassandra 兼容
Vitess[4]	Vitess 是用于部署、扩展和管理大型 MySQL 实例集群的数据库解决方案。它可以在公共云或私有云架构中运行。Vitess 结合并扩展了许多重要的 MySQL 特性以及垂直和水平分片支持的功能。Vitess 由 YouTube 发起，自 2011 年以来一直为所有 YouTube 数据库流量提供服务

[1] https://www.cockroachlabs.com/

[2] https://www.pingcap.com/

[3] https://www.yugabyte.com/

[4] https://vitess.io/

这些开源的 NewSQL 数据库可从云原生计算基金会获得。前三个项目是完整的数据库产品，包括对 .NET 的支持。另一个是 Vitess，它是一个数据库集群系统，是可以水平扩展 MySQL 实例的大型集群。

NewSQL 数据库的一个关键设计目标是在 Kubernetes 中本机工作，利用平台的弹性和可扩展性。

NewSQL 数据库旨在在更新频繁的云环境中蓬勃发展，在这些环境中，底层虚拟机可以立即重新启动或重新安排。数据库设计用于在节点故障中生存，而不会丢失数据或停机。例如，CockroachDB 能够通过在集群中的节点之间维护任何数据的三个一致副本来承受机器损失。

Kubernetes 使用 Services 构造来允许客户端从单个 DNS 条目中寻址一组相同的 NewSQL 数据库进程。通过将数据库实例与与其关联的服务地址分离，我们可以在不中断现有应用程序实例的情况下进行扩展。在给定时间向任何服务发送请求将始终产生相同的结果。

在此方案中，所有数据库实例都相等。没有主要或次要关系。在 CockroachDB 中发现的共识复制等技术允许任何数据库节点处理任何请求。如果接收负载均衡请求的节点具有本地所需的数据，则会立即响应。否则，节点将成为网关，并将请求转发到相应的节点以获取正确答案。从客户端的角度来看，每个数据库节点都是相同的：它们显示为单个逻辑数据库，具有单机系统的一致性保证，尽管有数十个甚至数百个节点在幕后工作。

6.3 在云原生应用中应用缓存

在云原生应用中使用缓存的场景，是将经常访问的数据从后端数据存储临时复制到更靠近应用程序的快速存储中。缓存通常在以下场景中应用。

- 数据保持相对静态。
- 数据访问速度很慢，特别是与缓存的速度相比。
- 数据受到高度争用的影响。

6.3.1 应用缓存的原因

如 Microsoft 缓存指南中所述，缓存可以提高单个微服务和整个系统的性能、可伸缩性和可用性。它减少了处理对数据存储的大量并发请求的延迟和争用。随着数据量和用户数量的增加，缓存的好处就越大。

当客户端重复读取不可变或不经常更改的数据时，缓存最有效。常见的使用场景包括引用的信息（如产品和定价信息）或构建成本高昂的共享静态资源。

虽然微服务应该是无状态的，但分布式缓存也可以在特别需要时支持对会话状态数据的并发访问。

对于需要进行重复计算的场景，也可以考虑缓存计算结果来避免反复计算。如果涉及处理数据转换或执行复杂的计算，请缓存处理的结果，以后直接返回缓存的数据给后续的请求。

6.3.2 云原生应用的缓存架构

云原生应用程序通常实现分布式缓存架构。缓存作为基于云的后备服务托管独立于微服务。图 6-11 显示了云原生应用的缓存架构。当访问 API 网关查询数据的时候，API 网关首先通过①到缓存中尝试获得查询数据，如果缓存中没有对应的数据，再通过②到后台微服务中进行查询，并通过③最终获得数据。

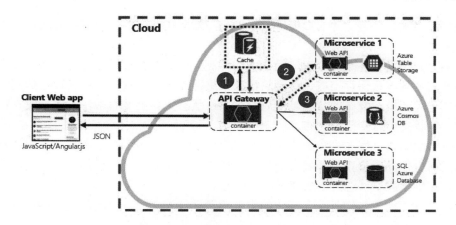

图 6-11　云原生应用的缓存架构

在上图中可以看出，缓存独立于微服务并由微服务共享。在这种情况下，缓存由 API 网关调用。如第 5 章所述，网关充当所有传入请求的前端。分布式缓存通过尽可能返回缓存的数据来提高系统的响应能力。此外，将缓存与服务分离允许缓存独立地纵向扩展或横向扩展，以满足增加的流量需求。

随着共享缓存的增长，将其数据分区到多个节点可能证明是有益的。这样做有助于最大限度地减少争用并提高可伸缩性。许多缓存服务支持动态添加和删除节点以及跨分区重新平衡数据的功能。此方法通常涉及群集。群集将联合节点的集合公开为无缝的单个缓存。但是，在内部，数据按照预定义的分布策略分散在节点上，该策略可以均匀地平衡负载。

6.4　实战演练：实现 eShopOnContainers 中产品价格变更的最终一致性

在 eShopOnContainers 的产品目录管理服务中，当产品的价格发生变化之后，其他微服务，例如购物车微服务就需要对购物车中的价格进行同步更新，由于涉及两个不同的微服务，它们的数据存储都是独立的，这里就涉及分布式环境下的数据同步问题。基于 CAP 原理，我们无法构建同时满足一致性、高可用和分区容错的条件，只能选择其中的两个条件。在微服务体系结构中，我们选择高可用和分区容错，而不是强一致性。通过集成事件实现业务状态的最终一致性。

在产品目录微服务中，如果服务在更新产品价格之后，发布集成事件之前崩溃，就会导致整个系统的状态不一致，我们可以有多种方式来处理此问题。

● 事件溯源。
● 使用事件日志表实现的发件箱模式，这是用于存储集成事件的事务操作表。

对于这种情况，完整的事件溯源模式是比较好的方式。事件溯源意味着将所有的领域事件存储在事务处理数据库中，而不仅仅存储当前的状态数据。存储全部的领域事件有很大的优势。例如，可以拥有所有的系统历史记录，并且能够随时确定系统在过去任意时刻的状态。然而，实施完整的事件溯源系统需要重构系统，并引入许多其他的复杂性和需求，例如，需要专门用来存储事件源的数据库。事件溯源是解决问题的一个很好方法，但不是最简单的解决方案。

权衡的方式是将事务数据库表与简化的事件溯源模式组合使用。通过将事件发布过程分为多个顺序的步骤，只保存当前进行到的步骤来进行简化。例如，在更新价格的同时，创建事件已经创建但还没有发布的状态，然后，将事件状态更新为发布中，在成功发布价格更新事件之后，将状态更新到已经发布。

如果价格更新事件发布失败，由于已经在事务数据库表中保存了事件发布中的状态，我们可以通过后台作业来检查事务发布的状态，如果发现了未发布的事件，可以通过重新尝试将该事件发布到集成事件总线来实现最终一致性。

因此，这种均衡的方式是一个简化的事件溯源系统，需要一个当前集成事件状态的事务表。不需要像完整的事件溯源系统一样，将所有的事件都存储在数据库中。

在 eShopOnContainers 中使用了简化的事件溯源模式实现基于集成事件总线的最终一致性。

6.4.1　实现简化事件溯源模式的集成事件日志

在上一章中，我们已经看到了基于事件总线实现的集成事件总线，这里不再重复进行说明。

在 src\BuildingBlocks\EventBus\IntegrationEventLogEF 项目中，实现了针对集成事件日志的支持。在 IntegrationEventLogContext.cs 中，创建了 ORM 映射，将 IntegrationEventLogEntry 映射到数据库的 IntegrationEventLog 表，映射关系如下所示。

```
void ConfigureIntegrationEventLogEntry(EntityTypeBuilder<IntegrationEventLogEntry> builder)
{
    builder.ToTable("IntegrationEventLog");

    builder.HasKey(e => e.EventId);

    builder.Property(e => e.EventId)
        .IsRequired();

    builder.Property(e => e.Content)
        .IsRequired();

    builder.Property(e => e.CreationTime)
        .IsRequired();

    builder.Property(e => e.State)
        .IsRequired();

    builder.Property(e => e.TimesSent)
        .IsRequired();

    builder.Property(e => e.EventTypeName)
```

```
            .IsRequired();

}
```

BuildingBlocks 目录下面的项目是支持所有项目的基础构建块，IntegrationEventLogEF 是通用的支持集成事件日志的项目。这里面需要关注的是 EventTypeName 和 State 两个字段。

EventTypeName 表示当前所持久化的事件的类型名称，用来区分不同的集成事件类型，在 IntegrationEventLogEntry 的构造函数中，可以看到它实际使用的是 .NET 类型全名。

```
EventTypeName = @event.GetType().FullName;
```

而 State 表示当前集成事件发布的状态，它使用枚举定义，在 src/BuildingBlocks/EventBus/IntegrationEventLogEF/EventStateEnum.cs 中定义了事件发布的 4 个状态。

```
namespace Microsoft.eShopOnContainers.BuildingBlocks.IntegrationEventLogEF;

public enum EventStateEnum
{
    NotPublished = 0,
    InProgress = 1,
    Published = 2,
    PublishedFailed = 3
}
```

IntegrationEventLogService 服务实现了 IIntegrationEventLogService 接口，将对事件状态的修改封装为服务方法。最终对事件状态的修改涉及两个方法：

```
* SaveEventAsync()，创建新的事件记录，此时的事件状态为 NotPublished
* UpdateEventStatus()，变更事件记录状态
```

在 SaveEventAsync() 方法中，使用了数据库的当前事务，实现与当前数据库操作的完整性。

```
public Task SaveEventAsync(IntegrationEvent @event, IDbContextTransaction transaction)
{
    if (transaction == null) throw new ArgumentNullException(nameof(transaction));

    var eventLogEntry = new IntegrationEventLogEntry(@event, transaction.TransactionId);

    _integrationEventLogContext.Database.UseTransaction(transaction.GetDbTransaction());
    _integrationEventLogContext.IntegrationEventLogs.Add(eventLogEntry);

    return _integrationEventLogContext.SaveChangesAsync();
}
```

在 UpdateEventStatus() 方法中，通过更新计数器来记录发送的次数，直接更新数据库数据。

```
private Task UpdateEventStatus(Guid eventId, EventStateEnum status)
{
```

```
        var eventLogEntry = _integrationEventLogContext.IntegrationEventLogs.Single(ie => ie.EventId == eventId);
        eventLogEntry.State = status;

        if (status == EventStateEnum.InProgress)
            eventLogEntry.TimesSent++;

        _integrationEventLogContext.IntegrationEventLogs.Update(eventLogEntry);

        return _integrationEventLogContext.SaveChangesAsync();
    }
```

6.4.2　发布基于事件日志表的分布式事务

在更新产品价格的处理中，使用事件日志表来支持分布式事务。

此进程的分步操作如下。

1）应用程序开始启动本地数据库事务。

2）然后更新域实体的状态，并向集成事件表中插入一个事件记录。

3）提交事务，以获得通过关系数据库系统所支持的原子性，保证实体状态和事件的完整性。

4）发布事件。

在实施事件发布步骤时，又可以有以下选择。

● 在提交事务后立即发布集成事件，并将表中的事件标记为已发布。如果微服务发生了故障，可以通过遍历存储的集成事件执行补偿操作。

● 将该表看作队列。通过单独的应用程序线程或进程查询集成事件表，将事件发布到事件总线，然后使用本地事务将事件标记为已发布。

如图 6-12 所示，①更新产品表，②更新事件日志表，这两步操作通过本地数据库事务保证原子性和完整性，保证了对产品的修改一定记录到事件日志表中。通过事件总线发布事件之后，购物车在③订阅到事件，通过④更新购物车本地存储的产品信息，并最终通过⑤在用户界面上提示产品信息发生了变化。

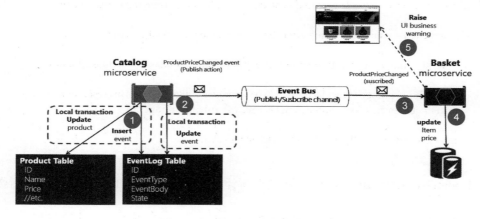

图 6-12　原子化发布到事件总线

在 src\Services\Catalog\Catalog.API\Controllers\CatalogController.cs 中，使用了第一种方式处理。在更新产品信息的时候，如果修改了产品价格，通过将价格变更的事件发布出来，借助于集成事件日志表来实现分布式事务。实现了如图 6-12 中①和②的处理。

```
//PUT api/v1/[controller]/items
[Route("items")]
[HttpPut]
[ProducesResponseType((int)HttpStatusCode.NotFound)]
[ProducesResponseType((int)HttpStatusCode.Created)]
public async Task<ActionResult> UpdateProductAsync([FromBody] CatalogItem productToUpdate)
{
    var catalogItem = await _catalogContext.CatalogItems.SingleOrDefaultAsync(i => i.Id == productToUpdate.Id);

    if (catalogItem == null)
    {
        return NotFound(new { Message = $"Item with id {productToUpdate.Id} not found." });
    }

    var oldPrice = catalogItem.Price;
    var raiseProductPriceChangedEvent = oldPrice != productToUpdate.Price;

    // 更新当前产品
    catalogItem = productToUpdate;
    _catalogContext.CatalogItems.Update(catalogItem);

    // 如果价格发生了变化
    // 保存产品数据，并通过事件总线发布集成事件
    if (raiseProductPriceChangedEvent)
    {
        // 创建准备通过事件总线发布出去的集成事件对象实例
        var priceChangedEvent = new ProductPriceChangedIntegrationEvent(catalogItem.Id,
productToUpdate.Price, oldPrice);

        // 借助于本地数据库事务，实现原始的产品目录数据操作和集成事件日志操作两者的原子性
        await _catalogIntegrationEventService.SaveEventAndCatalogContextChangesAsync
(priceChangedEvent);

        // 通过事件总线发布集成事件，并将前面保存的事件记录为已发布
        // Publish through the Event Bus and mark the saved event as published
        await _catalogIntegrationEventService.PublishThroughEventBusAsync(priceChangedEvent);
    }
    else // Just save the updated product because the Product's Price hasn't changed.
    {
        // 如果没有修改产品价格，那么只需要保存更新后的产品信息
        await _catalogContext.SaveChangesAsync();
    }

    return CreatedAtAction(nameof(ItemByIdAsync), new { id = productToUpdate.Id }, null);
}
```

在 SaveEventAndCatalogContextChangesAsync() 方法中，借助于数据库的本地事务来实现数据库操作的原子性，保证修改价格的操作与创建 NotPublished 状态的事件记录要么整体完成，要么全部回退。其内容如下。

```
public async Task SaveEventAndCatalogContextChangesAsync(IntegrationEvent evt)
{
    _logger.LogInformation("----- CatalogIntegrationEventService - Saving changes and integrationEvent: {IntegrationEventId}", evt.Id);

    // 当在显式 BeginTransaction() 事务中使用多个 DbContext 的时候
    // 使用 EF Core 的弹性策略
    await ResilientTransaction.New(_catalogContext).ExecuteAsync(async () =>
    {
        // 这是实际的借助本地事务实现原子性
        await _catalogContext.SaveChangesAsync();
        await _eventLogService.SaveEventAsync(evt, _catalogContext.Database.CurrentTransaction);
    });
}
```

这里的事务封装在 ResilientTransaction 中，实际的 BeginTransaction() 方法调用在 ResilientTransaction 的 ExecuteAsync() 方法中实现。实际的数据库处理是通过一个 action 委托传递进来的。

```
public async Task ExecuteAsync(Func<Task> action)
{
    //通过显式调用 BeginTransactionAsync() 和 CommitAsync() 实现显式本地数据库事务。
    var strategy = _context.Database.CreateExecutionStrategy();
    await strategy.ExecuteAsync(async () =>
    {
        await using var transaction = await _context.Database.BeginTransactionAsync();
        await action();
        await transaction.CommitAsync();
    });
}
```

发布事件的 PublishThroughEventBusAsync() 方法的代码如下所示。

```
public async Task PublishThroughEventBusAsync(IntegrationEvent evt)
{
    try
    {
        _logger.LogInformation("----- Publishing integration event: {IntegrationEventId_published} from {AppName} - ({@IntegrationEvent})", evt.Id, Program.AppName, evt);

        await _eventLogService.MarkEventAsInProgressAsync(evt.Id);
        _eventBus.Publish(evt);
        await _eventLogService.MarkEventAsPublishedAsync(evt.Id);
    }
    catch (Exception ex)
```

```
        {
            _logger.LogError(ex, "ERROR Publishing integration event: {IntegrationEventId} from {AppName}
- ({@IntegrationEvent})", evt.Id, Program.AppName, evt);
            await _eventLogService.MarkEventAsFailedAsync(evt.Id);
        }
    }
}
```

6.4.3　订阅集成事件

在购物车项目的 src\Services\Basket\Basket.API\IntegrationEvents\EventHandling\Product
PriceChangedIntegrationEventHandler.cs 中，订阅了价格发生变化的集成事件。实现图 6-12
中④的更新产品信息的处理。

```
namespace
Microsoft.eShopOnContainers.Services.Basket.API.IntegrationEvents.EventHandling;

public class ProductPrice ChangedIntegrationEventHandler: IIntegrationEventHandler<ProductPriceChangedIntegrationEvent>
{
    private readonly ILogger <ProductPriceChangedIntegrationEventHandler> _logger;
    private readonly IBasketRepository _repository;

    public ProductPriceChangedIntegrationEventHandler(
        ILogger<ProductPriceChangedIntegrationEventHandler> logger,
        IBasketRepository repository)
    {
        _logger = logger ?? throw new ArgumentNullException(nameof(logger));
        _repository = repository ?? throw new ArgumentNullException(nameof(repository));
    }

    public async Task Handle(ProductPriceChangedIntegrationEvent @event)
    {
        using (LogContext.PushProperty("IntegrationEventContext", $"{@event.Id}-{Program.AppName}"))
        {
            _logger.LogInformation("----- Handling integration event: {IntegrationEventId} at {AppName}
- ({@IntegrationEvent})", @event.Id, Program.AppName, @event);

            var userIds = _repository.GetUsers();

            foreach (var id in userIds)
            {
                var basket = await _repository.GetBasketAsync(id);

                await UpdatePriceInBasketItems(@event.ProductId, @event.NewPrice, @event.OldPrice,
basket);
            }
        }
    }

    private async Task UpdatePriceInBasketItems(int productId, decimal newPrice, decimal oldPrice,
```

```
CustomerBasket basket)
    {
        var itemsToUpdate = basket?.Items?.Where(x => x.ProductId == productId).ToList();

        if (itemsToUpdate != null)
        {
            _logger.LogInformation("----- ProductPriceChangedIntegrationEventHandler - Updating items
in basket for user: {BuyerId} ({@Items})", basket.BuyerId, itemsToUpdate);

            foreach (var item in itemsToUpdate)
            {
                if (item.UnitPrice == oldPrice)
                {
                    var originalPrice = item.UnitPrice;
                    item.UnitPrice = newPrice;
                    item.OldUnitPrice = originalPrice;
                }
            }
            await _repository.UpdateBasketAsync(basket);
        }
    }
}
```

实际的订阅是通过订阅 RabbitMQ 的消息来实现的。

在购物车的 src\Services\Basket\Basket.API\Startup.cs 中，订阅了 ProductPriceChanged
IntegrationEvent 集成事件，并设置了对该集成事件的处理器 ProductPriceChangedIntegration
EventHandler。实现图 6-12 中③的处理。

```
private void ConfigureEventBus(IApplicationBuilder app)
{
    var eventBus = app.ApplicationServices.GetRequiredService<IEventBus>();

    eventBus.Subscribe<ProductPriceChangedIntegrationEvent, ProductPriceChangedIntegrationEventHandler>();
    eventBus.Subscribe<OrderStartedIntegrationEvent, OrderStartedIntegrationEventHandler>();
}
```

这里的事件总线 IEventBus 实际上来自 RabbitMQ 实现。

```
services.AddSingleton<IEventBus, EventBusRabbitMQ>(sp =>
{
    var subscriptionClientName = Configuration["SubscriptionClientName"];
    var rabbitMQPersistentConnection = sp.GetRequiredService<IRabbitMQPersistentConnection>();
    var iLifetimeScope = sp.GetRequiredService<ILifetimeScope>();
    var logger = sp.GetRequiredService<ILogger<EventBusRabbitMQ>>();
    var eventBusSubscriptionsManager = sp.GetRequiredService<IEventBusSubscriptionsManager>();

    var retryCount = 5;
    if (!string.IsNullOrEmpty(Configuration["EventBusRetryCount"]))
    {
        retryCount = int.Parse(Configuration["EventBusRetryCount"]);
```

```
        }

        return new EventBusRabbitMQ(rabbitMQPersistentConnection, logger, iLifetimeScope,
eventBusSubscriptionsManager, subscriptionClientName, retryCount);
    });
```

连接 RabbitMQ 的连接串来自配置对象中的 EventBusConnection。例如在 Basket.API\
Startup.cs 中，就使用这种方式。但是在 appsettings.json 文件中并没有提供该配置的值。

```
var factory = new ConnectionFactory()
    {
        HostName = Configuration["EventBusConnection"],
        DispatchConsumersAsync = true
    };
```

在 docker-compose.override.yml 中，使用环境变量的方式提供它的值。

```
- EventBusConnection=${ESHOP_AZURE_SERVICE_BUS:-rabbitmq}
```

这种语法被称为变量占位 (Variable substitution)。如果在运行时，环境变量不存在，那
么将被表示为空字符串。我们有几种方式提供环境变量不存在时的默认值。

● :-如果环境变量不存在，或者环境变量值为空字符串，使用默认值。

● *-如果环境变量不存在，使用默认值。

所以，在 eShop 项目中，在没有设置环境变量 ESHOP_AZURE_SERVICE_BUS 的时
候，会将环境变量 EventBusConnection 设置为 rabbitmq，它最终集成到 .NET 的配置对象
中。这个 rabbitmq 也就是事件总线服务的名称。

6.5　小结

本章讨论了在分布式系统中的数据访问问题。在跨服务的交互中，实现集中式数据库中
的 ACID 是难以做到的，CAP 理论指出了在分布式系统下对一致性、可用性和分区容错的
实现限制。在分布式系统中，倾向于高可用，而非强一致性，这样可以使得架构的可扩展性
更强。通过基于事件的架构可以解除各个独立服务之间的耦合，并为应用的业务逻辑和查询
的可扩展性打下基础。Saga 是由一组通过消息驱动的、独立的本地事务组成的全局操作。
它们通过补偿操作来回滚错误的状态，以实现最终一致性。

第7章
实现可恢复的弹性应用

弹性是系统对故障做出反应并仍然能够工作的能力。它并不是不会遇到故障，而是在故障发生的情况下，可以通过精心构建的系统来做出正确的应对。对于云原生应用来说，应用的可扩展性，也意味着微服务实例并不总是持续稳定不变的，伴随着应用负载的增大或者减少，微服务需要动态扩展出新的实例，或者关闭过剩的实例。微服务之间的网络通信也就不能像传统的网络环境一样稳定存在，可能伴随着短暂的中断或者切换。弹性应用解决的就是在这样动态的环境下，保证应用正确应对故障，提供故障恢复能力，并持续稳定地提供服务。

在单体应用中，应用的所有部分都运行在同一个进程中。组件之间的协作主要通过方法调用直接完成，如果不考虑执行方法本身所花费的时间代价，调用一个方法的代价可以忽略不计。而且在应用正常工作的情况下，我们可以认为应用的每个部分都是在正常工作的。

与传统的单体应用不同，云原生应用采用的是分布式架构，如图 7-1 所示，实例应用被拆分为多个微服务，它们之间通过网络协议进行协作，此时我们就不能确保组成应用的每个微服务实例都一定在正常工作，它们之间的协作也需要可观的时间代价。

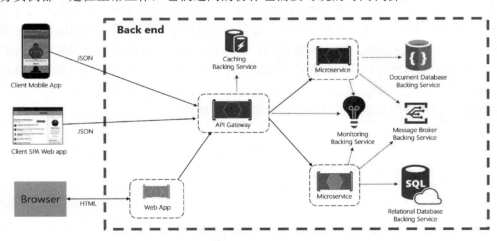

图 7-1　分布式的云原生环境

在上图中，每个自定义的微服务，以及基于云的支持服务，例如其中的关系数据库，NoSQL 的文档数据库等等，都是运行在不同服务器的独立的进程中，或者是容器中，彼此之间通过网络调用进行通信。

在这样的运行环境下，每个服务都必须谨慎考虑微服务化带来的各种挑战。

- 不可预期的网络延迟，服务之间通信的时间代价。
- 瞬态故障，短暂的网络连接错误。
- 长时间运行的同步操作带来的堵塞。
- 服务崩溃被重启或者被重定位。
- 过载的微服务不能及时响应请求。
- 进行中的服务编排处理，例如滚动升级。
- 硬件故障。

云原生的运行支持平台可以检测和缓解许多此类的基础架构问题，例如，它可能会重新启动发生故障的微服务、动态创建新的微服务进行横向扩展，甚至可以将发生故障的微服务重定位到其他有效节点等等。但是，若要充分利用此类内置的保护措施，微服务本身也必须要设计为对此类操作做出反应，并支持在此类动态环境中正确运行。这种可以对故障做出正确反应，并能够从故障中恢复的能力，就是所谓的弹性模式。

7.1 应用程序的弹性模式

应对不可避免的故障的核心就是应用程序应对故障的弹性能力。

虽然可以投入大把时间自己开发一个弹性框架，但此类产品实际上已经存在很长时间了。Polly⊖就是一个完备的 .NET 复原和暂时性错误处理支持库，它支持开发人员以流畅且线程安全的方式来表达应用程序的复原策略。Polly 面向使用 .NET 技术构建的应用程序。表 7-1 描述了 Polly 库中提供的复原功能（在 Polly 中称为策略）。它们既可以单独应用，也可以组合在一起使用。

表 7-1 Polly 库所提供的策略

策略	说明
重试（Retry）	配置在发生故障的情况下，对指定操作的重试操作
熔断器（Circuit Breaker）	当故障超过配置的阈值时，在预定义的时间段内阻止请求的操作
超时（Timeout）	对调用者可以等待响应的持续时间设置限制
隔离（Bulkhead）	将操作限制为固定大小的资源池，以防止失败的调用淹没资源
缓存（Cache）	自动存储响应
降级（Fallback）	定义故障时的服务降级行为

对于 7-1 图中的微服务来说，无论是来自外部客户端的请求还是微服务对后端服务的请

⊖ https://github.com/App-vNext/Polly

求，都需要考虑如何应用弹性策略来补偿不可避免的可能发生的服务故障。这些短暂的服务故障在 HTTP 中通常表现为下表中显示的 HTTP 状态码见表 7-2。

表 7-2　常见的 HTTP 服务故障状态码

HTTP 状态码	原因
404	访问对象不存在
428	请求超时
429	请求数量过多，很可能被限流
502	网关错误
503	服务不可用
504	网关超时

当故障发生的时候，常见的一个问题是：你会对 HTTP 403 禁止访问这个状态码，进行重试处理吗？当然不会，因为此时系统是在正常工作的，状态码 403 只是告诉访问者没有被授权执行请求的操作，重试不能解决这个问题。因此，只应该重试因为故障导致的失败操作。

另外需要注意的是，对于 .NET 开发者来说，不应该直接使用 new 关键字来创建 HttpClient 类型实例，这种方式会带来一些潜在问题。而应该通过 HttpClientFactory 工厂来创建 HTTPClient 对象实例，从而访问基于 URL 的资源，进一步说，应该通过依赖注入容器，借助于 HttpClientFactory 接口使用该工厂类来获得 HttpClient 实例。在解决了直接使用 HttpClient 潜在问题的基础上，它还支持了多种新的扩展特性。其中重要的一个就是与 Polly 弹性库的紧密集成。有了它，就可以在应用程序中轻松定义弹性策略，以处理暂时的网络连接问题。

7.2　设计支持弹性的通信方案

与单体应用不同，伴随云原生的高度扩展性，带来的是微服务实例的高度动态性，面对高强度的服务压力，微服务出现故障也是不可避免，这是在架构设计考虑之内的。在微服务环境下，多个微服务相互依赖，最终才能完成应用的功能。我们需要考虑，在其中某个微服务出现了故障的情况下，会对整个应用产生什么影响？我们又应该如何应对这种不可避免的故障？

如果故障是不可避免的，那么在设计和开发微服务的时候，就要针对可能发生的故障的特点，尽可能提高服务的可用性和运行的正确性，以及在故障发生之后的快速恢复的能力，这对于实现微服务的可恢复性或者说弹性是至关重要的。这里我们会讨论常用的一些技术。

- 重试。
- 后备方案。
- 缓存和优雅降级。

- 超时。
- 熔断器。
- 通信代理。

处理通信问题需要从客户端和服务端两个方面考虑。根据问题的场景在适当的方面应用弹性技术。

7.2.1　客户端方案

首先，从消费服务的客户端来考虑应用弹性技术。

1. 重试

考虑这样的场景，某个微服务正在被服务编排器调度到新的容器中，原来的容器正在被关闭，对这个服务的请求将被重新定向到新的容器中。在此过程中，某个访问该服务的客户端正在访问它。

由于原来的容器正在被关闭，网络客户端发出的请求失败，客户端应该如何重试呢？为了理解这一概念，我们考虑订单服务发出获取产品价格的请求。

如果获取产品价格的请求失败了，返回了错误信息。那么需要考虑这次的失败是可以通过重新发出请求就可能成功的孤立事件，还是说这是系统性的故障导致，随后的请求仍然会大概率重复失败呢。从服务调用方来看，这可能是无法判断的。我们可以期望获取产品价格的请求是幂等的（idempotent）。这意味着请求可以重复发送，而不会对目标系统的状态产生影响。

虽然对于开发者来说，直觉的反应是重新发送失败的请求。但是，开发者还是需要特别小心，因为故障可能是瞬时的，也可能是持续性的系统故障，对于客户端来说，并不能通过一次调用就知道是哪种情况。

如果故障是瞬时和孤立的，重试就是一个很合理的方案。立即进行重试一方面可以减轻对客户端的影响，也可以避免影响扩大化。即使这样，也需要为重试做好计划，每次重试也是需要花费一定的时间代价的操作，所以，客户端只能在合理的响应时间之内进行一定次数的重试。

故障也很可能是持续性的。例如，由于大量的请求导致服务端处理能力下降，那么此时进行连续的重试只会导致状况进一步恶化。假设每次服务失败之后都重试 5 次，那么每个失败的请求都会导致 5 次重新请求，重试导致的请求量会持续增长，服务端受到越来越多的请求压力，甚至可能导致故障不断放大，因为不堪重试的压力而崩溃。

如果发生持续性故障，我们如何在保证不扩大系统故障范围的情况下，通过重试来提高服务的可恢复性呢？首先，我们可以在重试请求之间使用不断增加的时间间隔来使得请求更加分散，降低重试请求的频率，这就是所谓的指数补偿（exponential back-off）策略。它的目的是给服务端一个较低负载的缓冲时间，以便它可以恢复正常。

在特殊的情况下，由于客户端都采用相同的指数补偿策略，来自大量客户端的重试请求还是可能在服务端形成浪涌效应，因为同时到达服务端而形成强化效应。作为改进方案，指数补偿应该包含一个随机元素-抖动（jitter）将来自不同客户端的重试请求散布在一个更加均匀的速率上，以避免过多的大量请求同时到达服务端。这一策略可以保证大量客户端进行重试的时候，不会同时发起重试操作。

重试是最为常用的有效策略，不过，在使用过程中，我们需要格外小心，以免将问题恶化或者耗费不必要的资源。需要考虑的一些基本原则包括以下几项。

- 限制重试的次数。
- 使用带抖动的指数补偿策略来均匀分布重试。
- 仔细考虑哪些错误应该重试，以及哪些错误不大可能重试成功，哪些错误永远不会成功。
- 当服务到达重试次数的上限，或者不能重试的时候，开发者可以考虑接受错误的发生，并使用其他策略来进行处理。

在图 7-2 中，为请求操作实现了重试模式。它被配置为最多允许四次重试，四次重试都失败之后进入失败模式，补偿间隔（等待时间）从两秒开始，每次后续尝试都会成倍增加。

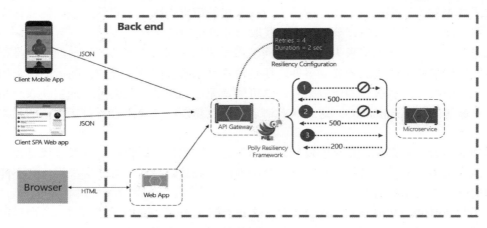

图 7-2　重试策略的操作

四次重试的说明如下。

1）第一次调用失败，返回 HTTP 状态代码 500。应用程序等待两秒钟，然后重试调用。

2）第二次调用也失败，返回的 HTTP 状态代码仍然为 500。应用程序现在将退避间隔加倍为 4 秒，然后重试调用。

3）第三次调用成功。服务返回的 HTTP 状态码为 200。

4）在这种情况下，重试操作将尝试最多四次重试，同时在下次请求之前将补偿持续时间加倍。

5）如果第四次重试仍然失败，则会调用回退策略来妥善处理该问题。

在实际应用中，支持抖动的重试策略如下所示。

```
var delay = Backoff.DecorrelatedJitterBackoffV2(medianFirstRetryDelay: TimeSpan.FromSeconds(2), retryCount: 4);
var retryPolicy = Policy
```

```
.Handle<FooException>()
.WaitAndRetryAsync(delay);
```

这里使用了 Polly.Contrib.WaitAndRetry[⊖]扩展库，支持指数补偿和抖动来确保减轻服务器端的请求压力。

2．超时

与进程内的方法调用相比，网络请求是相当花费时间的。所以，尽早探知请求的失败是很重要的。在分布式系统中，有些错误几乎立即发生，例如某个服务可能因为内部程序问题而异常。但还有许多故障需要花费很长时间能表现出来，例如，服务因为请求过载而导致响应变得非常漫长，从而导致调用方徒劳地等待漫长的时间，因为结果可能永远也不会返回。

这种耗时很长的失败故障正好说明了为微服务通信设置恰当的超时时限的重要性。如果不设置一个上限，某个不能响应的服务导致的问题会很容易蔓延到整个微服务调用链，最终扩大问题的影响范围，因为无休止等待的服务也在耗费系统的资源。

如果服务之间通过 HTTP 调用，可以使用自定义的 HTTP 请求头（例如 X-Deadline：2000）在整个调用链上来传递最终的超时限制，这个值可以被次级的 HTTP 客户端所采用。

3．熔断器

在电子电路中，熔断器可以起到保护作用，当电流过大的时候熔断器可以自动断开电路，以防止产生更大范围的破坏。同样，熔断器也是一种暂停向发生故障的服务发出请求以避免连锁故障的方法。

熔断器基于两大准则。

● 快速失败，而不要浪费资源去等待永远不会到来的响应。

● 如果依赖的服务发生故障，在该服务恢复之前停止发出进一步的请求。

当向一个服务发出请求的时候，可以跟踪请求失败或者成功的次数。在正常的处理中，可以认为熔断器是闭合的。

如果在一定时间窗口内，失败的次数或者失败率超过了某个阈值，熔断器就会断开。此时客户端就不再尝试向服务端发出新的请求，而是执行适当的后备方案，直接失败或者返回预先准备的数据等等，例如向用户展示暂停服务的提示信息。

当服务恢复正常状态的时候，熔断器应该闭合。在熔断器断开之后，熔断器应该发送试探性的请求，以检查连接是否已经恢复正常。与重试技术一样，应该采用带抖动的指数补偿方案来安排这些试探请求。

在图 7-3 中，对图 7-2 的重试模式中增加了熔断器模式支持。这里的配置是，在 100 次请求失败后，熔断器断开（Circuit Open），此刻对微服务的调用将会立即返回失败（Calls to microservice fail immediately）。CheckCircuit 值设置为 30 秒，它指定了检查请求服务的频率。间隔 30 秒之后，可以允许一次调用，以检查服务是否已经恢复（Allow one call every 30 seconds to check state），如果该调用成功，熔断器将闭合，服务将再次对通信可用。

⊖ https://github.com/Polly-Contrib/Polly.Contrib.WaitAndRetry

169

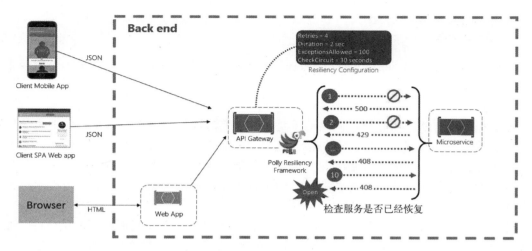

图 7-3 熔断器模式的操作

请记住，熔断器模式的意图与重试模式的意图不同。"重试"模式使应用程序能够在预期操作成功的情况下重试操作。而熔断器模式用来防止应用程序执行可能失败的操作。通常，应用程序组合使用这两种模式。

下面的代码展示了在代码中结合使用熔断器模式和重试模式。

```
// 确保创建唯一的策略实例并使用它
// 因为故障应该发生在同一个实例上
// 创建熔断器策略，故障 5 次后熔断，间隔 10 秒检查
var_circuitBreakerPolicy
    = Policy
        .Handle<AggregateException>(x =>
            {
                var result = x.InnerException is HttpRequestException;
                return result;
            })
        .CircuitBreaker(5, TimeSpan.FromSeconds(10));

// 创建重试策略，简单重试
var_retryPolicy
    = Policy
        .Handle<AggregateException>(x =>
            {
                var result = x.InnerException is HttpRequestException;
                return result;
            })
        .RetryForever();

// 封装了熔断器的重试策略
retryPolicy.Wrap(_circuitBreakerPolicy)
    .Execute(() =>
        {
```

```
GetValuesAsync("api/values").Result.ForEach(x =>
{
        System.Console.WriteLine($"Value : {x}");
});
});
```

上面的示例代码结合了熔断器和重试两个策略。

4. 后备方案

当经过多次重试之后,确认故障发生,不能正常访问服务的时候。可以考虑如下 4 种后备方案。

- 优雅降级。
- 缓存。
- 功能冗余。
- 后备数据。

(1)优雅降级

如果服务此时出现故障,不能通过服务获得需要的数据,此时,可以设计一个可以接受的服务降级方案。例如只提供部分信息而不再提供全部信息。这样虽然提供给客户的信息有所减少,但至少比没有信息要好一些。

(2)缓存

客户端也可以将前面成功请求所得到的信息缓存起来,从而减少请求的次数,缓存不仅可以减少请求的次数还可以提高性能,还可以在服务端出现临时故障的时候以防万一。

(3)功能冗余

有些信息可以通过不同的路径来获得,例如查询股票价格。这样如果 A 服务出现故障,就可以通过向 B 服务发出请求来代替。

有些故障场景可以使用替代服务,例如 A 服务过载,此时将请求导向 B 服务就是合理的。

(4)后备数据

考虑广告推荐服务,如果由于某种原因导致无法从后端获得实时的广告推荐,那么,使用一组默认的广告推荐也是可以考虑的。

7.2.2 服务器端方案

除了从客户端方面考虑,还可以从服务器端考虑弹性问题。

1. 限流

有些问题是来自客户端访问的请求策略问题。例如,客户端应用通过批量方案请求服务的时候,因为采用了短时间内多次请求的方式来发出请求,这种不正确的服务消费方式导致了服务端不可预期的压力。

合适的解决方案是明确限制特定客户端在一定时间窗口内对服务端的调用频率,或者总的有效请求量,这样可以确保服务端不会过载。特别是当服务存在着大量客户端的时候。限流可以设计的很简单，也可以设计得很复杂。如表 7-3 所示是常用的一些限流策略：

表 7-3　常用的服务限流策略

策略	描述
丢弃超过配额的请求	消费方发起的请求量超过限定值后全部直接丢弃
关键数据请求优先	丢弃对低优先级端点的调用请求，以优先保证关键请求的资源
丢弃不常见的客户端	优先支持使用服务频率高的客户端，而不是低频率的服务消费方
限制并行请求量	限制一定时间段内，服务请求的总数

2. 使用 RateLimiting 中间件进行限流

在 ASP.NET Core 中出现过两个版本的服务器端限流支持，从 ASP.NET Core 3.0 开始，可以使用 ConcurrencyLimiterMiddleware 来实现服务器端限流。从 .NET 8 开始，已经将其标记为过时，应该使用新的 Microsoft.AspNetCore.RateLimiting 中间件来提供服务器端限流支持。

如果使用的是较旧的 ConcurrencyLimiterMiddleware，建议迁移到较新的限流中间件。下面的代码演示了使用新的 API:RateLimiterApplicationBuilderExtensions.UseRateLimiter 进行限流。

在该示例中，使用了并发限流机制，并发数设置为 2，不能立即处理的请求被排进队列，队列的长度为 25，如果当前队列已满的时候，收到新的处理请求，那么队列中最早的请求将会被丢弃，直到队列中有空间来容纳新的请求。

```
using Microsoft.AspNetCore.RateLimiting;
using System.Threading.RateLimiting;

var builder = WebApplication.CreateBuilder(args);
var app = builder.Build();

app.UseRateLimiter(new RateLimiterOptions()
    .AddConcurrencyLimiter("only-one-at-a-time-stacked", (options) =>
    {
        options.PermitLimit = 2;
        options.QueueLimit = 25;
        options.QueueProcessingOrder = QueueProcessingOrder.NewestFirst;
    }));

app.MapGet("/", async () =>
{
    await Task.Delay(10000);
    return"Hello World";
}).RequireRateLimiting("only-one-at-a-time-stacked");

app.Run();
```

新的中间件支持以下几种限流策略：并发限流、令牌桶限流、固定时间窗口限流、滑动时间窗口限流。

（1）并发限流

并发限流比较简单，它限制有多少个并发的请求可以访问资源。如果设置为 10，那么前 10 个请求可以同时访问资源，而第 11 个请求将不会被允许访问。一旦某个请求完成，那么下一个请求可以被处理，依次类推。

（2）令牌桶限流

通过该限流策略的名称可以知道令牌桶限流是如何工作的。想象一下，这里有一个填满了令牌的桶，当请求到来的时候，从其中取走一个令牌。在一段连续时间之后，再重新填充一些预先设定了数量的令牌到桶中，但是填充的令牌数量永远不会超过桶的容量。如果桶变空了，此时如果有请求到达，就会拒绝对资源的访问。

举个更具体的例子：桶的容量是 10 个令牌，每分钟会有 2 个令牌添加到桶中。当第一个请求到达的时候，它取走一个令牌，现在桶中剩下 9 个，随后又有 3 个请求到达，每个请求取走 1 个令牌，这样桶中剩下 6 个令牌，在 1 分钟之后，获得了 2 个新的令牌，这样令牌数回到 8 个。随后的 8 个请求取走剩下的令牌，桶中剩下 0 个令牌。如果又有请求到达，对资源的请求就不会被支持，直到 1 分钟后新的令牌被填充到桶中，在 5 分钟没有请求之后，桶中又回到 10 个令牌，而且随后的时间也不能再增加新的令牌，直到有请求取走令牌为止。

（3）固定时间窗口限流

固定时间窗口限流与滑动时间窗口限流都使用了时间窗口的概念。时间窗口是在移动到下一个时间窗口之前，限制所生效的一段时间。在固定时间窗口中，移动到下一个时间窗口意味着限制将重置回到起始值。可以想象一个电影院，它只有一个可以容纳 100 人的放映室，放映电影需要 2 个小时，在下一场放映之前，只能有 100 个人可以进入。一旦 2 个小时的放映结束，下一批排队的 100 人可以进入放映室，放映室外重新排队。

（4）滑动时间窗口限流

滑动时间窗口限流用于应对请求的时间分布不均匀的场景，能够更精确地应对流量变化。固定窗口限流根据非常明确的时间窗口将请求分组到存储桶中，滑动窗口限流器则相对于当前请求的时间戳来限制请求。例如，对于在固定窗口上有一个 10 个请求/分钟的限流器而言，可能会遇到限流器在一分钟时间间隔内允许 20 个请求的情况，即前 10 个请求位于上一分钟的后半分钟，而接下来的 10 个请求位于下一分钟的前半分钟，并且这两个请求在各自的时间窗口都有足够的限额允许通过。

滑动时间窗口通过将时间窗口划分为 n 个更小的时间跨度，将限制数量分配到每个时间跨度中。滑动窗口以时间跨度为单位移动，在检查限额的时候，始终考虑 n 个时间跨度的限额总和。

如果通过滑动窗口限流器发送相同的 20 个请求，如果它们都在一分钟的时间窗口内发送，则只有 10 个请求会通过。因为滑动窗口的时间间隔更小，弥合了固定时间窗口不连续的问题。

这里不再给出每种限流策略的示例，详细的使用可以参考官方文档。下面的示例演示了如何使用固定时间窗口进行限流，其设置如下。

● 调用 AddRateLimiter 来将限速服务添加到服务集合。

- 调用 AddFixedWindowLimiter 来创建策略名为"fixed"的固定窗口限制器，并进行如下设置：
  - 将 PermitLimit 设置为 4，将时间窗口（Window）设置为 12 秒。允许每 12 秒的窗口最多 4 个请求。
  - QueueProcessingOrder 为 OldestFirst。
  - 将 QueueLimit 设置为 2。
- 调用 UseRateLimiter 来启用速率限制。

示例代码如下所示。

```
using Microsoft.AspNetCore.RateLimiting;
using System.Threading.RateLimiting;

var builder = WebApplication.CreateBuilder(args);

builder.Services.AddRateLimiter(_ => _
    .AddFixedWindowLimiter(policyName: "fixed", options =>
    {
        options.PermitLimit = 4;
        options.Window = TimeSpan.FromSeconds(12);
        options.QueueProcessingOrder = QueueProcessingOrder.OldestFirst;
        options.QueueLimit = 2;
    }));

var app = builder.Build();

app.UseRateLimiter();

staticstring GetTicks() => (DateTime.Now.Ticks &0x11111).ToString("00000");

app.MapGet("/", () => Results.Ok($"Hello {GetTicks()}"))
                        .RequireRateLimiting("fixed");

app.Run();
```

3. 使用 RedisRateLimiting[一]限流

RedisRateLimiting 需要通过 NuGet 单独安装，该库基于 RateLimiting 限流器实现，增加了基于 Redis 支持的多节点部署限流。

7.2.3 服务网格

1. 服务网格概述

除了在代码中自行应对故障进行处理之外，处理弹性更好的方式是名为服务网格（Service Mesh）的不断发展的技术。服务网格是一个可配置的基础设施层，具有处理服务通

一 https://github.com/cristipufu/aspnetcore-redis-rate-limiting

信和上述其他挑战的内置功能。它通过将这些关注点转移到服务代理中来解耦这些关注点。代理被部署到一个单独的进程（称为 Sidecar）中，以提供与业务代码的隔离。然后，Sidecar 与服务相链接，它与服务一起创建并共享其生命周期。图 7-4 显示了这种场景，此时的弹性处理逻辑从自定义的微服务代码中转移到基础架构提供的 Sidecar 代理中。不再需要开发人员专门处理。

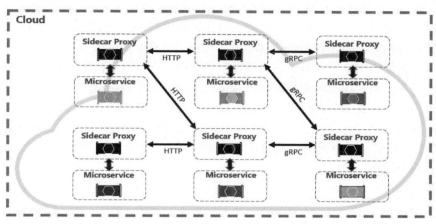

图 7-4　服务网格

在上图中，请注意代理如何拦截和管理微服务和集群之间的通信。

由于服务网格代理了微服务之间的网络通信，我们可以将网络问题下沉到基础架构层来处理，从而使得微服务关注于业务而不是网络问题。应用代码只需要包括核心的业务逻辑和网络访问，弹性处理部分转移到了 Sidecar 中。一般来说，可以通过配置来完成服务的弹性支持。

服务网格在逻辑上分为两个不同的组件：控制平面和数据平面。图 7-5 展示了这些组件及其职责。

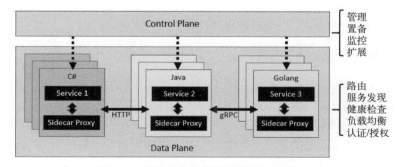

图 7-5　服务网格的数据平面和控制平面

配置之后，服务网格就具有非常强大的功能。它可以从服务发现端点检索相应的实例池。然后网格可以向特定实例发送请求，记录请求结果的延迟和响应类型。网格可以根据许多因素选择最有可能返回快速响应的实例。

如果一个服务实例没有响应或失败，网格将在另一个实例上重试该请求。如果返回错误，网格将从负载均衡池中移除该实例，并在修复后对其进行重新声明。如果请求超时，网格可能会失败，然后自动重试请求。网格捕获并向集中式度量系统发送度量和分布式跟踪。

2．服务网格 Istio 与代理服务 Envoy

虽然目前存在多种服务网格选择，目前 Istio[一]是最受欢迎的。Istio 是一款开源产品，可以集成到新的或现有的分布式应用程序中。该技术为保护、连接和监控微服务提供了一致完整的解决方案。它的授权方式是 Apache License 2.0[二]。其特点包括以下几点。

- 使用基于身份的强身份验证和授权，确保集群中的服务到服务通信安全。
- HTTP、gRPC、WebSocket 和 TCP 流量的自动负载平衡。
- 通过丰富的路由规则、重试、故障切换和故障注入对流量行为进行细粒度控制。
- 支持访问控制、速率限制和配额的可插拔策略层和配置 API。
- 集群内所有流量的自动度量、日志和跟踪，包括集群入口和出口。

Istio 实现的一个核心关键组件是名为 Envoy[三]代理的代理服务。它与每个服务一起运行，为以下功能提供了平台无关的基础。

- 动态服务发现。
- 负载平衡。
- TLS 终端。
- HTTP 和 gRPC 代理。
- 断路器弹性。
- 健康检查。
- 金丝雀部署的滚动更新。

如前所述，Envoy 被部署为集群中每个微服务的 Sidecar。

7.3 实战演练：在 eShopOnContainers 中实现弹性应用

eShopOnContainers 中实现了基于 Polly 的弹性支持。

7.3.1 基于 Polly 实现弹性通信

在 eShopOnContainers 中，主要使用了 Polly 提供的重试策略。

在 Catalog.API 项目中，第一次运行时，需要在数据库中预先准备数据，这里使用 Polly 的重试策略来处理数据访问的瞬态故障。

下面的代码中在弹性策略的支持下为数据库准备数据。弹性策略来自 CreatePolicy()方法。

```
public async Task SeedAsync(CatalogContext context, IWebHostEnvironment env, IOptions<CatalogSettings>
settings, ILogger<CatalogContextSeed> logger)
    {
```

[一] https://istio.io/
[二] https://github.com/istio/istio/blob/master/LICENSE
[三] https://www.envoyproxy.io/

```
        var policy = CreatePolicy(logger, nameof(CatalogContextSeed));

        await policy.ExecuteAsync(async () =>
        {
            var useCustomizationData = settings.Value.UseCustomizationData;
            var contentRootPath = env.ContentRootPath;
            var picturePath = env.WebRootPath;

            if (!context.CatalogBrands.Any())
            {
                await context.CatalogBrands.AddRangeAsync(useCustomizationData
                    ? GetCatalogBrandsFromFile(contentRootPath, logger)
                    : GetPreconfiguredCatalogBrands());

                await context.SaveChangesAsync();
            }

            // ......
        });
}
```

CreatePolicy()方法的定义如下所示，可以看到熟悉的 Polly 使用方式。

```
private AsyncRetryPolicy CreatePolicy(ILogger<CatalogContextSeed> logger, string prefix, int retries = 3)
{
    return Policy
            .Handle<SqlException>()
            .WaitAndRetryAsync(
                retryCount: retries,
                sleepDurationProvider: retry => TimeSpan.FromSeconds(5),
                onRetry: (exception, timeSpan, retry, ctx) =>
                {
                    logger.LogWarning(exception, "[{prefix}] Exception {ExceptionType} with message
{Message} detected on attempt {retry} of {retries}", prefix, exception.GetType().Name, exception.Message, retry,
retries);
                }
            );
}
```

完整的代码详见：src\Services\Catalog\Catalog.API\Infrastructure\CatalogContextSeed.cs。

在 Catalog.API 项目中，支持实现 EF 中的数据迁移，此时需要连接 SQL Server 数据库进行操作。由于数据库运行在另外的容器中，并且不能保证在 Catalog.API 项目访问的时候已经可用，这里使用 Polly 的重试策略来处理，并自定义了重试的间隔。

在 src\Services\Catalog\Catalog.API\Extensions\WebHostExtensions.cs 中，同样使用 Polly 来支持重试策略。

```
var retry = Policy
            .Handle<SqlException>()
```

```
                .WaitAndRetry(new TimeSpan[]
                {
                        TimeSpan.FromSeconds(3),
                        TimeSpan.FromSeconds(5),
                        TimeSpan.FromSeconds(8),
                });

        //if the sql server container is not created on run docker compose this
        //migration can't fail for network related exception. The retry options for DbContext only
        //apply to transient exceptions
        // Note that this is NOT applied when running some orchestrators (let the orchestrator to recreate the
failing service)
        retry.Execute(() => InvokeSeeder(seeder, context, services));
```

在 EventBusRabbitMQ 项目中，也同样使用了重试策略，这里使用了 Polly 预定义的 RetryPolicy 来实现，并使用了指数补偿策略。

```
    var policy = RetryPolicy
                    .Handle<SocketException>()
                    .Or<BrokerUnreachableException>()
                    .WaitAndRetry(_retryCount, retryAttempt => TimeSpan.FromSeconds(Math.Pow(2,
retryAttempt)), (ex, time) =>
                    {
                        _logger.LogWarning(ex, "RabbitMQ Client could not connect after {TimeOut}s
({ExceptionMessage})", $"{time.TotalSeconds:n1}", ex.Message);
                    }
                    );

    policy.Execute(() =>
    {
        _connection = _connectionFactory
                    .CreateConnection();
    })
```

完整的代码详见：src\BuildingBlocks\EventBus\EventBusRabbitMQ\DefaultRabbitMQPersistent Connection.cs。

7.3.2 实现基于 Envoy 的弹性通信

在 eShopOnContainers 中使用了 Enovy 来实现 API 网关。并没有使用服务网格技术。

通过前面的介绍，我们知道 Envoy 也为广为流行的服务网格提供支持。在下面的示例中，可以通过配置 Envoy 来支持重试策略。

```
routes:
- name: "c-short"
  match:
    prefix: "/c/"
  route:
    auto_host_rewrite: true
```

```
prefix_rewrite: "/catalog-api/"
cluster: catalog
timeout: 5s           # 超时设置
retry_policy:
    retry_on: "5xx"   # 响应码为 5xx 时，进行重试
    num_retries: 3    # 重试最大次数为 3 次
```

7.4　小结

在云原生环境下，应用之中的各个部分不再运行于同一个进程之中，它们通常通过网络进行协作。在复杂和动态的网络环境下，微服务不再是稳定运行的，我们需要对各种故障情况进行处理。弹性是你的系统对故障做出反应并仍然能够工作的能力。.NET 下的 Polly 库提供了对于弹性的全面支持，而 HttpClientFactory 通过与 Polly 紧密集成，简化了在 .NET 环境下支持弹性的复杂度和难度。在 .NET 7 中，更进一步提供了限流中间件，为 .NET 开发者提供了便利。

第 8 章
实现云原生应用的身份管理

对于云原生系统来说，运行其中的众多微服务都需要确认正在访问系统的用户是谁，让正确的用户，在正确的时间，访问正确的内容，身份管理是云原生应用安全的重要核心问题。本章将介绍身份管理的各种技术，重点介绍基于 OpenID Connect 标准的身份管理技术和它在 eShopOnContainers 中的实际使用。

8.1 云原生应用的认证与授权

身份管理通常分为独立的两个步骤来实现：认证与授权，它们一起组成身份管理的基础。认证（Authentication，缩写为：AuthN）是用来确认"你就是你声称的那个人"的过程，完成识别来访用户的身份内容，例如账号 Id、所属公司、电子邮件、电话、所拥有的角色等等。在 Microsoft 身份平台中通常使用 OpenID Connect 标准来处理身份验证。而授权（Authorization，缩写为：AuthZ）是用来验证"是否允许你做某事"的过程，基于用户的身份和待访问的资源来判断用户是否有权访问这个资源的过程，它控制了允许你访问哪些资源以及你可以对该资源执行哪些操作，在 Microsoft 身份平台中使用 OAuth 2.0 协议来处理授权。在云原生应用中，认证和授权是必不可少的两个步骤，云原生应用通常是由多个微服务组成的，每个微服务都需要进行认证和授权管理。

8.1.1 基于票据（Ticket）的认证

认证是验证"你就是你声称的人"的过程，验证之后，还需要将验证的结果表示为用户的身份数据，被后继的处理过程所使用。在 Web 技术发展过程中，这个过程经历过一个演进的过程。

早在 1994 年，互联网的先驱，网景公司就在浏览器中提供了对于 Cookie 技术的支持，解决在无状态的 HTTP 环境下，实现会话的问题。Cookie 可以支持 Web 站点在后继对服务器的请求中，自动携带上此网站对应的 Cookie 信息。因此，传统的 Web 站点的认证过程通常使用如下步骤。

1）提供登录页面供用户输入用户名和密码，用户填写后提交到 Web 服务器。

2）Web 服务器收到登录请求之后，验证用户所提供的账户信息。

3）如果验证通过，确认此账户是网站的合法且有效用户，则在服务器端的 Session 存储中保存此用户的认证通过信息。Session 存储负责为每个会话创建一个唯一标识 Session ID，此 Session ID 本质上是一个网站唯一的字符串，由 Web 服务器维护，并通过 HTTP 协议响应到浏览器端的 Cookie 存储中保存，此 Session ID 将在用户会话期间保持一致，实现在无状态的 HTTP 环境下，进行有状态的会话。

4）在后继对服务器的请求中，由于用户的请求中自动附带通过 Cookie 提供的 Session ID，Web 服务器可以通过它在服务器端的 Session 存储中检索到用户的登录信息。

这种模式针对单服务器的早期 Web 站点非常简单有效，不过，Session 存储存在一个关键问题，它是由 Web 服务器管理的、基于内存的会话管理机制。随着网站规模变得越来越大，这种方式也就遇到了瓶颈。

第一个问题就是当网站规模变大之后，需要将网站部署到多台 Web 服务器的问题，由于 Session ID 的生成和管理是由 Web 服务器来自动管理的。而 Web 服务器并不原生提供针对多服务器的分布式 Session 支持。通过负载均衡部署到多台服务器之后，用户对网站的多次请求就可能被分发到不同的 Web 服务器上，由于 Session ID 是绑定到具体服务器的，就会导致已经登录的用户，突然发现自己又丢失了登录状态的问题。为了处理这个问题，可以通过负载均衡器提供的 Session 黏性会话技术来支持，保证同一个用户对 Web 站点的请求总是被均衡到相同的 Web 服务器上。这种方式也会有新的问题，我们这里不深入进行讨论。

在 .NET 平台上，微软的 ASP.NET 技术提供了基于票据（Ticket）的认证管理方案，在此方案中，不是使用基础的 Session 技术来管理用户的登录状态，而是使用 ASP.NET 自定义的票据（Ticket）方案，票据方案有以下特点。

● 完全不依赖 Session 机制，摆脱对 Session 的依赖。

● 票据使用自定义的数据结构，可以包含更多用户信息。除了当前的登录用户名之外，还可以包含用户的登录方式，用户的角色等等信息。这样可以支持用户除了通过传统的用户名和密码方式登录之外，还可以使用其他的选择来证明身份。

● 票据将被 Web 服务器的密钥进行加密处理，并通过服务器签名保证不可篡改。

● 通常票据随后通过序列化为 Cookie 所支持的字符串响应到浏览器，以支持后继对服务器的请求，它也提供不基于 Cookie 的方案。

这种方式摆脱了对 Web 服务器的 Session 技术的依赖。在实际的请求中，每次请求中都会附带上完整的 Ticket 信息，此信息在服务器端被重新解读出来，获取当前请求用户的身份。在多服务器部署情况下，即使请求被均衡到其他的 Web 服务器，也可以支持用户身份被正确解读出来。

需要注意的是，基于安全考虑，票据的内容是被加密和签名处理的，这就需要保证集群中所有的 Web 服务器使用相同的密钥来处理认证过程。密钥的存放方式通常有如下三种。

- 对于 Windows 10 或者 Windows 7 操作系统，系统提供了用户文件夹支持。密钥就存储在 "%LOCALAPPDATA%\ASP.NET\DataProtection-Keys" 文件夹里，使用 Windows 的 DPAPI 加密。
- 如果程序托管在 IIS 上，密钥被保存在 HKLM 注册表的 ACLed 特殊注册表键，并且只有工作进程可以访问，它使用 Windows 的 DPAPI 加密。
- 如果托管在 Azure 下，密钥存储在 "%HOME%\ASP.NET\DataProtection-Keys" 文件夹里。
- 如果以上都不是，那么密钥是没有被持久化的。

密钥文件是一个 XML 文件，需要保证集群中所有 .NET 服务器使用相同的私钥文件，以支持跨 Web 服务器的加解密。如果使用了不同的密钥，那么可能看到如下的异常，提示我们应用程序在解密的时候找不到指定的密钥。

```
System.Security.Cryptography.CryptographicException: The key {efbb9f35-3a49-4f7f-af19-0f888fb3e04b}
was not found in the key ring.
    2019-09-30T18:34:55.473037193+08:00          at     Microsoft.AspNetCore.DataProtection.KeyManagement.
KeyRingBasedDataProtector.UnprotectCore(Byte[]     protectedData,     Boolean     allowOperationsOnRevokedKeys,
UnprotectStatus& status)
    2019-09-30T18:34:55.473046762+08:00          at     Microsoft.AspNetCore.DataProtection.KeyManagement.
KeyRingBasedDataProtector.DangerousUnprotect(Byte[] protectedData, Boolean ignoreRevocationErrors, Boolean&
requiresMigration, Boolean& wasRevoked)
    2019-09-30T18:34:55.473055477+08:00          at     Microsoft.AspNetCore.DataProtection.KeyManagement.
KeyRingBasedDataProtector.Unprotect(Byte[] protectedData)
    2019-09-30T18:34:55.473064427+08:00          at     Microsoft.AspNetCore.Session.CookieProtection.Unprotect
(IDataProtector protector, String protectedText, ILogger logger)
```

在云原生环境下，来自微软的 Microsoft.AspNetCore.DataProtection.StackExchangeRedis⊖ 提供基于 Redis 的分布式的密钥共享管理，帮助我们实现密钥的分布式管理。所有需要共享密钥的应用需要相同的 Redis 连接地址，和相同的实例名称。然后配置将密钥保存到 Redis 中来实现密钥的共享。如下所示。

```
public IServiceProvider ConfigureServices(IServiceCollection services)
{
    // 建立 Redis 连接
    var redisConnectionString = this.Configuration.GetValue<string>(SigeAppSettings.Redis_Endpoint);
    var redis = ConnectionMultiplexer.Connect(redisConnectionString);

    // 添加 Redis 支持服务
    services.AddStackExchangeRedisCache(options =>
    {
```

⊖ https://www.nuget.org/packages/Microsoft.AspNetCore.DataProtection.StackExchangeRedis

```
            options.Configuration = redisConnectionString;
            options.InstanceName =Assembly.GetExecutingAssembly().FullName;
    });

    // 添加数据保护服务，设置统一的应用程序名称，并指定使用 Reids 存储私钥
    services.AddDataProtection()
        .SetApplicationName(Assembly.GetExecutingAssembly().FullName)
        .PersistKeysToStackExchangeRedis(redis, "DataProtection-Keys");
}
```

对于我们自己管理的 Web 服务器集群，我们可以这样做，但是，如果需要与第三方站点进行集成，我们是没有办法要求使用相同的密钥的。并且我们自己的网站和第三方网站都有自己的票据，以哪一方为标准呢？这就带来了跨应用集成带来的认证问题。它涉及两个技术标准：OAuth 和 OpenID Connect，我们下面详细进行说明。

8.1.2　基于 OAuth 标准的授权

如果我们可以得到用户的身份表示，就可以根据用户的身份来确认用户的权限。前面我们已经讨论了认证问题，验证用户身份问题并不难，验证之后如何表示验证的结果，并用于后继的处理则比较复杂，因为需要面临扩展问题、面临第三方网站集成问题等问题。下面我们重点讨论与第三方网站集成问题。

1．用户身份与第三方网站的集成

对于 Web 应用来说，由于浏览器的支持，基于 Cookie 的方式可以带来会话管理的便利，因为浏览器可以自动帮助我们在请求中附带上身份凭据。如果是 WebAPI 服务，由于客户端不再一定是浏览器，也就没有了自动管理 Cookie 的便利。此时，通常使用令牌（Token）方式来提供身份凭据。在 HTTP 标准中，定义在 RFC 6750[一]中请求头 Authorization 的 Bearer 模式是目前广为使用的传递令牌的方式。

在生活中，令牌方式被广泛使用，例如，在看电影的时候，我们会先买电影票，拿到的电影票上标注了我们被允许看的电影名称，场次，座位等等信息，它上面并没有你的名称，也没有你的电话，电影票就是一种 Token，它的实际作用就是代表我们已经被授权了看电影。可以在生活中发现各种令牌方式的应用，例如参会证、停车证等等。它们代表了各种不同类型的授权。

OAuth 就是广泛使用的授权方案。在微软提供的身份管理解决方案中，就使了 OAuth 标准来解决授权问题。目前广为使用的 OAuth 标准是 2.0[二]，对应的技术文档是 RFC 6749[三]，我们直接以它为例进行说明。

OAuth 要解决的问题就是两个并不直接信任的实体如何基于认证服务来实现信任关

[一]　https://www.rfc-editor.org/rfc/rfc6750.html

[二]　https://oauth.net/2/

[三]　https://www.rfc-editor.org/rfc/rfc6749.html

系。OAuth（Open Authorization，开放授权）是为用户资源的授权定义了一个安全、开放及简单的标准，第三方无须知道用户的账号及密码，就可获取到用户的授权信息，并且这是安全的。

图 8-1 展示了 OAuth 方案的相关方和处理流程。资源拥有者（Resource Owner）就是用户，用户期望访问的资源保存在资源服务器（Resource Server）中，为了访问资源，他使用了客户端应用（Client Application）。这些名词有点抽象，你可以把这个资源服务器看成电影院。

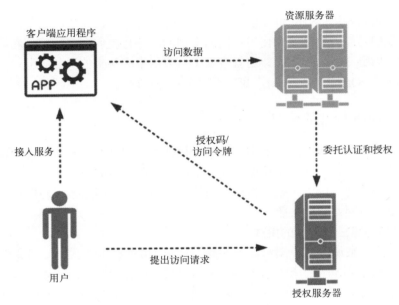

图 8-1 第三方信任问题

虽然用户的资源保存在资源服务器中，但用户并不希望资源服务器持有用户的私密信息，比如账号等。例如，看电影的时候，我们不希望提供身份证号、银行卡号等信息给电影院。怎么解决这个矛盾呢？OAuth 引入了右下角的授权服务器（Authorization Server）。作为受到用户信任的权威方，它可以持有用户的账号信息。不管有多少资源服务器，只需要一个权威的授权服务器存在。在我们的例子中，可以考虑不管去哪个电影院，我们都通过我们信任的某个购票网站来买票。

首先，用户可以通过客户端应用来访问授权服务器，通过输入自己的账号通过验证，然后授权服务器颁发一个代表用户通过授权的访问令牌。在看电影的场景中，这个令牌就是电影票。

然后，我们通过访问令牌来访问资源服务器，也就是我们可以拿着电影票到电影院看电影。

为什么资源服务器看到我们持有的访问令牌就允许我们访问其中的资源呢？这里的关键

是资源服务器信任颁发令牌的权威方：授权服务器，资源服务器可以识别这个访问令牌，并检查它的有效性。在我们例子中，我们电影票是电影院认可的售票方发售的，所以检票员允许我们通过检查。如果我们自己手写一张电影票，就不能通过检票员的检查。

在 OAuth 文档中，经常使用到的一个例子是使用第三方打印照片服务。我们假设你在某个云存储中保存了照片，自然你有一个云存储的账号。现在你希望使用另一个第三方的打印照片服务商来打印输出照片，所以，你还有一个云打印的账号。显然我们不希望自己将照片从云存储中下载下来，然后重新上传到打印服务器的站点。更希望打印服务商可以直接访问云存储来获得照片。

最早的方式很简单，我们将自己的云存储访问账号直接设置到打印服务商的账号上，这样打印服务商可以直接使用我们的账号去访问照片。简单是简单了，安全就谈不上了。

如何在不将自己的账号告诉第三方打印服务商，还可以让打印服务商代理自己访问云存储呢？此类问题就是 OAuth 要解决的问题。根本的目的是如何授权第三方在没有实际账号的场景下，代理用户访问资源问题。所以我们说 OAuth 2.0 是一个授权协议。

OAuth 引入了一个授权层，用来分离两种不同的角色：客户端和资源所有者。……资源所有者同意以后，授权服务器可以向客户端颁发令牌。客户端通过令牌，去请求数据。

在云打印照片这个示例中，客户端就是打印照片的服务商，资源所有者就是照片的所有者。

在 OAuth 的语境下，有几个基本概念需要了解一下。

- Third-Party Application：第三方应用程序，在上面的例子中就是打印照片服务这个应用，具体来说它是一个网站。
- Resource Owner：资源所有者，又称"用户"（User）。
- User Agent：用户代理，就是用户用来操作系统的软件，在这里就是指浏览器。
- HTTP Service：HTTP 服务提供商，简称服务提供商，即云存储的服务商。
- Authorization Server：授权服务器，即服务提供商专门用来处理授权的权威服务器。
- Resource Server：资源服务器，即服务提供商存放用户生成的资源的服务器。

服务提供商提供了用户的认证服务和资源管理服务。而资源服务器和授权服务器，可以是同一台服务器，也可以是不同的服务器。这 3 个概念有很强的相关性。当我们想特别说明认证服务器的时候，就把它特别指出来。

对于云打印照片这里例子来说，就是我们希望在通过浏览器访问云打印网站的时候，能够在不将自己的存储账号提供给云打印网站的情况下，让云打印网站代理我们自动从存储网站中获得照片并打印出来。从前面的介绍我们可以得到解决的方案，就是我们使用自己的存储账号来访问存储服务的授权服务器，获得一个访问令牌，其中声明了允许此令牌访问的资源范围，然后将此令牌传递给云打印服务，云打印服务使用该令牌来访问存储服务获得照片资源。

该方案有两个基本问题需要解决。

- 如何保证资源方与第三方的信任问题，即存储服务为什么可以信任云打印服务提供的访问令牌，它会不会是伪造的。如果另外的某个网站获取了这个访问令牌，也可以使用它吗？

- 如何保证令牌的安全，令牌会不会被伪造，会不会超范围滥用。

这里涉及双向信任问题，指授权服务器与第三方应用之间的双向信任。为了解决这个问题，第三方应用如果需要支持对资源服务器的委托访问，就必须首先要到授权服务器上进行注册，这里面有一个重要的信息就是第三方应用的回调地址，认证服务器会使用它来验证第三方的有效性。经过审核批准之后，会得到相应的 Client Id 和相应的客户端密钥 Client Secret，第三方应用需要保管好这组信息。在申请令牌的时候会使用它们，这就保证了能够申请令牌的第三方一定是经过认证的第三方。反过来说，第三方应用自己也需要保存好认证方的信息，最重要的是认证方的访问地址。在申请令牌的时候要向这个地址发出认证请求。为了保证这些信息不会被仿冒，它们之间的通信需要使用 HTTPS 进行保护和确认，还需要使用数字证书来保证信息安全有效。

在构建了双向信任之后，第三方应用可以向授权服务器申请访问令牌 Access Token，用户输入的验证信息是提交给授权服务器的，第三方应用不能获得验证信息。基于第三方应用的不同安全模型，OAuth 2.0 支持多种申请令牌的方式，需要根据客户端应用的安全模型来使用对应的申请令牌的方式，在 OAuth 2.0 中将这些不同的申请令牌方式称为为 Flow，Flow 中使用的授权类型称为 Grant Type。

OAuth 标准开始的时候提供的申请访问令牌的 Flow 有以下 4 种。

- Implicit Flow：也称之为 2 Legged OAuth。所有 OAuth 的过程都在浏览器中完成，且 Access Token 通过 Authorization Request（Front Channel Only）直接返回，不支持 Refresh Token，安全性不高。

- Authorization Code：也称之为 3 Legged OAuth。使用 Front Channel 和 Back Channel。Front Channel 负责 Authorization Code Grant。Back Channel 负责将 Authorization Code 换成（Exchange）Access Token 以及 Refresh Token。

- Client Credential Flow：对于 server-to-server 的场景。通常使用这种模式。在这种模式下要保证 Client Secret 不会被泄露。

- Resource Owner Password Flow：类似于直接用户名，密码的模式，不推荐使用。

当前前两种方式已经不推荐使用了，这里只针对常见的两种授权方式：密码式（Resource Owner Password）授权和授权码式（Authorization Code）授权进行说明。

2. 资源所有者密码式授权

密码式授权最好理解，就是直接使用用户名和密码来换取访问令牌。它用于可以被高度信任的应用，意思是你确信该应用不会滥用你的用户名和密码。比如你的银行软件。此类应用直接使用你的密码，来申请令牌，这种方式称为"密码式"（Password）。

第一步，客户端向授权服务商发送用户名和密码申请访问令牌。

```
POST /oauth/token HTTP/1.1
Host: authorization-server.com

grant_type=password
&username=user@example.com
&password=1234luggage
&client_id=xxxxxxxxxx
&client_secret=xxxxxxxxxx
```

上面的 URL 中，grant_type 参数是授权方式，它的值 password 表示申请方式为密码式，username 和 password 是用户名和密码。这里还需要提供客户端注册的身份信息。

第二步，授权服务器验证身份通过后，直接给出令牌。注意，这时不需要跳转，而是把令牌放在 JSON 数据里面，作为 HTTP 回应，客户端直接取得访问令牌。

这种方式需要用户给出自己的用户名/密码，显然风险很大，因此必须是用户高度信任的应用。

3．使用授权码授权

由于访问令牌代表了用户的授权，我们不希望它暴露在不安全的地方，它应该被安全保存在可靠的位置。

在 Web 环境下，实际的使用场景会涉及用户端浏览器，第三方的 Web 服务器，资源方的 Web 服务器等。由于浏览器天然的不安全性，我们不希望访问令牌暴露到浏览器端，因此借助授权码来规避访问令牌传递的安全问题。使得访问令牌只被用于可靠的第三方 Web 服务器端，而不经过不安全的浏览器。

授权码方式应用更为普遍。不过由于安全环境更为复杂，这种方式的使用也更为复杂。授权码方式指的是第三方应用先通过访问授权服务器的/authorize 端点来申请一个授权码，然后再用该授权码访问授权服务器的/token 端点来获取访问令牌。这种方式是最常用的流程，安全性也最高，它适用于那些有后端的 Web 应用。在申请授权码的时候，授权服务器直接将授权码通过 URL 或者以网页内表单的形式响应到用户的浏览器，此时的通信不能保证安全，这个访问通道被称为前端通道（front channel）。然后授权码提交到应用的服务器端，服务器端再使用收到的授权码直接访问授权服务器的 /token 端点，使用授权码交换得到访问令牌，由于此访问通道是服务器端到服务器的通信，此时的通信可以保证安全，被称为后端通道（back channel），最后收到的访问令牌则是储存在服务器端，而且所有与资源服务器的通信都在后端完成。这样的前后端分离，可以避免令牌泄漏。

这里访问前端通道在浏览器端实现，访问后端通道是在 Web 服务器端实现。

图 8-2 借用来自 RFC 6749[一]中介绍授权码的示意图说明授权码的认证过程。

[一] https://www.rfc-editor.org/rfc/rfc6749.html

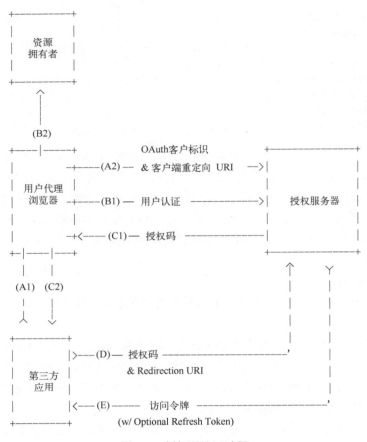

图 8-2　授权码认证过程

步骤 A，跳转到授权服务器，该步骤由 A1 和 A2 两个步骤组成，用户访问第三方应用站点提供的一个链接来访问资源服务器。步骤 A1，由于当前没有得到授权，用户单击后就会跳转到授权方网站。步骤 A2，授权服务器要求授权用户数据给第三方网站使用。下面就是第三方网站跳转授权方网站的一个示例链接。

```
https://b.com/oauth/authorize?
    response_type=code&
    client_id=CLIENT_ID&
    redirect_uri=CALLBACK_URL&
    scope=read
```

上面的 URL 中，response_type 参数表示要求返回授权码（code），client_id 参数让授权方知道是谁在请求，redirect_uri 参数是第三方接受或拒绝请求后的跳转网址，scope 参数表示要求的授权范围（这里是只读）。

步骤 B，用户授权，也由两个步骤（B1 和 B2）组成，在步骤 B2，用户跳转后，授权服务器网站会要求用户登录，由于这是我们信任的服务方，我们可以提供用户的账号信息进行登录。

步骤 C，授权码处理，根据请求的信息，授权服务器询问是否同意给予第三方网站授权。用户表示同意，这时授权方网站通过 HTTP 的响应返回一个 302 重定向响应，重定向的地址就是 redirect_uri 参数指定的网址。同时在重定义的 Url 中包含授权码，图中的步骤 C1，就像下面这样。

```
https://a.com/callback?code=AUTHORIZATION_CODE
```

因为这是重定向响应，浏览器在收到响应后自动向回调地址中的第三方网站发出请求，步骤 C2。这样，授权码就传递到第三方网站的服务器端。这里面的 code 参数就是授权码。

步骤 D，使用授权码换访问令牌，第三方网站拿到授权码以后，就可以直接在服务器端向授权方网站请求访问令牌。这一步不涉及用户使用的浏览器，所以是安全的。

```
https://b.com/oauth/token?
 client_id=CLIENT_ID&
 client_secret=CLIENT_SECRET&
 grant_type=authorization_code&
 code=AUTHORIZATION_CODE&
 redirect_uri=CALLBACK_URL
```

上面的 URL 中，client_id 参数和 client_secret 参数用来让授权服务器确认客户端的身份（client_secret 参数是保密的，因此只能在后端发请求），grant_type 参数的值是 AUTHORIZATION_CODE，表示采用的授权方式是授权码，code 参数是上一步拿到的授权码，redirect_uri 参数是令牌颁发后的回调网址。

步骤 E，授权服务器收到请求以后，就会颁发访问令牌。具体做法是向 redirect_uri 指定的网址，发送一段 JSON 数据。

```
{
    "access_token":"ACCESS_TOKEN",
    "token_type":"bearer",
    "expires_in":2592000,
    "refresh_token":"REFRESH_TOKEN",
    "scope":"read",
    "uid":100101,
    "info":{...}
}
```

以后，第三方应用就可以使用访问令牌来访问资源服务器了。

8.1.3　基于 OpenID Connect 的授权

在互联网上存在着大量的应用，几乎每个的 Web 应用程序都提示用户创建账号并登录。为了创建账号，用户不仅要重新设置密码，还被要求提供他们的名字、电子邮件、口令、以及确认口令。这些要求为用户带来很大的负担，这还带来安全顾虑，许多用户经常为不同的站点使用相同的口令，而很多站点却还不能有效保护这些凭证。OAuth 解决了第三方授权问题，不过，登录管理仍然是由各个 Web 应用独立管理的，OAuth 并不负责认证用户的过程。

OpenID Connect[⊖]，也被简称为 OIDC，开启了联合身份验证，这样用户可以使用同样的身份在众多 Web 应用程序之间进行验证，用户和应用程序都信任身份的提供方，通过将身份管理从传统的单体应用中拆分中出来，也更便于在云原生模式下的多微服务模式开发。更为广泛的说，甚至我们可以信任更为权威的身份提供服务方，例如 Google、微信和微博等等权威身份提供商，用户可以使用权威身份提供商完成登录过程。这种模式消除了每个 Web 应用程序都创建自己的自定义的认证系统的需要，对用户来说，更为简易和便捷。从安全上来说，基于 OIDC 的中心化的身份管理提供了更高的安全性。

来自 OpenID Connect 的官方说明如下。

OpenID Connect 是建立在 OAuth 2.0 协议之上的一个简单身份层。它允许客户端根据授权服务器执行的身份验证来验证最终用户的身份，并以可互操作和类似 REST 的方式获取有关最终用户的基本配置信息。

OpenID Connect 允许所有类型的客户端（包括基于 Web 的客户端、移动客户端和 JavaScript 客户端）请求和接收有关经过身份验证的会话和最终用户的信息。规范套件是可扩展的，允许参与者使用可选的功能，如身份数据加密、OpenID 提供者的发现和会话管理，如果这对他们有意义的话。

官方的说法还是比较官方，简单来说，OpenID Connect 有两个要点。

● 支持 OAuth 的授权流，所以，前面的 OAuth 知识继续有效。
● 支持了对用户身份的管理，可以统一验证用户的身份，并提供了一种新的令牌 ID Token 专门用来表示用户的身份，它是可以跨服务的身份表示形式。

从技术上讲，OIDC 在 OAuth 的基础上做了两点增强：

● 增加了名为 openid 的 scope 支持，在认证中通过增加它来声明使用 OIDC 方式，在返回的令牌中，会为用户提供一个唯一的名为 subject_id 的标识。
● 在返回 Access Token 这一步，授权服务器可以返回 Access Token 和 ID Token。

尽管 OpenID Connect 最终的授权流程与 OAuth 相当相似，但由于可能会发生重放攻击，因此，身份验证所需的安全措施与授权的安全防范措施有很大的不同。当出于恶意目的再次利用合法凭据时，会发生重放攻击。

我们希望阻止以下两种主要类型的重放攻击。

● 攻击者捕获用户登录站点的 OAuth 凭据，随后用于相同的站点。
● 恶意的应用程序开发者使用登录他的恶意应用而颁发给某个用户的 OAuth token，以便在另外的合法应用程序中模拟该用户。

OAuth 2.0 规范要求 OAuth 端点和 API 通过 SSL/TLS 来阻止中间人攻击，比如第一种场景。

⊖ https://openid.net/connect/

需要防止恶意应用程序开发人员重放他们的应用程序收到的合法 OAuth 凭据，以便在另一应用程序上模拟其中的用户，这需要一个特定于 OpenID Connect 的解决方案。该方案就是 Check ID 端点。Check ID 端点用于验证由 OAuth 提供者颁发的凭据被颁发给正确的应用程序。

简化的做法是通过验证 JWT 格式的访问令牌来确认有效性，因为访问令牌中包含了令牌的签发方、令牌的被授予方信息，对 JWT 的数字签名保证了令牌的不可篡改和防伪特性。这样客户端应用可以缓解对 Check ID 端点的调用。

需要注意的是，Access Token 与 ID Token 的格式都是 JWT 格式，因此可能带来使用上的困惑，Access Token 是用于授权访问的，其中应该只包含有限的用户信息，因为其中的内容是可以被查看的。而 ID Token 是专门用来表示用户信息的，它可以包含更详尽的用户信息，它支持在不访问 userinfo 端点的情况下，获取用户的详细信息。

一种新的认证模式 Hybrid 也被增加进来，它是对授权码模式的增强，顾名思义，Hybrid 的意思就是混合，是可以在返回授权码的同时，额外返回 ID Token 或者 Token。所以在 Hybrid 模式下，此时的响应类型就支持 3 种组合：

- Code 和 ID Token：当 reponse_type 为这种类型的时候，授权码和 ID Token 从 /authorize 授权端点发行返回，然后 Access Token 和 ID Token 会从/token 端点发行返回。
- Code 和 Token：当 reponse_type 为这种类型的时候，授权码和 Access Token 从 /authorize 授权端点发行返回，然后 Access Token 和 ID Token 会从 /token 端点发行返回。
- Code、ID Token 和 Token：当 reponse_type 为这种类型的时候，授权码、Access Token 和 ID Token 从/authorize 授权端点发行返回，然后 Access Token 和 ID Token 会从/token 端点发行返回。

使用 Hybrid 模式，可以在访问/authorize 端点的时候，直接得到用户的身份令牌 ID Token。而不需要客户端密钥的参与。

8.1.4　认证过程的改进：PKCE

在上面介绍的两种申请访问令牌的方式中，可以看到客户端密钥都需要被用于申请访问令牌的请求中。对于服务器端的后端通道，它可以安全使用。对于日益流行的前端应用，例如单页应用，客户端密钥就不能安全使用了，因为它并不能保护自己的客户端密钥。OAuth 2.0 核心规范定义了两种客户端类型，机密的（Confidential），和公开的（Public），区分这两种类型的方法是，判断这个客户端是否有能力维护自己的机密性凭据 Client_Secret。

- Confidential：对于普通服务器端 Web 应用来说，虽然用户可以访问到前端页面，但是数据都来自服务器的后端 API 服务，前端只是获取授权码，而通过 Code 换取 Access Token 这一步是在服务器端完成的，普通用户无法触碰到服务器，所以，这种类型的客户端有能力维护密码或者密钥的安全性，这种类型的客户端称为机密的客户端。

● Public：客户端本身没有能力保护密钥信息，比如桌面软件，手机 App，单页面程序
（SPA），因为这些应用是发布出去的，实际上也就没有安全可言，恶意攻击者可以通
过反编译等手段查看到客户端的密钥，这种是公开的客户端。

在 RFC 7636[⊖]中，新增加了申请访问令牌方式：PKCE。PKCE 全称是 Proof Key for
Code Exchange，它在 2015 年发布，是 OAuth 2.0 核心的一个扩展协议，所以可以和现有的
授权模式结合使用，比如 Authorization Code + PKCE，这也是最佳实践。PKCE 最初是为移
动设备应用和本地应用创建的，主要是为了减少公共客户端的授权码拦截攻击。它的原理是
客户端提供一个自创建的证明给授权服务器，授权服务器通过它来验证客户端，确保访问令
牌（Access_Token）颁发给真实的客户端而不是仿冒者。

在最新的 OAuth 2.1 规范中（草案），推荐所有客户端都使用 PKCE，而不仅仅是公共客
户端，并且移除了 Implicit 隐式和 Password 两种模式。

PKCE 主要是为了减少公开客户端的授权码拦截攻击。

在 OAuth 2.0 授权码模式（Authorization Code）中，客户端通过授权码 Code 向授权服
务器获取访问令牌（Access_Token）时，同时还需要在请求中携带客户端密钥
（Client_Secret），授权服务器对其进行验证，保证 Access_Token 颁发给了合法的客户端，对
于公开的客户端来说，本身就有密钥泄露的风险，所以就不能使用常规 OAuth 2.0 的授权码
模式，于是就针对这种不能使用 Client_Secret 的场景，衍生出了 Implicit 隐式模式，这种
模式从一开始就是不安全的。在经过一段时间之后，PKCE 扩展协议推出，就是为了解决公
开客户端的授权安全问题。

在 OAuth 2.0 核心规范中，要求授权服务器的 Authorize 端点和 Token 端点必须使用
TLS（安全传输层协议）保护，但是当授权服务器返回携带授权码 Code 的回调地址响应到
浏览器的时候，有可能第三方网站没有使用 HTTPS 协议，不受 TLS 的保护，恶意程序就
可以在这个过程中拦截授权码 Code，拿到 Code 之后，通过 Code 向授权服务器换取访问
令牌 Access_Token，对于机密的客户端来说，客户端的密钥 Client_Secret 保存在后端服务
器上，所以恶意程序难以获得客户密钥，而对于公开的客户端（手机 App，桌面应用）来
说，本身没有能力保护 Client_Secret，因为可以通过反编译等手段，拿到客户端
Client_Secret，然后通过授权码 Code 换取 Access_Token。

PKCE 是怎么解决这个问题呢？既然固定的 Client_Secret 是不安全的，那就不使用
Client_Secret，而是每次请求生成一个随机的密钥（Code_Verifier），然后使用标准算法
（Code_Challenge_Method）根据此随机密钥生成一个加密的密钥，称为 Code_Challenge。第
一次请求到授权服务器的 Authorize 端点时，携带这个加密的密钥 Code_Challenge 和
Code_Challenge_Method，也就是只传递随机密钥 Code_Verifier 转换后的值和转换方法，然
后授权服务器需要把这两个参数缓存起来。

在下面的示例请求中可以看到没有了 Client_Secret 参数，增加了 Code_Challenge 和

⊖ https://www.rfc-editor.org/rfc/rfc7636

Code_Challenge_Method 参数，认证方式还是授权码方式。

```
GET /oauth2/authorize
https://www.authorization-server.com/oauth2/authorize?
response_type=code
&client_id=s6BhdRkqt3
&scope=user
&state=8b815ab1d177f5c8e
&redirect_uri=https://www.client.com/callback
&code_challenge_method=S256
&code_challenge=FWOeBX6Qw_krhUE2M0lOIH3jcxaZzfs5J4jtai5hOX4
```

第二次请求到 Token 端点时，携带生成的随机密钥的原始值（Code_Verifier），然后授权服务器进行验证，所以就算恶意程序拦截到了授权码 Code，但是没有 Code_Verifier，也是不能获取访问令牌的。

下面的请求中提供了原始的随机密钥用于检查。

```
POST /oauth2/token
Content-Type: application/x-www-form-urlencoded

https://www.authorization-server.com/oauth2/token?
grant_type=authorization_code
&code=d8c2afe6ecca004eb4bd7024
&redirect_uri=https://www.client.com/callback
&code_verifier=2D9RWc5iTdtejle7GTMzQ9Mg15InNmqk3GZL-Hg5Iz0
```

8.1.5　零信任网络

传统的安全模型将网络分解为不同的区域。通过防火墙将用户、设备、服务和应用程序定义到不同的信任域中。在给定信任域内，用户、计算机和服务器可以自由地相互通话。虽然这种模式简单且经济高效，但因为此模型受信任区域比较大，一旦防火墙被攻破，整个安全区域将不存在。

据研究，60%～80% 的网络滥用事件来自内部网络。因为传统的防火墙和入侵检测系统（IDS）主要是针对网络外部发起的攻击，而对来自内部的网络攻击是无效的。

零信任网络是 2010 年由 NIST（美国国家标准与技术研究院）提出的一种网络安全模型。它的核心思想是：不要相信任何人，不要相信任何网络，不要相信任何设备。在这种模型下，系统中的每个用户、每个设备、每个网络都是不可信的，因此，系统中的每个访问请求在授予访问之前都应进行完全身份验证、授权和加密。而零信任架构就是通过建立强大的身份验证、在授予访问权限之前验证设备合规性以及确保仅对明确授权的资源的最小权限访问来降低所有环境的风险，这也是零信任原则的体现"Trust no-one. Verify everything"。零信任网络在网络边缘强制实施安全策略，并在源头遏制恶意流量。通常需要遵守以下 4 个原则。

- 验证用户：基于位置、设备、网络等因素，对用户进行身份验证，确保用户的身份是真实的。
- 验证设备：基于设备的特征，对设备进行身份验证。通常只允许已经通过身份验证的设备访问网络。
- 限制访问和权限：对用户、设备、网络等进行访问控制，限制用户、设备、网络的访问权限，只赋予最小可访问权限。
- 自我保护：对用户、设备、网络等进行监控，发现异常行为，及时进行响应，保护网络安全。

8.2 基于 IdentityServer4 实现 OpenID Connect

IdentityServer 是一个专注于实现基于 .NET 技术的 OpenID Connect 标准的项目，其中的 IdentityServer4 是它的最后一个开源实现版本。IdentityServer4[⊖]是一个针对 ASP.NET Core 的实现 OpenID Connect 协议的框架，它以中间件的形式提供对标准协议的支持。它支持协议的核心部分，作为框架，它没有提供诸如登录等 UI 界面。通常你需要自己构建包含登录和注销页面的 ASP.NET Core Web 应用程序，最终构建出标准的 OpenID Connect 服务器。使用方式如图 8-3 所示，你需要自己定义像登录、注销页面这样的部分，结合 IdentityServer4 中间件来构建完整的应用程序，IdentityServer4 负责了其中的协议支持部分。

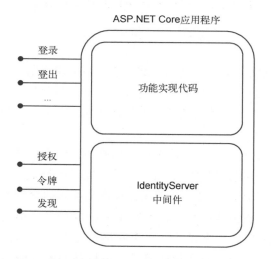

图 8-3　基于 IdentityServer 构建认证服务器

需要特别说明的是，它原来是完全开源免费的，现在授权方式发生了变化。所以，对 IdentityServer4 的安全更新支持到 2022 年 11 月。

⊖　https://identityserver4.readthedocs.io/en/latest/

8.2.1   IdentityServer 的基本概念

IdentityServer 实际上是整个项目的统称，而 IdentityServer4 是其中的实现项目，所以在有些文档中并没有特别区分。在下面的概念描述中，我们使用 IdentityServer 这个名称来进行说明。

IdentityServer 中所涉及的规范和术语如图 8-4 所示（列出了主要的部分），下面分别进行说明。

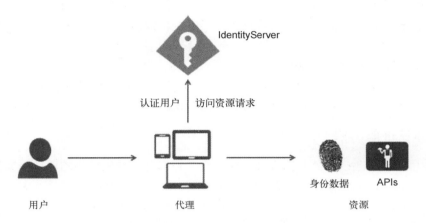

图 8-4   IdentityServer 规范和术语

1．IdentityServer

IdentityServer 是 OpenID Connect 提供者——它实现了 OpenID Connect 和 OAuth 2.0 协议。对于同样的角色，在不同的文档中有时使用不同的术语，你可能还见到过类似于 STS（Security Token Service）、IP（Identity Provider）、Authorization Server、IP-STS 和其他术语，我们在前面就用过 Authorization Server 这个术语。本质上它们是一回事：一个用于为客户端颁发令牌的软件。

IdentityServer 提供了大量的功能，包括以下几项。
- 保护用户的资源。
- 使用本地账号存储来认证用户，或者通过外部的身份提供者认证用户。
- 提供会话管理，单点登录管理和认证客户端。
- 为客户端颁发 ID Token 和 Access Token。
- 验证令牌有效性。

2．User（用户）

IdentityServer 的用户是使用注册的客户端访问资源的人或者软件。

3．Clients（客户端）

客户端是向 IdentityServer 申请令牌的软件——既可以认证用户，请求身份令牌，或者是用来访问资源，请求访问令牌。在向 IdentityServer 请求令牌之前，客户端必须首先在 IdentityServer 上进行注册。

常见的客户端包括 Web 应用程序、移动应用、桌面应用、SPA，服务器端软件等。

4．Resources（资源）

资源就是你希望 IdentityServer 保护的内容，可能是你保存的文件或者照片，也可能是一个 API 资源。API 资源表示客户端希望调用的功能，典型的情况是 Web API。

任何资源都需要一个唯一的名称，客户端通过使用该名称来指定其希望访问的资源。

5．ID Token（身份令牌）

身份令牌表示身份验证过程的结果。它至少包含用户的标识符（sub），以及关于用户如何以及何时进行身份验证的信息。它可以包含其他身份数据。身份数据也被称为声明，包括姓名和电子邮件地址等。

6．Access Token（访问令牌）

访问令牌允许访问 API 资源。客户端请求访问令牌并将其转发到 API。访问令牌包含有关客户端和用户（如果存在）的授权信息。API 使用这些信息来授权对其数据的访问。

8.2.2　创建认证服务器

通过使用 .NET 的 CLI 命令接口 dotnet 命令，可以通过预先提供的项目模板快速创建项目。例如使用 new console 参数创建控制台项目的时候，这个 console 就是预定义的模板。该 dotnet 命令还可以通过-i 参数来安装新的模板。IdentityServer4 就提供了一个预定义在 NuGet 中的模板：IdentityServer4.Templates[⊖]，可以直接在 NuGet 中找到它。

首先在本地安装这个模板，然后使用这个模板就可以直接创建出完整的 IdentityServer4 项目，并直接运行。执行安装模板的命令如下。

```
>dotnet new install IdentityServer4.Templates
```

输出结果如下。

```
The following template packages will be installed:
    IdentityServer4.Templates

Success: IdentityServer4.Templates::4.0.1 installed the following templates:
Template Name                                        Short Name    Language    Tags
--------------------------------------------------   ----------    --------    ------------------
IdentityServer4 Empty                                is4empty      [C#]        Web/IdentityServer4
IdentityServer4 Quickstart UI (UI assets only)       is4ui         [C#]        Web/IdentityServer4
IdentityServer4 with AdminUI                         is4admin      [C#]        Web/IdentityServer4
IdentityServer4 with ASP.NET Core Identity           is4aspid      [C#]        Web/IdentityServer4
IdentityServer4 with Entity Framework Stores         is4ef         [C#]        Web/IdentityServer4
IdentityServer4 with In-Memory Stores and Test Users is4inmem      [C#]        Web/IdentityServer4
```

这意味着该命令已经安装了多个模板。

⊖　https://www.nuget.org/packages/IdentityServer4.Templates

8.2.3　IdentityServer 对认证流的支持

在前面的内容介绍了各种认证类型，在 IdentityServer 中通过 GrantType 类型表示，通过字符串常量对各种授权类型进行了定义，代码如下所示。

```
namespace IdentityServer4.Models
{
    public static class GrantType
    {
        public const string Implicit = "implicit";
        public const string Hybrid = "hybrid";
        public const string AuthorizationCode = "authorization_code";
        public const string ClientCredentials = "client_credentials";
        public const string ResourceOwnerPassword = "password";
        public const string DeviceFlow = "urn:ietf:params:oauth:grant-type:device_code";
    }
}
```

源码来源：https://github.com/IdentityServer/IdentityServer4/blob/main/src/Storage/src/Models/GrantType.cs

由于组合情况的存在，实际使用的授权类型定义为 GrantTypes，变成了字符串集合，代码如下所示。

```
namespace IdentityServer4.Models
{
    public class GrantTypes
    {
        public static ICollection<string> Implicit =>
            new[] { GrantType.Implicit };

        public static ICollection<string> ImplicitAndClientCredentials =>
            new[]   { GrantType.Implicit, GrantType.ClientCredentials };

        public static ICollection<string> Code =>
            new[] { GrantType.AuthorizationCode };

        public static ICollection<string> CodeAndClientCredentials =>
            new[] { GrantType.AuthorizationCode, GrantType.ClientCredentials };

        public static ICollection<string> Hybrid =>
            new[] { GrantType.Hybrid };

        public static ICollection<string> HybridAndClientCredentials =>
            new[] { GrantType.Hybrid, GrantType.ClientCredentials };

        public static ICollection<string> ClientCredentials =>
```

```
            new[] { GrantType.ClientCredentials };

        public static ICollection<string> ResourceOwnerPassword =>
            new[] { GrantType.ResourceOwnerPassword };

        public static ICollection<string> ResourceOwnerPasswordAndClientCredentials =>
            new[] { GrantType.ResourceOwnerPassword, GrantType.ClientCredentials };

        public static ICollection<string> DeviceFlow =>
            new[] { GrantType.DeviceFlow };
    }
}
```

源码来源：https://github.com/IdentityServer/IdentityServer4/blob/main/src/IdentityServer4/src/Models/GrantTypes.cs

由于 PKCE 是对认证过程的增强，它实际上是通过 Client 类型的一个属性 RequirePkce 来表示出来的。代码摘要如下所示。

```
namespace IdentityServer4.Models
{
    public class Client
    {
        public bool Enabled { get; set; } = true;
        public string ClientId { get; set; }
        public string ProtocolType { get; set; } = IdentityServerConstants.ProtocolTypes.OpenIdConnect;
        public ICollection<Secret> ClientSecrets { get; set; } = new HashSet<Secret>();
        public ICollection<string> AllowedGrantTypes
        {
            get { return _allowedGrantTypes; }
            set
            {
                ValidateGrantTypes(value);
                _allowedGrantTypes = new GrantTypeValidatingHashSet(value);
            }
        }

        public bool RequirePkce { get; set; } = true;
        // ......
    }
}
```

源码来源：https://github.com/IdentityServer/IdentityServer4/blob/main/src/Storage/src/Models/Client.cs

可以看到，默认使用的协议为 OpenID Connect，并启用了 PKCE 的支持，授权类型则使用了一个字符串的集合表示。

8.3　实战演练：在 **eShopOnContainers** 中集成身份认证服务

在 src/Services/Identity/Identity.API 文件夹中，提供对项目中身份管理的支持，实现了一个支持 OpenID Connect 协议的认证服务器。

8.3.1　服务器端配置

所有的 OpenID Connect 客户端都需要先进行注册才能使用。在 src/Services/Identity/Identity.API/Configuration/Config.cs 中，对身份服务器的客户端服务进行配置和注册。

对于 ASP.NET Core MVC 应用来说，服务器端的 Web 应用是机密客户端（Confidential Client），它是传统的服务器端 Web 应用。

由于需要长时间访问（long-lived access），所以它需要 refresh token。因此它可以使用 Authorization Code Flow 或 Hybrid Flow。

在这里 Hybrid Flow 可以让客户端首先从授权端点获得一个 ID Token 并通过前端通道（front-channel）得到，这样我们就可以验证这个 ID Token。在验证成功后，客户端再打开一个后端通道（back-channel），从 Token 端点获取 Access Token。

首先，看 Web 客户端的配置，通过对 AllowedGrantTypes 赋予 GrantTypes.Hybrid，它使用了 Hybrid 认证流。

```
new Client
{
    ClientId = "mvc",
    ClientName = "MVC Client",
    ClientSecrets = new List<Secret>
    {
        new Secret("secret".Sha256())
    },
    ClientUri = $"{clientsUrl["Mvc"]}",                          // 客户端地址
    AllowedGrantTypes = GrantTypes.Hybrid,
    AllowAccessTokensViaBrowser = false,
    RequireConsent = false,
    AllowOfflineAccess = true,
    AlwaysIncludeUserClaimsInIdToken = true,
    RedirectUris = new List<string>
    {
        $"{clientsUrl["Mvc"]}/signin-oidc"
    },
    PostLogoutRedirectUris = new List<string>
    {
        $"{clientsUrl["Mvc"]}/signout-callback-oidc"
    },
    AllowedScopes = new List<string>
    {
        IdentityServerConstants.StandardScopes.OpenId,
```

```
        IdentityServerConstants.StandardScopes.Profile,
        IdentityServerConstants.StandardScopes.OfflineAccess,
        "orders",
        "basket",
        "webshoppingagg",
        "orders.signalrhub",
        "webhooks"
    },
    AccessTokenLifetime = 60*60*2, // 2 hours
    IdentityTokenLifetime= 60*60*2 // 2 hours
}
```

前面已经看到，默认使用的协议为 OpenID Connect，并启用了 PKCE 的支持。所以已经开启了 PKCE 的支持。

而 SPA 的 JavaScript 客户端则使用了 Implicit 流，默认也是启用 PKCE 支持的，代码如下所示。

```
// JavaScript Client
new Client
{
    ClientId = "js",
    ClientName = "eShop SPA OpenId Client",
    AllowedGrantTypes = GrantTypes.Implicit,
    AllowAccessTokensViaBrowser = true,
    RedirectUris =              { $"{clientsUrl["Spa"]}/" },
    RequireConsent = false,
    PostLogoutRedirectUris = { $"{clientsUrl["Spa"]}/" },
    AllowedCorsOrigins =        { $"{clientsUrl["Spa"]}" },
    AllowedScopes =
    {
        IdentityServerConstants.StandardScopes.OpenId,
        IdentityServerConstants.StandardScopes.Profile,
        "orders",
        "basket",
        "webshoppingagg",
        "orders.signalrhub",
        "webhooks"
    },
}
```

在 src/Services/Identity/Identity.API/Data/ConfigurationDbContextSeed.cs 中，取得客户端的回调地址，并配置到数据库中。

```
//callbacks urls from config:
var clientUrls = new Dictionary<string, string>();

clientUrls.Add("Mvc", configuration.GetValue<string>("MvcClient"));
clientUrls.Add("Spa", configuration.GetValue<string>("SpaClient"));
clientUrls.Add("Xamarin", configuration.GetValue<string>("XamarinCallback"));
```

```
clientUrls.Add("BasketApi", configuration.GetValue<string>("BasketApiClient"));
clientUrls.Add("OrderingApi", configuration.GetValue<string>("OrderingApiClient"));
clientUrls.Add("MobileShoppingAgg", configuration.GetValue<string>("MobileShoppingAggClient"));
clientUrls.Add("WebShoppingAgg", configuration.GetValue<string>("WebShoppingAggClient"));
clientUrls.Add("WebhooksApi", configuration.GetValue<string>("WebhooksApiClient"));
clientUrls.Add("WebhooksWeb", configuration.GetValue<string>("WebhooksWebClient"));
```

这些配置信息部分来自 src/Services/Identity/Identity.API/appsettings.json，代码如下所示。

```
{
    "MvcClient": "http://localhost:5100",
    "SpaClient": "http://localhost:5104",
    "XamarinCallback": "http://localhost:5105/xamarincallback",
    // ...
}
```

部分来自 src/docker-compose.override.yml 中定义的环境变量。

```
identity-api:
  environment:

    - SpaClient=http://${ESHOP_EXTERNAL_DNS_NAME_OR_IP}:5104
    - XamarinCallback=http://${ESHOP_PROD_EXTERNAL_DNS_NAME_OR_IP}:5105/xamarincallback
    - MvcClient=http://${ESHOP_EXTERNAL_DNS_NAME_OR_IP}:5100
    - BasketApiClient=http://${ESHOP_EXTERNAL_DNS_NAME_OR_IP}:5103
    - OrderingApiClient=http://${ESHOP_EXTERNAL_DNS_NAME_OR_IP}:5102
    - MobileShoppingAggClient=http://${ESHOP_EXTERNAL_DNS_NAME_OR_IP}:5120
    - WebShoppingAggClient=http://${ESHOP_EXTERNAL_DNS_NAME_OR_IP}:5121
    - WebhooksApiClient=http://${ESHOP_EXTERNAL_DNS_NAME_OR_IP}:5113
    - WebhooksWebClient=http://${ESHOP_EXTERNAL_DNS_NAME_OR_IP}:5114

  ports:
    - "5105:80"

basket-api:
  environment:
    - identityUrl=http://identity-api
    - IdentityUrlExternal=http://${ESHOP_EXTERNAL_DNS_NAME_OR_IP}:5105
webmvc:
  environment:
    - IdentityUrl=http://${ESHOP_EXTERNAL_DNS_NAME_OR_IP}:5105

webspa:
  environment:
    - IdentityUrl=http://${ESHOP_EXTERNAL_DNS_NAME_OR_IP}:5105
```

在 docker-compose 环境下运行的时候，最终这些环境变量将会覆盖 appsettings.json 中的配置信息。在 src/.env 文件的介绍中，我们已经看到，在 Windows 环境下，这里的 ESHOP_EXTERNAL_DNS_NAME_OR_IP 实际上为：host.docker.internal，表示 docker 环境在宿主机

201

上的内部地址，不是 docker-compose 内部的网络地址。

8.3.2 客户端配置

MVC 项目作为一个基于服务器的 Web 应用，它通过 Identity 服务器来进行登录并获得访问令牌，然后使用访问令牌访问后端 API。

1. 配置 OpenID Connect 客户端

在 MVC 项目中，由于 Identity 服务器支持 OpenID Connect 标准，所以可以使用标准的认证支持模块来对接，项目中使用的是 Microsoft.AspNetCore.Authentication.OpenIdConnect 这个标准 NuGet 包。只需要依据标准进行配置。

```
// Add Authentication services

services.AddAuthentication(options =>
{
    options.DefaultScheme = CookieAuthenticationDefaults.AuthenticationScheme;
    options.DefaultChallengeScheme = JwtBearerDefaults.AuthenticationScheme;
})
.AddCookie(setup => setup.ExpireTimeSpan = TimeSpan.FromMinutes(sessionCookieLifetime))
.AddOpenIdConnect(options =>
{
    options.SignInScheme = CookieAuthenticationDefaults.AuthenticationScheme;
    options.Authority = identityUrl.ToString();
    options.SignedOutRedirectUri = callBackUrl.ToString();
    options.ClientId = "mvc";
    options.ClientSecret = "secret";
    options.ResponseType = "code id_token";
    options.SaveTokens = true;
    options.GetClaimsFromUserInfoEndpoint = true;
    options.RequireHttpsMetadata = false;
    options.Scope.Add("openid");
    options.Scope.Add("profile");
    options.Scope.Add("orders");
    options.Scope.Add("basket");
    options.Scope.Add("webshoppingagg");
    options.Scope.Add("orders.signalrhub");
});
```

具体代码见：src/Web/WebMVC/Startup.cs

客户端配置的 ResponseType 需要匹配在 Identity 服务器上注册的 GrantTypes。由于 mvc 应用注册的是 GrantTypes.Hybrid 类型，这里的 ResponseType 使用了"code id_token"。

对于 SPA 前端应用来说，它的客户端主要配置信息如下所示。

```
let authorizationUrl = this.authorityUrl + '/connect/authorize';
let client_id = 'js';
let redirect_uri = location.origin + '/';
let response_type = 'id_token token';
```

```
let scope = 'openid profile orders basket webshoppingagg orders.signalrhub';
let nonce = 'N' + Math.random() + " + Date.now();
let state = Date.now() + " + Math.random();
```

具体代码见：src/Web/WebSPA/Client/src/modules/shared/services/security.service.ts

由于它是前端应用，访问令牌需要直接响应到浏览器端，这里的 response_type 被配置为 'id_token token'。

2．访问令牌

经过 Identity 服务器的认证之后，最终客户端获得访问令牌，用于随后的 API 访问。

基于安全的原因，MVC 项目使用的访问令牌是在 Web 服务器端获得和使用的。而 SPA 应用需要在前端使用访问令牌，这里将 SPA 应用所申请到的访问令牌展示在这里。

```
{
  "nbf": 1668859851,
  "exp": 1668863451,
  "iss": "null",
  "aud": [
    "orders",
    "basket",
    "webshoppingagg",
    "orders.signalrhub"
  ],
  "client_id": "js",
  "sub": "bc61ea27-0fc7-4540-b9d0-e59fed5552df",
  "auth_time": 1664192689,
  "idp": "local",
  "preferred_username": "demouser@microsoft.com",
  "unique_name": "demouser@microsoft.com",
  "name": "DemoUser",
  "last_name": "DemoLastName",
  "card_number": "4012888888881881",
  "card_holder": "DemoUser",
  "card_security_number": "535",
  "card_expiration": "12/25",
  "address_city": "Redmond",
  "address_country": "U.S.",
  "address_state": "WA",
  "address_street": "15703 NE 61st Ct",
  "address_zip_code": "98052",
  "email": "demouser@microsoft.com",
  "email_verified": false,
  "phone_number": "1234567890",
  "phone_number_verified": false,
  "scope": [
    "openid",
    "profile",
    "orders",
    "basket",
```

```
        "webshoppingagg",
        "orders.signalrhub"
    ],
    "amr": [
        "pwd"
    ]
}
```

8.3.3　保护购物车 API

购物车作为一种 API 资源，首先需要作为受保护的资源在 Identity 服务器上定义。在需要访问它的时候，需要在申请访问令牌的时候声明。通过之后，它会出现在访问令牌中，并支持后继的 API 访问。

1. 注册 API 资源

API 被视为一种受到保护的资源，购物车 API 首先在 Identity 服务器上注册为名为 basket 的一种资源。

```
public class Config
    {
        // ApiResources define the apis in your system
        public static IEnumerable<ApiResource> GetApis()
        {
            return new List<ApiResource>
            {
                // ......
                new ApiResource("basket", "Basket Service"),
```

具体代码见：src/Services/Identity/Identity.API/Configuration/Config.cs

API 资源在 Identity 服务上被从两个角度来使用：

- 视为 audience，作为被访问的资源服务器的授权标识，授权最终是要在 API 服务上消费的，API 服务器必须是令牌的被授予方。
- 视为 scope 来使用，所以 API 资源的名称对应于自定义的一种 scope 名称。

购物车 API 本质上是一种后台服务，它是被前台应用所使用的，访问令牌也是前台应用所申请，所以，在前台应用申请访问令牌的时候，需要指定申请该 scope 的名称。例如，在 MVC 项目所支持的 scope 列表中，列出了 basket 这个自定义的 scope。

```
AllowedScopes = new List<string>
                {
                    IdentityServerConstants.StandardScopes.OpenId,
                    IdentityServerConstants.StandardScopes.Profile,
                    IdentityServerConstants.StandardScopes.OfflineAccess,
                    "orders",
                    "basket",
                    "webshoppingagg",
                    "orders.signalrhub",
```

```
                        "webhooks"
                    },
```

具体代码见：src/Services/Identity/Identity.API/Configuration/Config.cs

而在 MVC 项目中，在 Starup.cs 中配置对 OpenID Connect 协议的支持。注意其中添加了对 basket 这个 scope 的申请。

```
.AddOpenIdConnect(options =>
{
    options.SignInScheme = CookieAuthenticationDefaults.AuthenticationScheme;
    options.Authority = identityUrl.ToString();
    options.SignedOutRedirectUri = callBackUrl.ToString();
    options.ClientId = "mvc";
    options.ClientSecret = "secret";
    options.ResponseType = "code id_token";
    options.SaveTokens = true;
    options.GetClaimsFromUserInfoEndpoint = true;
    options.RequireHttpsMetadata = false;
    options.Scope.Add("openid");
    options.Scope.Add("profile");
    options.Scope.Add("orders");
    options.Scope.Add("basket");
    options.Scope.Add("webshoppingagg");
    options.Scope.Add("orders.signalrhub");
});
```

所以，当用户登录之后，MVC 服务器会最终得到真正的访问令牌，这个令牌中支持了 basket 这个 scope 的访问授权，由于 basket 实际上在 Identity 服务器内部对应的是 API 资源，在生成的访问令牌的 aud 字段中也会包含 basket 这个 API 资源服务的标识。 MVC 服务器使用这个访问令牌去访问 basket API，basket API 也是令牌的被授予方。在前面展示的访问令牌中，可以看到 basket 同时出现在 aud 和 scope 两个部分。

```
{
  // ......
  "aud": [
    "orders",
    "basket",
    "webshoppingagg",
    "orders.signalrhub"
  ],
    "scope": [
    "openid",
    "profile",
    "orders",
    "basket",
    "webshoppingagg",
    "orders.signalrhub"
  ],
```

```
    // ......
    }
```

现在可以回到 basket API 服务本身了。

2. 在购物车 API 中支持访问令牌

首先看一下它对 Identity 服务器的访问地址配置。

```
basket-api:
    environment:
      - identityUrl=http://identity-api
      - IdentityUrlExternal=http://${ESHOP_EXTERNAL_DNS_NAME_OR_IP}:5105
```

注意，它配置了 docker-compose 内部和外部两个访问 Identity 服务器的地址。其实，对于购物车 API 本身，只需要使用容器中的地址，因为它只使用服务器的内部通道。外部地址是用来支持 Swagger 的用户界面，这样用户可以直接使用 Swagger 来获得访问令牌。

在购物车项目的 src/Services/Basket/Basket.API/Startup.cs 文件中，配置了对 API 访问的安全支持。

```
private void ConfigureAuthService(IServiceCollection services)
{
    // prevent from mapping "sub" claim to nameidentifier.
    JwtSecurityTokenHandler.DefaultInboundClaimTypeMap.Remove("sub");

    var identityUrl = Configuration.GetValue<string>("IdentityUrl");

    services.AddAuthentication(options =>
    {
        options.DefaultAuthenticateScheme = JwtBearerDefaults.AuthenticationScheme;
        options.DefaultChallengeScheme = JwtBearerDefaults.AuthenticationScheme;

    }).AddJwtBearer(options =>
    {
        options.Authority = identityUrl;
        options.RequireHttpsMetadata = false;
        options.Audience = "basket";
    });
}
```

由于使用的是标准的 JWT 访问令牌，所以使用来自 Microsoft.AspNetCore.Authentication.JwtBearer 的支持就可以。这里配置了基于 JwtBearer 的认证模式，并设置了需要检查令牌的签发方和申请方，在默认的配置下，会使用这里配置的令牌颁发方和授予方来验证收到的访问令牌。

为了支持 Swagger，配置了对于在 Swagger 页面上获取访问令牌的支持。因为需要在 Web 页面上操作，这里使用的是外部地址。

```
    options.AddSecurityDefinition("oauth2", new OpenApiSecurityScheme
```

```
{
    Type = SecuritySchemeType.OAuth2,
    Flows = new OpenApiOAuthFlows()
    {
        Implicit = new OpenApiOAuthFlow()
        {
            AuthorizationUrl = new Uri($"{Configuration.GetValue<string>("IdentityUrlExternal")}/ connect/
authorize"),
            TokenUrl = new Uri($"{Configuration.GetValue<string>("IdentityUrlExternal")}/connect/token"),
            Scopes = new Dictionary<string, string>()
            {
                { "basket", "Basket API" }
            }
        }
    }
});
```

8.4　小结

安全永远是信息系统的基础核心，在本章中，我们沿着历史的轨迹，回顾了用户身份管理的认证和授权的历史演变，对目前最为主要的 OAuth 和 OpenID Connect 协议的重要核心进行了说明。通过 eShopOnContainers 应用演示了基于 IdentityServer4 来实现 Identity 服务器，演示了在常见的应用场景中，例如在 Web 客户端和 SPA 应用客户端中，如何使用与 Identity 服务器协作，最终实现对 API 的保护。

第9章
实现云原生应用的可观察性

通过前面章节，我们已经学习了如何将单体应用拆分为基于微服务的云原生应用。微服务通常会被部署到多个容器中以便提供其高可用和扩展性，这些服务通过网络连接在一起，互相通信与协作，实现完整的应用。这种方式也带来了新的挑战：对于如此复杂的环境，开发人员和运维人员如何来了解系统的运行状态？在调试故障和查找系统性能瓶颈的时候，我们又如何获得系统运行的关键信息？

例如，对于 DevOps 来说，云原生带来便利的同时，还有着大量的工作需要完成。DevOps 的关键组成部分之一是确保在生产中运行的应用程序正常运行。若要在生产中观测应用程序的运行状况，必须监视从服务器、主机和应用程序中生成的各种日志和度量指标。这些为支持云原生应用程序而运行的大量的各种服务，使得监控应用程序的运行状况成为一项关键挑战。而运行云原生应用程序所带来的服务数量的增长使得该任务更具挑战性。本章将从可观察性的概念开始，从传统的日志入手，扩展到遥测技术的应用，并介绍常见的工具，最终在 eShopOnContainer 中实现应用的可观察性。

9.1 可观察性的概念

可观察性（Observablity）是指可以通过系统的外部输出从而推断出其内部运行状态的能力。在云原生场景下，这个系统的外部输出，是通过 Telemetry，即遥测来实现的。

可观察性可以让我们从系统外部了解一个系统，在系统内部工作状况不透明的情况下，回答关于该系统运行状况的问题。这就需要应用程序代码本身发出链路追踪、度量指标和日志等遥测信号。以正确地报告应用程序的运行状态，这样当系统出现问题的时候，开发人员不需要通过更多的工具就可以解决问题，因为他们拥有所需的所有信息。

无论我们多么小心谨慎，应用程序在生产环境中运行总会出现意想不到的情况。当用户报告应用程序出现问题时，如果能够看到问题发生的时候，应用程序发生了什么是很有帮助的。与工业行业的仪表类似，为了获取应用程序在运行时的状态，最可靠的方法之一是让应用程序写下它当时正在做什么。遥测通常由应用服务（Service）所生成，遥测包括三个维度的数据：日志 Log、度量指标 Metric 和链路追踪 Tracing。

9.1.1　日志 Log

日志记录应用程序在特定时间点所发生的事情。每条日志至少包括记录的时刻，日志级别和一个字符串描述的日志内容，现代的结构化日志还提供了自定义的字段，可以对日志信息进行进一步的说明。例如相关联的 IP 地址，请求方法等等。

日志有着悠久的历史，每种编程语言都有支持写日志的工具，通常写这些日志的开销很低。一般来说，日志库可以根据日志来源和重要性级别对日志进行分类，根据这些分类来决定实际记录的日志信息，甚至还可以在运行时进行调整。例如，Serilog 库⊖就是一个流行的 .NET 结构化日志库。

各种不同的日志级别提供了区分日志记录的粒度。当应用程序在生产中正常运行时，可以将其配置为仅记录重要消息。当应用程序出现错误时，可以提高日志级别，以便收集更多详细日志。这样平衡了性能和调试的容易性。

以来自 Basket.API 项目中的 appsetting.json 中关于日志的配置为例，它配置了 Serilog 的日志级别和输出地址。

```
"Serilog": {
    "SeqServerUrl": null,
    "LogstashgUrl": null,
    "MinimumLevel": {
        "Default": "Information",
        "Override": {
            "Microsoft": "Warning",
            "Microsoft.eShopOnContainers": "Information",
            "System": "Warning"
        }
    }
},
```

这里的 Serilog 配置节点用来配置 Serilog。其中 MinimumLevel 中的 Default 配置为 Information，表示对于各个日志器来说，只有重要性高于 Information 级别的日志才会被实际记录下来。而 Override 则配置了了对于特定日志器的记录级别。例如，对于以 Microsoft 和 System 开头的日志器则只记录警告级别以上的日志。

9.1.2　度量指标 Metric

度量指标是一段时间内有关基础设施或应用程序的数字数据的聚合。指标通常表示系统在特定时间点的性能指标。例如：内存使用量、CPU 利用率、给定服务的请求率等等。我们也使用计数器来表示度量指标。

⊖ https://serilog.net/

209

9.1.3　链路追踪 Tracing

在微服务逐渐成为潮流的今天，链路跟踪也逐渐成为遥测的重要部分。Trace 记录在特定时间跨度发生的事情。例如，可以通过记录从 API 请求开始到请求结束这个跨度区间中，系统对于处理该请求所做的处理。Trace 表示一个完整的操作，Trace 由跨度 Span 所组成，每个 Trace 信息包含一个根跨度。跨度还可以嵌套，构成一个跨度树，整个跨度树的集合，我们称为一个 Trace。在分布式环境下，Trace 对于了解分布式环境下，系统处理所涉及的微服务和其调用关系至关重要。

在分布式架构之下，链路跟踪记录请求在跨微服务传播时的实际执行路径。在没有链路跟踪的情况下，很难找出分布式系统中性能问题的根源。链路追踪提高了应用程序或系统运行状况的可见性，并允许我们调试难以在本地复现的行为。链路追踪对于分布式系统至关重要，因为分布式系统通常存在不确定性问题或非常复杂，无法在本地复现。

链路追踪由一个或多个跨度（Span）组成。第一个跨度表示根跨度。每个根跨度表示从开始到结束的请求。如图 9-1 所示，跨度的长度表示它代表的时间长度。可以看到最上边 Client 的长度覆盖了所有下面从属于它的子跨度。

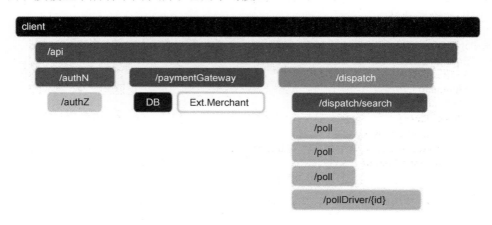

图 9-1　链路跟踪示例

通常对不同类型的遥测数据使用不同的工具。实际上，对于每种类型的遥测数据都存在多种不同的工具进行分析和处理。

9.2　云原生应用中的遥测管理

在获得原始的遥测数据之后，我们可以在其之上进行分析和加工，产生有价值的数据。

9.2.1　监控

有些应用程序不是任务关键型的。可能它们只在内部使用，当出现问题时，用户可以直接联系负责的团队，应用程序就可以重新启动。然而对于产品而言，客户通常对他们使用的产品应用程序有更高的期望。您应该在用户之前或在用户通知您之前就知道应用程序何时出现问题。

可能需要考虑的一些场景包括以下几个。

● 应用程序中的一个服务不断出现故障并重新启动，导致间歇性响应缓慢。

● 在一天中的某些时间，应用程序的响应时间很慢。

● 在最近的部署之后，数据库上的负载增加了三倍。

如果实施得当，监控可以让您了解到潜在的导致出现问题的状况，使得您在任何导致对用户产生重大影响之前就解决掉它们。

观测得到的数据需要汇集在一起，并提供查询和分析的支持，通常会提供一个 Dashboard 来汇总遥测得到的数据，并提供多种查询遥测数据的机制，使得这些遥测数据产生有意义的价值。

9.2.2　警报

如果您需要对应用程序的问题做出反应，则需要某种方法来提醒相关的负责人员。这是云原生十二因子中第三种云原生应用程序可观察性模式。依赖于监控所记录的信息，可以将应用程序度量和运行状况数据聚集在一起。一旦建立了这一点，就可以进一步创建警报规则，当某些指标超出可接受水平时，这些规则将触发警报。

通常，警报是位于监控的上层，某些监控指标可以触发适当的警报，以通知团队成员处理紧急问题。可能需要警报的一些场景包括以下几个。

● 应用程序的一个服务在停机 1 分钟后没有响应。

● 应用程序对超过 1% 的请求返回不成功的 HTTP 响应。

● 应用程序对关键端点的平均响应时间超过 2000 毫秒。

您可以使用监控工具创建查询，以查找已知的故障条件。例如，在日志中搜索 HTTP 状态代码 500 的日志，该日志表示 Web 服务器端的问题。一旦检测到包含此类日志，则可以向 Web 服务的负责人发送电子邮件或短信，以启动处理过程。

需要注意的是，通常一个 HTTP 500 错误不足以确定发生了问题。因为这可能是用户输入了错误的密码或输入了一些格式不正确的数据。通过精心编制警报查询，例如可以在检测到超过平均 500 个错误时才会触发警报。

警报中最具负面的使用模式之一是发出太多警报供人调查。服务管理者会在多次发现警报来自良性错误之后，而失去对警报的敏感性。结果，当真实错误发生的时候，这些错误却在数百个误报的噪声中被忽视。孩子们经常听到"狼来了"的寓言，来提醒他们注意这种危险。重要的是要确保发出的警报表明存在真正的问题。

9.2.3　集中式遥测管理

最常见的遥测数据是日志，在传统应用程序中，日志通常以文件的形式存储在运行应用的计算机本地。事实上，在类 Unix 操作系统上，还定义了一个文件夹来保存各种日志，通常在/var/log 下。图 9-2 中展示了在单体应用中保存到本地文件中的日志形式。

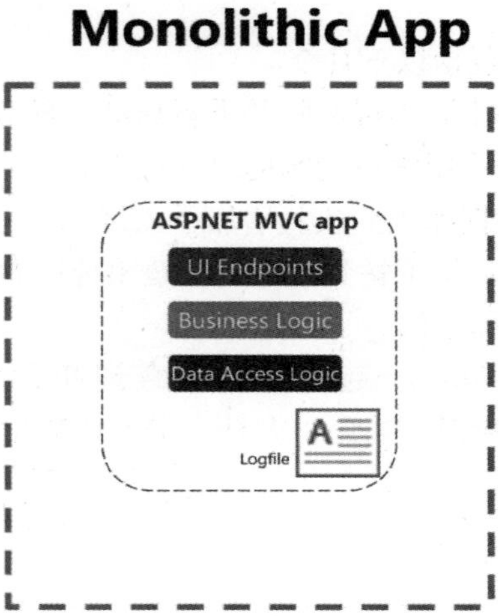

图 9-2　单体应用中保存到文件中的日志形式

　　而在云原生环境下，使用记录到本机日志文件的可用性大大降低。生成日志的应用程序可能无法访问本地磁盘，在容器化之后，当容器在物理机器上移动时，定位相应的基于文件的日志文件也会变得困难。更为困难的是，在云原生应用中，单个服务可能需要多重部署来提供扩展性，每个服务存在多重副本，为了满足运行的需要，这些容器还会在运行时不断地反复部署和扩展，此时，开发者希望通过传统的日志文件来理解系统的运行状态是非常困难的。

　　最后，一些云原生应用程序中的用户数量很高。假设每个用户在登录到应用程序时生成一百行日志消息。孤立地说，这是可以管理的，但如果将其乘以超过 100000 个用户，日志的数量就会变得足够大，这就需要专门的工具来支持日志的有效使用。

　　由于在云原生应用程序中使用基于文件的日志带来的挑战，因此首选集中式日志。日志由应用程序收集并发送到中央日志应用程序，该中央日志程序对日志进行索引和存储。这类系统每天可以摄取数十 GB 的日志。

　　在构建跨多个服务的日志记录时，遵循一些标准实践也很有帮助。例如，对于长交互访问，在开始时生成关联 ID（Correlation ID），然后将其记录在与该交互相关的每条消息中，这使得搜索所有相关的消息变得更容易。只需找到一条消息并提取其中的关联 ID 即可找到所有相关消息。另一个例子是确保每个服务的日志格式都是相同的，而无论它使用什么语言或日志库。这种标准化使得读取日志更加容易。图 9-3 展示了微服务体系结构如何将集中式日志记录作为其工作流的一部分。图中：①针对一次操作生成一个唯一的关联 ID 标识，②生成的日志中包含此关联 ID 标识，③日志被发送到中心化的日志存储中。

Implementing centralized logging

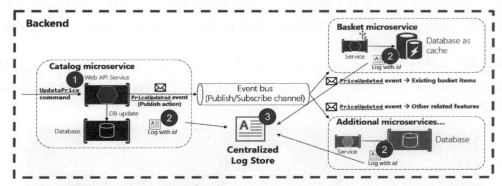

① 生成一个唯一的关联ID标识

② 日志中包含此关联ID标识

③ 发送日志到中心化的日志存储中

图 9-3 来自不同来源的日志被抽取到集中的日志存储中

一些集中式日志记录系统还承担了在纯日志之外收集遥测数据的额外任务。它们还可以收集度量指标，例如运行数据库查询的时间、来自 Web 服务器的平均响应时间，甚至操作系统报告的 CPU 负载平均值和内存压力。结合日志，这些系统可以提供系统和整个应用程序中节点健康状况的整体视图。

在新一代的记录系统中，日志、度量指标和链路追踪数据可以通过网络统一被收集和记录下来。例如，OpenTelemetry 的 Collector 就提供了这种能力。

可以通过聚合工具对记录下来的遥测数据构造查询，以查找特定的统计数据或模式，然后可以在自定义仪表板上以图形形式显示。通常，团队可以使用大型壁挂式显示器，这些显示器将应用程序相关的统计数据轮番播放。这样就可以很容易地看到问题的发生。

云原生监控工具为应用提供实时遥测和洞察，无论它们是单体应用还是分布式微服务架构。它们包括允许从应用程序收集数据的工具，以及用于查询和显示有关应用程序运行状况的信息的工具。

本章我们将介绍以下 3 个常用的工具。

- 结构化应用程序日志数据的实时搜索和分析服务器 Seq。
- 日志技术栈 ELK。
- 遥测工具 OpenTelemetry。

9.3 使用 Seq 管理日志

在 eShopOnContainers 中默认提供了基于 Seq 的日志管理服务。它集成了日志的存储、监控和警告功能。

9.3.1　Seq 的特色

Seq 是结构化应用程序日志数据的实时搜索和分析服务器。其精心设计的用户界面、JSON 事件存储和熟悉的查询语言使其成为检测和诊断复杂应用程序和微服务中问题的有效平台。

Seq 是自托管的，在 Windows 或 Docker/Linux 下运行。可以将 Seq 部署到用户自己的基础设施中，或者在任何公有云中轻松启动实例。相比 ELK 技术栈，Seq 要轻量许多。Seq 的架构如图 9-4 所示。

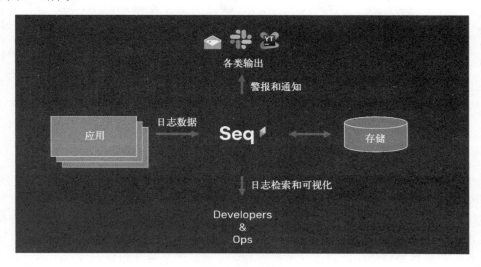

图 9-4　Seq 架构

应用程序日志可以通过各种日志库来获取。基于日志的警报和通知可以发送到各种输出。而且，输入和输出插件都可以使用 .NET 开发。

对于独立开发者来说，Seq 是免费的，否则需要购买相应的授权。更为详细的内容，请访问 Seq 的官网⊖。

主要特点如下。

- 丰富的事件数据：以结构化形式记录上文信息与应用程序事件，支持消息模板⊖将文本数据与结构化数据无缝连接。
- 多种查询方式：支持以类 SQL 表达式形式查询，以及 C#中的，==，!=，<，<=，内置'StartsWith()', 'EndsWith()', 'IndexOf()' 和'Contains()'等，并支持全文检索。
- 自定义仪表盘：可以对查询结果创建仪表板，匹配到相应的数据后，使用右侧的 Add to dashboard 创建对应的仪表盘。
- 自定义警报：当检测到警报情况时，可以通过邮件将情况通知到相关人员。

⊖ https://datalust.co/seq

⊖ https://messagetemplates.org/

Seq 使用 2 个网络端口。

● 80 端口：Seq 的用户界面和管理 API 所使用的端口。

● 5341 端口：Seq 用来接收日志数据的端口。

9.3.2　配置 Serilog 输出日志到 seq

这里以 Basket.API 服务为例。

源码文件夹 src 下面的 Services 中的 Basket 中的 BasketAPI 项目，配置了将日志通过网络输出到 Seq 服务器。

首先需要安装 Serilog.Sinks.Seq⊖NuGet 包。在项目文件中涉及 Serilog 的 NuGet 包配置如下所示。

```
<PackageReference Include="Serilog.AspNetCore" Version="4.1.1-dev-00229" />
<PackageReference Include="Serilog.Enrichers.Environment" Version="2.2.1-dev-00787" />
<PackageReference Include="Serilog.Settings.Configuration" Version="3.3.0-dev-00291" />
<PackageReference Include="Serilog.Sinks.Console" Version="4.0.1-dev-00876" />
<PackageReference Include="Serilog.Sinks.Http" Version="8.0.0-beta.9" />
<PackageReference Include="Serilog.Sinks.Seq" Version="4.1.0-dev-00166" />
```

这里 Serilog.Sinks.Seq 即为输出到 Seq 服务的支持包。

在代码中，对日志启用了输出到 Seq 服务器的支持。首先我们需要获得 Seq 服务器的接收地址。

在下面的代码示例中，可以看到如果没有成功从配置系统中取得 Seq 服务器的地址，则使用默认的 http://seq，在 docker compose 环境下，同一个 compose 环境下的所有服务，默认被添加到同一个内部网络中，彼此之间可以通过服务名称进行访问，由于 Seq 服务的名称就是使用 Seq 定义，所以这个服务名称也就是 Seq 在网络中的名称了。

而 WriteTo.Seq()方法则通过网络协议将日志数据发送到 Seq 服务器。

```
Serilog.ILogger CreateSerilogLogger(IConfiguration configuration)
{
    var seqServerUrl = configuration["Serilog:SeqServerUrl"];
    var logstashUrl = configuration["Serilog:LogstashgUrl"];
    return new LoggerConfiguration()
        .MinimumLevel.Verbose()
        .Enrich.WithProperty("ApplicationContext", Program.AppName)
        .Enrich.FromLogContext()
        .WriteTo.Console()
        .WriteTo.Seq(string.IsNullOrWhiteSpace(seqServerUrl) ? "http://seq" : seqServerUrl)
        .WriteTo.Http(string.IsNullOrWhiteSpace(logstashUrl) ? "http://logstash:8080" : logstashUrl)
        .ReadFrom.Configuration(configuration)
        .CreateLogger();
}
```

⊖ https://www.nuget.org/packages/Serilog.Sinks.Seq

在项目配置文件 appsettings.json 中的日志配置部分，可以看到并没有实际配置 Seq 服务器的地址，所以，实际上使用了上面的默认名称。

```
{
  "Serilog": {
    "SeqServerUrl": null,
    "LogstashgUrl": null,
    "MinimumLevel": {
      "Default": "Information",
      "Override": {
        "Microsoft": "Warning",
        "Microsoft.eShopOnContainers": "Information",
        "System": "Warning"
      }
    }
  },
```

由于这个 Seq 服务器地址是通过 .NET 的配置系统提供，SeqServerUrl 的地址还可以通过环境变量进行覆盖。这对于容器环境下的部署带来很大便利。

9.3.3　配置 Seq 服务

在 src 文件夹中的 docker-compose.yml 中，定义了 Seq 服务，以提供针对日志的管理。这里使用 Seq 的 Docker 镜像来启动 Seq 服务。

```
services:
  seq:
    image: datalust/seq:latest
```

在 compose 中，这个服务名称 Seq 也就作为网络名称，其他服务可以通过 Seq 这个网络名称访问到 Seq 服务。

在 docker-compose.override.yml 中具体配置了 Seq 服务。将其 80 端口映射到本地的 5340 端口，以便在本地机器上访问 Seq 的用户界面。

注意并没有将 Seq 接收日志数据的端口 5431 映射到本机，因为微服务与 Seq 运行在同一个 compose 网络中，它们可以直接访问。

```
services:
  seq:
    environment:
      - ACCEPT_EULA=Y
    ports:
      - "5340:80"
```

9.3.4　使用 Seq 管理日志

在启动应用之后，我们可以通过访问映射出来的 5340 端口来访问 Seq 的用户界面。请访问地址：http://localhost:5340。

Seq 支持强大的查询功能。我们可以像在数据库里查询那样，使用类似 Sql 的语句进行查询。

例如查询包含 database 的日志消息：

```
@Message like '%database%'
```

还可以查询指定级别的日志：

```
@Level = 'Error'
```

查询指定服务的日志：

```
ApplicationContext = 'BasketAPI'
```

常用的 Seq 命令可以从这里获得：https://github.com/datalust/seq-cheat-sheets。

9.4　使用 ELK 技术栈管理日志

有许多优秀的集中式日志记录工具，它们的使用成本各不相同，从免费、开源工具到更昂贵的各种选择。在许多情况下，免费工具与付费工具一样优秀甚至更好。其中一个广为人知的工具是来自 Elastic 的三个开源组件的组合：Elasticsearch⊖、Logstash⊖和 Kibana⊖。这些工具统称为 Elastic 技术栈或 ELK 技术栈。

作为 Elastic 的产品，ELK 技术栈既有可以免费使用开源版本，也有需要付费的高级版本。在我们的示例中使用的是开源的 OSS 版本，简单来说，付费版本提供更多的高级特性。你可以在 Elastic 的官方站点查看到各个版本的区别。在官方提供的 docker 镜像名称中，我们可以通过名称的后缀区分出来。

- docker.elastic.co/logstash/logstash-oss:6.0.0。
- docker.elastic.co/elasticsearch/elasticsearch-oss:6.0.0。
- docker.elastic.co/kibana/kibana-oss:6.0.0。

9.4.1　ELK 技术栈的优势

ELK 技术栈以低成本、可扩展、云友好的方式提供集中式日志记录。它的用户界面简化了数据分析，因此您可以很容易地从数据中洞察系统的运行状态。它支持各种各样的输入，因此随着您的分布式应用程序跨越更多不同类型的服务，您可以期望继续能够将日志和度量数据馈送到系统中。Elasticsearch 还支持跨大型数据集的快速搜索，使得即使大型应用程序也可以记录详细数据，并且仍然能够以高性能的方式查看数据。

⊖ https://www.elastic.co/elasticsearch/

⊖ https://www.elastic.co/logstash/

⊖ https://www.elastic.co/kibana/

9.4.2　Logstash

Logstash 可以采集来自不同数据源的数据，并对数据进行处理后输出到多种输出源，Logstash 架构如图 9-5 所示。

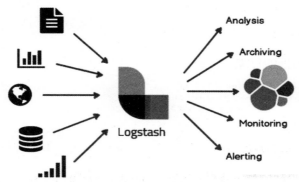

图 9-5　Logstash 架构

Logstash 的数据处理过程主要包括三个部分：input、filters、output，如图 9-6 所示。在 input 和 output 部分可以使用 Codecs 对数据格式进行处理。这四个处理部分均以插件的形式存在，用户可以通过自定义 pipeline 配置文件对这四个插件进行设置，以实现特定的数据采集、数据处理和数据输出等功能。

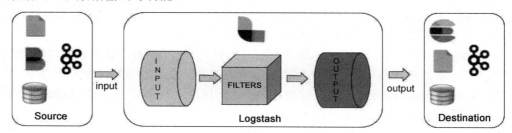

图 9-6　Logstash 处理框架

例如，Logstash 可以从磁盘读取日志，也可以从 Serilog 等日志库接收消息。Logstash 可以在日志到达时对日志进行一些基本过滤和扩展。例如，如果您的日志包含 IP 地址，则可能会将 Logstash 配置为执行地理查找，并获取该消息的来源国或甚至城市。

Logstash 的配置涉及两个配置文件：主配置文件、处理管道配置文件。

主配置文件的默认路径是/usr/share/logstash/config/logstash.yml，用来配置 Logstash 数据存储等等。

处理管道配置文件的默认路径是 /usr/share/logstash/pipeline，用来配置处理管道。

在 Logstash 的 pipeline 中至少包含两个元素：input 和 output，以及可选的 filter 元素。

Logstash 从 input 读取数据，在经过 filter 处理之后，从 output 输出到目标库中。

Logstash 的 http 插件[一]可以帮助 Logstash 接收通过 HTTP 发送的报文。

而与 Serilog 适配的 LogstashHttp[⊖]库则支持将收集到的日志数据直接通过 HTTP 协议发送到 Logstash 中。

首先添加 NuGet 包 LogstashHttp，以支持输出到 Logstash。

下面的代码展示了用于写入 Logstash 的 Serilog 配置。这里的 Logstash 服务器使用了网络地址为 logstash 的 8080 端口接收日志数据。

```
var log = new LoggerConfiguration()
        .WriteTo.Http("http://logstash:8080")
        .CreateLogger();
```

使用上面所示代码的配置将日志发送到 Logstash 的日志器，然后，Logstash 将收到的数据转发到 elasticsearch 服务器，elasticsearch 服务器使用了本地的 9200 端口。下面的代码展示了用于处理来自 Serilog 日志的 Logstash 配置。

```
input {
    http {
        #default host 0.0.0.0:8080
        codec => json
    }
}

output {
    elasticsearch {
        hosts => "elasticsearch:9200"
        index=>"sales-%{+xxxx.ww}"
    }
}
```

虽然 Logstash 支持许多不同的输出，但更令人兴奋的是 Elasticsearch。

9.4.3　Elasticsearch

Elasticsearch[⊖]是一个强大的搜索引擎，可以对日志进行索引并存储。它可以快速运行对日志的查询。Elasticsearch 可以处理大量日志，在极端情况下，可以跨多个节点扩展。

由于 Elasticsearch 存储了收集的日志信息，因此可以直接通过查询语句来查询，不过，我们不会在这里直接通过 Elasticsearch 进行查询。而是通过 Kibana 来管理日志数据。

当 Elasticsearch 服务启动之后，我们可以在浏览器中访问它的 9200 HTTP 服务端口，如果一切正常，将会看到类似如下的输出结果。

```
{
  "name": "XpRtLKT",
  "cluster_name": "docker-cluster",
  "cluster_uuid": "l_DVgcEGT9S34v-ExelfpQ",
```

⊖ https://www.nuget.org/packages/Serilog.Sinks.LogstashHttp

⊖ https://www.elastic.co/elasticsearch/

```
    "version": {
        "number": "6.0.0",
        "build_hash": "8f0685b",
        "build_date": "2017-11-10T18:41:22.859Z",
        "build_snapshot": false,
        "lucene_version": "7.0.1",
        "minimum_wire_compatibility_version": "5.6.0",
        "minimum_index_compatibility_version": "5.0.0"
    },
    "tagline": "You Know, for Search"
}
```

9.4.4 使用 Kibana 可视化数据

ELK 技术栈的最后一个组件是 Kibana。此工具用于在 Web 仪表板中提供交互式可视化。仪表板甚至可以由非技术性用户创建。Elasticsearch 索引中的大多数数据都可以包含在 Kibana 仪表板中。每个用户可以拥有不同的仪表板，Kibana 通过允许用户使用特定的仪表板来实现这种定制。

如图 9-7 所示是使用 ELK 工具栈中的的 Kibana 仪表板管理日志。此图展示了 Kibana 通过高级查询语法支持，提供日志的统计和详细信息列表。

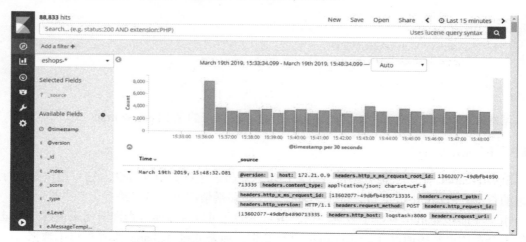

图 9-7　使用 Kibana 仪表板从 Kubernetes 获取日志的查询结果

9.4.5 设置 ELK 环境

项目中 src 文件夹中的 docker-compose.elk.yml 提供了设置 ELK 环境的配置脚本，我们通过该脚本来创建并运行 ELK 服务。

请注意，该文件位于 src 目录下，而容器挂接的配置文件保存在/deploy 文件夹下面，这里使用相对路径来找到相关的文件。

```
version: '3.4'

services:

  elasticsearch:
    build:
      context: ../deploy/elk/elasticsearch/
    volumes:
- ../deploy/elk/elasticsearch/config/elasticsearch.yml:/usr/share/elasticsearch/config/elasticsearch.yml:ro
      ports:
        - "9200:9200"
        - "9300:9300"
      environment:
        ES_JAVA_OPTS: "-Xmx256m -Xms256m"

  logstash:
    build:
      context: ../deploy/elk/logstash/
    volumes:
      - ../deploy/elk/logstash/config/logstash.yml:/usr/share/logstash/config/logstash.yml:ro
      - ../deploy/elk/logstash/pipeline:/usr/share/logstash/pipeline:ro
    ports:
      - "8080:8080"
    environment:
      LS_JAVA_OPTS: "-Xmx256m -Xms256m"
    depends_on:
      - elasticsearch

  kibana:
    build:
      context: ../deploy/elk/kibana/
    volumes:
      - ../deploy/elk/kibana/config/:/usr/share/kibana/config:ro
    ports:
      - "5601:5601"
    depends_on:
      - elasticsearch
```

可以看到，在该文件中定义并配置了 ELK 这 3 个服务。

9.4.6 启用 ELK 日志管理

在 docker-compose 命令中可以指定多个配置文件，我们首先构建服务，然后就可以使用 up 命令来启动服务。

```
docker-compose -f docker-compose.yml -f docker-compose.override.yml -f docker-compose.elk.yml build

docker-compose -f docker-compose.yml -f docker-compose.override.yml -f docker-compose.elk.yml up
```

启动并配置应用程序后，只需在 Kibana 上配置 Logstash 索引。您就可以访问 Kibana 来管理日志，在 docker-compose 中，该地址配置为<http://localhost:5601>。

如果您过早访问 Kibana，会看到如图 9-8 所示的错误，它提示说没有能够连接到 Elasticsearch 服务器。这是正常的，取决于您的机器配置，Kibana 堆栈需要一点时间来启动。

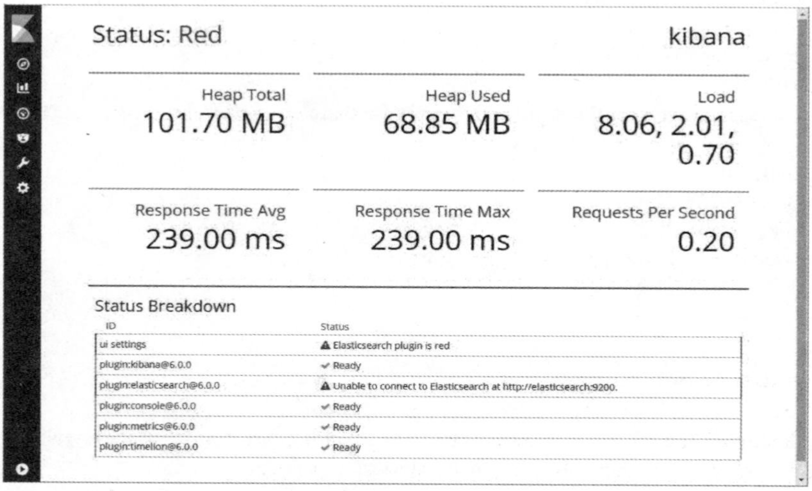

图 9-8　Kibana 中的错误提示

可以稍等片刻，然后刷新页面，在正常连接 Elasticsearch 服务器之后，第一次进入 Kibana 的时候，您会被提示配置索引模式，如图 9-9 所示。在 deploy/elk/logstash/pipeline/ logstash.conf 文件中，已经配置了索引模式的名称为 eshops-*，所以，请在 Index pattern 栏中将默认的索引模式 logstash-* 删除掉，重新输入 eshops-*，在正确输入之后，Time Filter fields name 下拉列表会变得可用，选择 @timestamp，然后单击 Create 来完成配置。

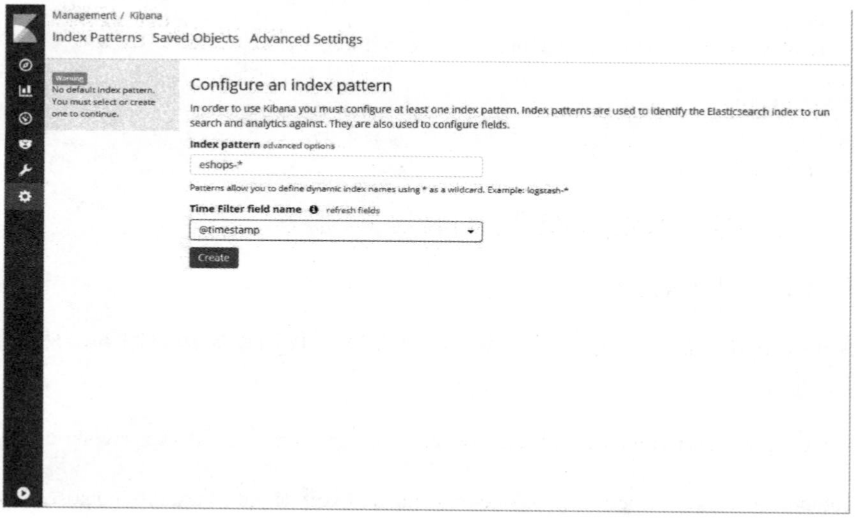

图 9-9　配置索引模式

正确配置索引模式后，Kibana 就进入"发现"页面，可以开始使用查看工具来查询收集的日志信息了。如图 9-10 所示。现在已经可以使用 ELK 技术栈来管理日志了。

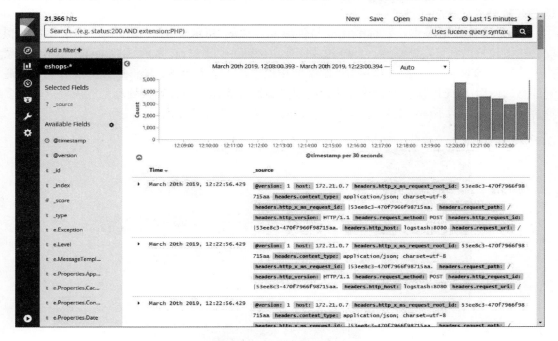

图 9-10　工作中的 Kibana

9.5　应用 OpenTelemetry

OpenTelemetry[⊖]，也称为 OTel，是一个供应商中立的开源可观测性框架，用于检测、生成、收集和导出遥测数据，遥测数据的种类包括了链路追踪、度量指标和日志。作为一种行业标准，它得到了众多供应商的支持。OpenTelemetry 致力于为遥测建立统一的标准。

对于链路追踪，云社区曾经诞生了两个用于管理分布式跟踪的开源项目：OpenTracing[⊖][一个云原生计算基金会（CNCF）项目] 和 OpenCensus[⊖]（一个谷歌开源社区项目）。

OpenTracing 提供了一个供应商中立的 API，用于将遥测数据发送到可观测性后端；然而，它依赖于开发人员实现自己的库以满足规范。

OpenCensus 提供了一组特定于语言的库，开发人员可以使用这些库来编写代码并将其发送到任何一个受支持的后端。

⊖ https://opentelemetry.io/

⊖ https://opentracing.io/

⊖ https://opencensus.io/

为了统一标准，OpenCensus 和 OpenTracing 于 2019 年 5 月合并，形成了 OpenTelemetry（简称 OTel）。作为 CNCF 孵化项目，OpenTelemetry 充分利用了这两个领域的优势，目前它是 CNCF 第二活跃的项目。

OTel 的目标是提供一套标准化的与供应商无关的 SDK、API 和工具，用于将数据摄取、转换和发送到可观测后端（即开源或商业供应商）。图 9-11 展示了 OpenTelemetry 的架构图，其中 OTLP 是 OpenTelemetry 定义的传输协议，从微服务、Kubernetes 等处采集的遥测信息，使用 OTLP 协议发送到 OTel 的遥测数据收集器，经过转换处理之后，可以使用多种协议发送到各种不同的数据存储中，然后通过 API 或者前端应用所使用。

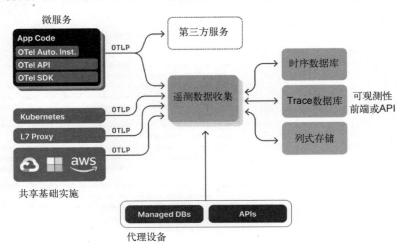

图 9-11 OpenTelemetry 架构图

OpenTelemetry 定义了一套自己的数据标准，同时它还提供了各种转换器，继续支持原有的、已经被广泛支持的各种工具和库，例如 OpenTracing 和 OpenCensus 的数据格式和标准，使得用户在转换到 OpenTelemetry 的情况下，可以继续使用原有的各种分析工具。

9.5.1 OpenTelemetry 的 .NET 支持

在 .NET 和 .NET Framework 环境下，OpenTelemetry 作为 NuGet 包提供。

实际上，在 .NET 环境下，OpenTelemetry 将定义和实现在分别定义在两个 NuGet 包中，它们分别是：

● OpenTelemetry.API，接口定义。

● OpenTelemetry.SDK 实现。

对于 .NET 开发人员来说，通常直接使用 OpenTelemetry⊖这个实现库，可以使用 CLI 来安装该 NuGet 包。

⊖ https://www.nuget.org/packages/OpenTelemetry

```
>dotnet add package OpenTelemetry
```

在应用程序启动的时候，开发人员需要配置 OpenTelemetry 的 TracerProvider。以提供对链接追踪的支持。

通过 OpenTelemetry 提供的 Sdk 来创建 TracerProvider 对象，这里使用了构建模式，我们可以随后对该对象进行配置。

这里涉及 3 个重要的操作。

1. 配置服务源

首先，我们需要配置被监测的服务，提供服务的名称，版本等等基础信息，这些信息将来会被用来区分来自不同服务的信息。

```
using var tracerProvider = Sdk.CreateTracerProviderBuilder()
 .SetResourceBuilder(
        ResourceBuilder.CreateDefault()
            .AddService(serviceName: serviceName, serviceVersion: serviceVersion))
```

这里的服务名称对应的是微服务的名称。以后可以通过该名称来区分来自不同微服务的信息。

2. 配置需要记录的服务

与日志类似，在同一个应用程序中，日志可以存在通过字符串名称区分的多个日志源。

同一个微服务中，被记录的链路追踪信息也可以来自不同的信息源，这些来源是通过被称为 Source 的字符串名称进行区分。

需要注意的是，由于 Span 这个名称在 .NET 中已经被用于内存管理的类型所使用，所以，在 .NET 中，它被称为了 Activity。这是 .NET 环境下与其他语言环境下最大的不同。

```
// 定义 Trace 源的名称
var activityServiceName = "MyCompany.MyProduct.MyActivity";

// 创建命名的 Activity 即 Span 源
var MyActivitySource = new ActivitySource(activityServiceName);

// 使用 AddSource() 启用来自特定来源的 Activity 数据
using var tracerProvider = Sdk.CreateTracerProviderBuilder()
    .AddSource(activityServiceName)
```

如果没有使用 AddSource()方法监听对应的 Activity 源，则此来源的链路追踪信息将会忽略。

需要注意的是，这里定义的 ActivitySource 并没有直接通过代码与 TracerProvider 关联，它们之间的关系是通过服务名称这个字符串匹配在一起的。

3. 导出器 Exporter

对于日志来说，日志需要保存到指定的目标，比如日志文件中。

与日志类似，记录的链路追踪信息最终也需要导出到目标，OpenTelemetry 提供了多种导出器。下面的示例中综合了上面的配置，并将记录的数据导出到控制台。

```
using System.Diagnostics;

using OpenTelemetry;
using OpenTelemetry.Trace;
using OpenTelemetry.Resources;

// Define some important constants to initialize tracing with
var serviceName = "MyCompany.MyProduct.MyService";
var activityServiceName = "MyCompany.MyProduct.MyActivity";
var serviceVersion = "1.0.0";

// Configure important OpenTelemetry settings and the console exporter
using var tracerProvider = Sdk.CreateTracerProviderBuilder()
    .AddSource(activityServiceName)
    .SetResourceBuilder(
        ResourceBuilder.CreateDefault()
            .AddService(serviceName: serviceName, serviceVersion: serviceVersion))
    .AddConsoleExporter()
    .Build();
```

实际使用中，这里的 activityServiceName 一般是在项目的其他地方，通过创建 ActivitySource 对象实例来使用。

4．手工添加遥测点

链路追踪记录的是一个命名的时间间隔，所以会涉及遥测的开始时间点和结束时间点。

在 .NET 环境下，创建遥测点则变得非常简单。我们可以使用 ActivitySource 对象的 StartActivity()方法来创建遥测点对象的 Activity 实例。同时它会自动记录下开始的时间戳。单个遥测点的类型为 Activity，它的 Dispose()方法可以自动记录遥测的结束时间戳。配合 C#中的 using 语法，可以非常简单的如下实现。

```
var activityServiceName = "MyCompany.MyProduct.MyActivity";
var MyActivitySource = new ActivitySource(activityServiceName);

using var activity = MyActivitySource.StartActivity("SayHello");
activity?.SetTag("foo", 1);
activity?.SetTag("bar", "Hello, World!");
activity?.SetTag("baz", new int[] { 1, 2, 3 });
```

由于系统的底层实现是通过 ActivitySource 的名称与记录服务联系在一起。所以在添加遥测点的时候，并不需要使用到 TracerProvider，我们只要保证 ActivitySource 的名称已经在 TracerProvider 中被注册即可。这样大大方便了开发人员的工作。

每个 Activity 中记录的信息包括以下 3 种。

- Tag：键值对，通过键值对的方式来描述跨度，例如 API 访问的 URL，时间，客户端地址等等信息。
- Event：记录此跨度方位内，在特定时间点发生的事件，类似于跨度内的 Log。
- Baggage：用于实现跨服务传播，一般使用系统内部处理，不直接使用。

上面示例导出的信息如下所示，注意 Id 的值和所生成的时间会有所不同。

```
Activity.Id: 00-cf0e89a41682d0cc7a132277da6a45d6-c714dd3b15e21378-01
Activity.ActivitySourceName: MyCompany.MyProduct.MyActivity
Activity.DisplayName: SayHello
Activity.Kind: Internal
Activity.StartTime: 2021-12-20T23:48:02.0467598Z
Activity.Duration: 00:00:00.0008508
Activity.TagObjects:
    foo: 1
    bar: Hello, World!
    baz: [1, 2, 3]
Resource associated with Activity:
    service.name: MyCompany.MyProduct.myService
    service.version: 1.0.0
    service.instance.id: 20c891c2-94b4-4203-a960-93a22e837a32
```

5．传播

Trace 很重要的一个方面是实现跨微服务的跟踪，那么在跨微服务的时候，这些跨度 Span 又是如何联系在一起的呢？

在发生跨微服务的调用的时候，我们可以称调用方的跨度为父跨度，而被调用方的跨度将作为子跨度出现。这样我们至少需要在服务之间传递整个 Trace 的标识，以及当前作为父跨度的 Span 标识，图 9-12 展示了可观测性微服务之间的传播跨度问题。

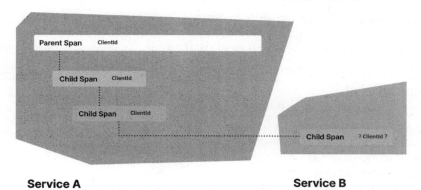

图 9-12　可观测性微服务之间的传播跨度问题

不同的 Trace 解决方法定义了不同的定义方式，在 OpenTelemetry 中，使用基于 W3C 的

Trace 方案[1]。

W3C 定义了两种标准 HTTP 请求头来支持跨服务的传播。

● traceparent，W3C 标准的跨服务传播支持请求头。

● tracestate，W3C 标准的支持跨服务器传播自定义数据。

通过 traceparent 请求头定义了核心的 Trace 传播支持。

请求头的名称为 traceparent，请求头的值由 4 个部分组成，各部分之间使用减号（-）连接在一起，构成一个字符串整体。

● 版本，由 2 位 16 进制数字表示。当前标准使用的值为 00。

● trace-id，当前跟踪的整体标识由 16 个字节，32 位 16 进制数字表示。

● parent-id，父跨度标识，由 8 个字节，16 位 16 进制数字表示。

● trace-flags，采样标识，由 1 个字节，2 位 16 进制数字表示，01 表示采样。

示例如下。

```
traceparent: 00-0af7651916cd43dd8448eb211c80319c-b7ad6b7169203331-01
```

调用方需要构建符合该标准的请求头，再添加到针对被调用方的请求头中。而被调用方需要从请求头中抽取出相应的参数，然后构建子微服务器的顶级请求上下文，并将其中的 Span 标识作为根 Span 的标识。

在 traceparent 中提供了针对 Trace 标识和 Span 标识的传播，如果还想传播自定义的数据怎么处理呢？在 W3C 的标准中，tracestate 提供了针对该场景的支持。

tracestate 表示自定义的传播数据。tracestate HTTP 头的主要目的是跨不同的分布式跟踪系统中，提供额外的、供应商特定的跟踪标识信息，每组信息由等号（=）分隔的键值对组成，各组之间使用逗号（,）进行分隔。

示例如下：

```
tracestate: congo=ucfJifl5GOE,rojo=00f067aa0ba902b7
```

在 .NET 环境下，Activity 对象默认使用 W3C 标准，ActivityIdFormat 枚举[2]定义了支持的标准。默认即为 ActivityIdFormat.W3C。所以访问 Activity 对象的 Id 属性得到的值就可以作为 traceparent 使用。

而 TraceStateString 字符串属性[3]则用来管理相应的 tracestate 值。

具体的定义如下所示。

```
public string? Id { get; }
public string? TraceStateString { get; set; }
public static System.Diagnostics.ActivityIdFormat DefaultIdFormat { get; set; }
```

9.5.2 使用遥测库

在创建的一个基于 .NET 实现的 API 时，我们需要考虑以 W3C 的标准来检查请求头，从中抽取 Trace ID 和 Span ID 吗？实际上，.NET 开发人员并不需要处理这些常用的底层操作，直接使用遥测库就可以了。

实际上，除了手工创建遥测点之外，OpenTelemetry 对于各种类型的应用提供了多种不同的开箱即用的遥测库，被称为 Instrumentation 库。

例如，对于基于 ASP.NET Core 的 API 来说，我们通常需要记录请求到达 API 和离开 API 的时间和相应的访问信息，例如所访问的 url 地址，客户端的地址等等。手工创建遥测点的话，我们需要找到请求开始和离开的切入点，并手工创建 Activity 来实现。不过，该功能可以直接使用针对 ASP.NET Core 的 Instrumentation 库来完成，而不需要开发人员手工创建遥测点。

遥测库默认已经提供了针对进入和离开相应服务的时间戳和相关数据，除了 Web API 之外，现在已经可用的遥测库包括以下几种。

- OpenTelemetry.Instrumentation.AspNet，针对 ASP.NET 应用程序的遥测库。
- OpenTelemetry.Instrumentation.AspNetCore，针对 ASP.NET Core 的遥测库。
- OpenTelemetry.Instrumentation.Http，针对 HttpClient 的遥测库。
- OpenTelemetry.Instrumentation.GrpcNetClient，针对 GrpcClient 的遥测库。
- OpenTelemetry.Instrumentation.SqlClient，针对 SQL Server 数据库访问的遥测库。
- OpenTelemetry.Instrumentation.StackExchangeRedis，针对 Redis 访问的遥测库。

在添加响应的 NuGet 库之后，就可以通过扩展方法 AddxxxxxInstrumentation()方法来添加遥测库的支持。

在下面的示例中，添加了针对 Web API 的遥测支持，和 Web API 通过 HttpClient 对外访问的遥测支持。

```
using var tracerProvider = Sdk.CreateTracerProviderBuilder()
    .AddSource(activityServiceName)
    .SetResourceBuilder(
        ResourceBuilder.CreateDefault()
            .AddService(serviceName: serviceName, serviceVersion: serviceVersion))
    .AddHttpClientInstrumentation()
    .AddAspNetCoreInstrumentation();
    .AddConsoleExporter()
    .Build();
```

基于 .NET 的开发就是这么简单。

注：对于针对 SQL Server 的遥测库实际上分为两个版本，针对 .NET Framework 和针对 .NET 是不同的。这是因为 SqlClient 被分为两个不同的版本，传统的 System.Data.SqlClient 和 Microsoft.Data.SqlClient 版本。传统版本的 SqlClient 会触发 EventSource 事件，事件中包含了存储过程的名称，但不包含直接执行的 SQL 语句。而新

版本则触发 DiagnosticSource 事件，其中包含更为详细的数据库访问信息，既可以包含存储过程的名称，也可以支持 SQL 语句。

9.5.3　应用遥测收集器 Otel Collector

OpenTelemetry 更为强大之处在于提供了 Collector 工具。不仅提供了对于 Otlp 协议的支持，还提供了针对各种现有协议的支持。

Collector 工具内部由 3 个部分组成。

- Receiver，接收器，通过对各种协议的支持，Collector 可以接收各种来源的遥测数据，包括日志、度量指标和链路追踪数据。
- Processors，处理器，接收到的数据，可以在处理器中进行过滤、转换等等加工处理。
- Exporters，导出器，加工之后的数据，可以再以不同的格式导出到后端工具中。实际上可以完成数据格式的转换。

图 9-13 展示了 Otel Collector 的架构，可以看到，它的接收器可以接收使用各种协议的数据，内部可以可以多个处理管道，在对数据处理之后，导出器同样也支持多种协议，支持将结果导出到各种不同的工具中使用。

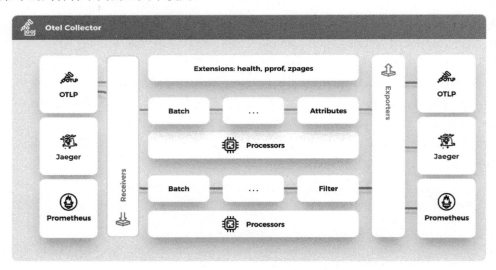

图 9-13　Otel Collector

OpenTelemetry 提供两种 Collector，官方版本和社区版本，它们都是免费的。不同之处在于接收器/导出器支持的格式和数量。官方版本只支持来自 OpenTelemetry 的 Otlp 协议，而社区版本则支持众多的流行协议。

- otelcol-contrib，Collector 的社区版本，支持众多的 receiver 和 exporter。例如常见的 skywalkingexporter。
- otelcol，Collector 的官方版本，支持 Otlp 协议。

访问 https://github.com/open-telemetry/opentelemetry-collector-releases/releases 可以获得

Collector 在各种平台的安装包。

在 Docker Hub 中可以访问 otel/opentelemetry-collector-contrib 来获得 Docker 镜像。

```
>docker pull otel/opentelemetry-collector-contrib
```

9.5.4　使用遥测数据

OpenTelemetry 本身并没有提供可视的分析链路追踪数据的工具，借助于 Collector，可以将遥测数据中的 Trace 数据导出到 OpenTracing 的 Zipkin[⊖]工具或者其他工具进行展示。

```
>docker pull openzipkin/zipkin
```

在我们的示例中，将会使用来自 OpenTracing 的 Zipkin 来展示收集的链路追踪数据。

9.5.5　在 eShopOnContainers 中应用 OpenTelemetry

通过前面的介绍，在 eShopOnContainers 中应用 OpenTelemetry 实现分布式跟踪就已经是水到渠成了。

1．配置 OpenTelemetry 服务

为了能够在 eShopOnContainers 中集成 OpenTelemetry 的支持，首先需要创建 compose 文件定义相关的服务，并进行配置。

这里涉及两个服务。

● OpenTelemetry 的 Collector，用来收集并导出 Tracing 数据。

● Zipkin 服务，用来展示收集到的 Tracing 数据。

在这个配置文件中，我们将服务的定义和配置合并在一个文件中了。

```
version: '3.4'

services:
  # Collector
  otel-collector:
    image: otel/opentelemetry-collector-contrib
    command: ["--config=/etc/otel-collector-config.yaml"]
    volumes:
      - ../deploy/otel/otel-collector-config.yaml:/etc/otel-collector-config.yaml
    ports:
      - "4317:4317"      # OTLP gRPC receiver
      - "4318:4318"      # OTLP http receiver

  zipkin:
    image: openzipkin/zipkin
    ports:
    - "9411:9411"
```

⊖ https://zipkin.io/

由于 Colletor 需要进行配置，我们将配置文件保存到/deploy/otel/otel-collector.config.yaml 文件中，这个本地文件使用挂载卷的方式挂载到 Collector 的容器中。并在此容器启动的时候作为配置参数提供给 Collector。

Collector 相关的配置主要包括如下几部分。

- 接收器，定义 Collector 接收数据的协议和端点，这里配置了针对 Otlp 协议的两种支持：Grpc 协议和 Http 协议的支持，默认情况下，Grpc 使用的网络端口是 4317，而 HTTP 则使用 4318 端口。
- 处理器，处理数据的方式。常见的是批处理方式，还是单个处理方式。
- 服务，这里面最为重要的是定义数据处理管线，这里定义了针对 Trace 数据的处理管线。
- 导出器，定义导出数据的方式，这里指定将数据导出为 Zipkin 格式。

完整的配置文件如下所示。

```yaml
# Data sources: traces, metrics, logs
receivers:
  otlp:
    protocols:
      grpc:
      http:

processors:
  batch:

service:
  pipelines:
    traces:
      receivers: [otlp]
      processors: [batch]
      exporters: [zipkin]

exporters:
  zipkin:
    endpoint: "http://zipkin:9411/api/v2/spans"
```

在这个配置文件中，接收器支持使用 otlp 协议的数据，对 otlp 支持两种传输协议，gRPC 和 Http 传输协议。接收到的数据以批处理方式进行处理。内部定义了一个用于处理 trace 数据的数据处理管道，它指定在接收 otlp 格式的数据之后，以批处理方式加工，然后使用 Zipkin 导出器导出。Zipkin 导出器将数据发送到 http://zipkin:9411/api/v2/spans 这个地址。

2. 为 ASP.NET Core API 增加 OpenTelemetry 支持

这里以产品目录 Catalog.API 项目为例。

首先需要为项目添加 OpenTelemetry 的 NuGet 支持包。我们需要在项目中增加如下的 NuGet 包。

- OpenTelemetry 为核心的 SDK 支持包。

- OpenTelemetry.Extensions.Hosing 提供 ServiceCollection 的扩展方法支持。
- OpenTelemetry.Instrumentation.AspNetCore 提供针对 ASP.NET Core 项目请求管理管线的中间件，用于在请求的开始点和结束点创建响应的 Span 信息。
- OpenTelemetry.Instrumentation.Http 是针对 ASP.NET Core 项目中使用的，访问外部 HTTP 服务的 HttpClient 访问提供遥测支持。
- OpenTelemetry.Exporter.OpenTelemetryProtocol 用于将获得的遥测数据使用 Otlp 格式导出。

购物车项目中新增的 NuGet 包配置如下。

```
<PackageReference Include="OpenTelemetry" Version="1.2.0" />
<PackageReference Include="OpenTelemetry.Exporter.OpenTelemetryProtocol" Version="1.2.0" />
<PackageReference Include="OpenTelemetry.Extensions.Hosting" Version="1.0.0-rc9" />
<PackageReference Include="OpenTelemetry.Instrumentation.AspNetCore" Version="1.0.0-rc9" />
<PackageReference Include="OpenTelemetry.Instrumentation.Http" Version="1.0.0-rc9" />

<PackageReference Include="Google.Protobuf" Version="3.21.5" />
```

在添加 OpenTelemetry 库的过程中，可能会出现一个错误提示，OpenTelemetry 项目内部引用了针对 Google.Protobuf⊖的支持，不过版本较低，是 3.15.0 版。而 OpenTelemetry 1.2 引用的是更高的版本，所以，还需要将这个库升级到当前的新版本 3.21.5 以解决此问题。

我们还需要配置 OpenTelemetry 的服务名称，由于我们会有多个服务提供遥测数据，服务名称可以帮助我们区分遥测数据的来源，除了服务名称之外，还需要导出数据的目标地址，这些配置参数可以直接保存到 appsettings.json 配置文件中。

由于前面的服务配置中，OpenTelemetry 的 Collector 的服务名称为 otel-collector，在内部网络中，可以直接使用该服务名称来定位到该服务器，这里的导出器端点地址就对应为 http://otel-collector:4317。

```
    "Otlp": {
      "ServiceName": "Catalog API",
      "Endpoint": "http://otel-collector:4317"
    }
  }
"""
```

3. 代码实现

在准备工作完成之后，我们只需要在应用启动的时候，通过依赖注入容器添加 OpenTelemetry 的支持。

首先，通过配置对象 Configuration 获取配置文件中相应的配置参数。

```
public IServiceProvider ConfigureServices(IServiceCollection services)
{
```

⊖ https://www.nuget.org/packages/Google.Protobuf/

```
services.AddOpenTelemetryTracing( builder => builder
    .SetResourceBuilder(
        ResourceBuilder.CreateDefault()
            .AddService(Configuration.GetValue<string>("Otlp:ServiceName"))
    )
    .AddHttpClientInstrumentation()
    .AddAspNetCoreInstrumentation()
    .AddOtlpExporter( otlpOptions => {
        var url = Configuration.GetValue<string>("Otlp:Endpoint");
        otlpOptions.Endpoint = new Uri( url );
    })
);
```

由于代码已经变更，需要重新构建应用镜像。请执行如下命令重新构建镜像。

```
>docker-compose build
```

最后，在 src 文件夹下，通过 docker-compose 的 up 命令可以将应用重新启动起来。

```
>docker-compose -f docker-compose.yml -f docker-compose.override.yml -f docker-compose.otel.yml up
```

在所有服务启动之后，通过访问映射出来的 Zipkin 服务器地址 http://localhost:9411，可以访问到 Zipkin 的界面。

我们可以通过 http://host.docker.internal:5100 访问 eShopOnContainers 的商品列表界面，这个界面通过访问产品类别来获得产品的信息，在访问过程中，会生成相应的 Trace 信息并发送到 Zipkin 服务器。我们切换到 Zipkin 界面，单击 RUN QUERY 按钮，就可以看到捕获的遥测数据。图 9-14 展示了在 Zipkin 中访问购物车所获取的遥测数据。

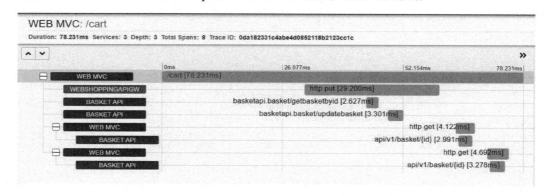

图 9-14　使用 Zipkin 查看遥测数据

这里展示了更新购物车的处理过程，可以看到在内部多次访问了 Basket API 进行处理。

4. 使用 Sidecar 实现遥测

除了使用开箱即用的诊断库 Instrumentation，伴随着 Service Mesh 和 Dapr 等技术的应用，Sidecar 也逐渐流行起来。所谓的 Sidecar 即为我们的每个服务配置一个伴随的一对一服务，自定义服务的对外的网络流量都通过这个 Sidecar 来管理，而所有的 Sidecar 则由系统统一配置和管理。在这种场景下，Sidecar 实际上可以截获所有的服务流量。

在许多实现中，已经提供了在 Sidecar 中集成针对 Trace 信息的管理，在这种情况下，我们甚至不需要在自定义服务中切入 OpenTelemetry 的代码，就可以直接在系统级别实现遥测的支持。

在最后一章我们会有涉及的相关内容。

9.6　小结

伴随着分布式的微服务架构，云原生应用本身也变得更为复杂，可观察性提供针对云原生应用程序在运行时的洞察。

可观察性涉及 3 个方面的遥测数据：Log、Metric 和 Trace。它们也有各种对应的工具以提供数据的采集、管理和展示。针对 Log 来说，ELK 技术栈是流行的日志管理工具，Prometheus 提供针对 Metric 的管理工具，而 OpenTelemetry 提供了针对全部三种数据的管理，目前最主要的应用是提供对 Trace 数据的管理。

我们可以根据需要选择适当的工具来实现云原生应用的可观察性。

第 10 章
深入理解云原生、容器、微服务和 DevOps

云原生不仅仅限于软件系统的设计与开发，它还涉及系统的全生命周期。在这一章中，我们将从一个全新的角度来理解云原生、容器、微服务和 DevOps。如果你是一名刚刚入行的新人，那么本章的内容可能会有些难以理解，如果你已经在 IT 行业工作了 5 年或者更长时间，那么你应该可以更容易理解本章的内容，并且可以通过本章的分析来更好地指导你的日常工作。

这种指导更多是方法和思想层面的，虽然本章中也将为你展示实际可操作的示例，但这些示例的目的并不是让你按部就班的直接复制到自己的日常工作环境中，而是希望能够通过这些示例帮助你更好的理解这些方法和实践背后的联系，从而可以让你在遇到全新问题的时候找到最适合自己的解决方案。毕竟，这才是本书真正存在的价值。

10.1 基础设施即代码（IaC）

作为现代软件工程的基础实践，基础设施即代码（Infrastructure as Code，IaC）是云原生、容器、微服务以及 DevOps 背后的底层逻辑。应该说，以上所有这些技术或者实践都是以基础设施即代码为基本模式的一种或者多种方法的集合。基础设施即代码并不是一种特定的技术，而是一种解决问题的思路。本节内容将从基础设施即代码的含义、原则和落地方法三个层面来帮助你理解它。

10.1.1 IaC 的含义

基础设施即代码的目标是解决一个问题，如何能够安全、稳定、快捷、高效地完成软件交付过程。注意，这里的交付并不仅仅指将可部署的软件部署到最终的运行环境，而是更宽泛的概念上的交付，也就是将软件从一个看不见、摸不到的想法或者创意，转变成用户可以操作并使用的一个系统。

这个过程涉及软件创意的捕捉、设计、计划、开发、测试、部署和发布的全过程，也包括软件发布之后收集用户反馈，重复启动以上过程的迭代。这个迭代在软件的整个生命周期里面会一直重复下去，直到这个软件不再有人使用，寿终正寝。图 10-1 展示了软件生命周期的整个过程。

图 10-1　DevOps 生命周期

软件生命周期中的这个持续的迭代过程构成 DevOps 反馈环路的概念，在这个反馈环路的左右两端分别是 Dev 和 Ops，而代码和基础设施正是 Dev 和 Ops 最重要的工件（Artifact），Dev 维护代码，Ops 维护基础设施。传统意义上，代码和基础设施是有明确的界限的，一般来说：代码特指应用代码，而基础设施则是除了应用以外（或者以下）的所有"基础"组件。如图 10-2 中所示，一般来说，基础设施是指处于应用代码这一层之下的所有组件。但我们也可以将基础设施理解成一个相对概念，也就是任何一层以下的内容都是这一层的基础设施。

环境堆栈

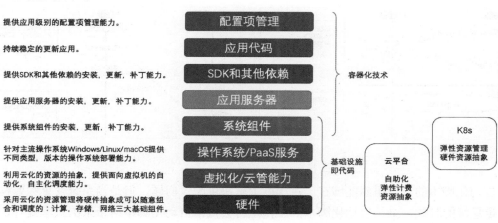

图 10-2　软件环境堆栈

在云计算技术出现以前，硬件被普遍认为是一旦创建就无法改变的，就好像你购买一台计算机，如果希望更换其中的 CPU、内存、磁盘以及网卡，都必须重新购买相应的组件并重新进行装配。云计算将计算资源（计算机）解耦成了可以随意组合的计算、存储和网络三种资源类型，允许用户根据需要自助进行组合。其底层实现机制是将硬件软件化，比如：对象存储技术和软件定义网络（SDN）就是云计算的技术实现基础。硬件被软件化之后的结果就是我们可以通过配置来改变硬件的能力。这其实就是基础设施即代码的最基础的含义。

但是对于用户而言，其实并不关心所使用的软件到底运行在什么硬件、什么云上面。比如：对于用户的社交需求来说，微信就是社交需求的基础设施，对于需要编写文档的用户来说，Word 就是他的基础设施。相对于硬件，这其实是基础设施的另外一个极端含义，也就是：任何支撑用户完成某种操作的支撑能力，都可以成为用户这一类别操作的基础设施。

从这个极端含义的角度来说，以上环境堆栈中的任何一层都可能成为上层的基础设施。为了能够为上层提供类似云计算的自助化能力，都需要提供可配置性。为了满足这种可配置性的需要，IT 行业里面就出现了容器化技术、Kubernetes、Terraform、Azure Resource Manager 等基础设施即代码的实现方式。其实这些技术解决的都是一个问题，也就是系统的可配置性问题。

10.1.2 IaC 的实现原则

实现可配置性的方法很多，传统运维的做法其实很简单，就是通过脚本来自动化这个配置过程，让原本烦琐的配置过程自动化起来。如图 10-3 左侧所示的过程就是典型的通过脚本实现自动化配置的过程。

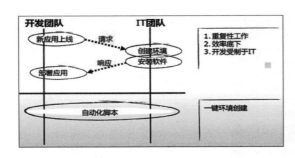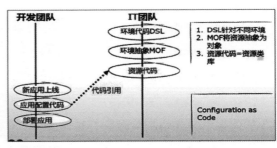

图 10-3　传统软件开发方式和 IaC 方式的对比

自动化脚本的方式虽然能够在一定程度上解决可配置问题，但是当系统变更频繁程度到达一定量级的时候，维护自动化脚本的工作量将会抵消自动化脚本所带来的效率提升，这个时候运维团队会发现采用人工处理的方式甚至比编写和维护自动化脚本更加高效。因此，在当今软件迭代速度越来越快的背景下，自动化脚本往往无法满足团队应对快速变化的市场的需要。我们需要一种能够允许团队轻松适应快速变化的环境维护方式，基础设施即代码（Infrastructure as Code，IaC）就是在这样的背景下诞生的。实际上，说诞生并不准确，IaC 其实是工程师们在遇到问题之后持续改进的结果。

当维护自动化脚本的方式无法适应快速变化的市场需要的时候，如果能够让开发和运维团队解耦就变成了解决这个问题的核心。在图 10-3 左侧的工作模式中，问题的核心是开发和运维团队之间基于"请求-响应"的工作模式，这种工作模式让开发和运维团队相互依赖，无法独立的按照自己的节奏工作。为了解决这个问题，IaC 借用了大规模软件架构设计中的分层原则，让那些需要被共享的能力变成通用组件，并在开发和运维之间共享这些组件，从而让本来互相依赖的两个团队变成依赖另外一个第三方组件，在图 10-3 右侧展示的就是这种模式。

图 10-4 中，对这种模式的转变进行了进一步的抽象，可以更加清晰地看出环境编排能力被独立成了一个单独的组件，而不再隶属于任何一个团队。

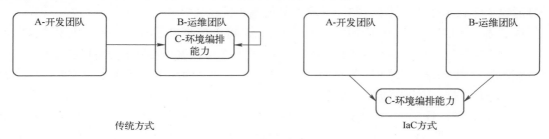

图 10-4　传统软件开发方式与 IaC 方式

为了能够通过第三方组件协同工作，IaC 方式需要遵循以下几项关键原则。

- 声明式（Declarative）：为能够让所有编排能力独立于开发和运维团队，任何一个团队都不应该将编排能力的具体操作能力保留在自己的团队中，采用声明式配置可以确保这一点，因为配置中只有声明没有具体逻辑，就意味着原来的依赖双方都必须将公用能力抽象出去，否则图 10-4 中的 C 就无法生效。
- 幂等性（Idempotence）：进一步来说，声明式配置必须能够在任何时候确保环境编排的结果，也就意味着通用组件 C 中对于环境的操作必须能够在任何状态下执行并且获得一致的最终结果。换句话说，无论目标环境处于初始状态，中间状态，最终状态还是错误的状态，当加载声明式配置以后，都会变成我们需要的理想状态（Desired State）。

10.1.3　IaC 的落地方法

从本质上来说，IaC 是一种做事情的方法，实现 IaC 的方法和工具只要遵循 2.2 节中所述的原则，都可以帮助团队落地这种方法。在实际工作过程中，我们需要一些基本条件才能够实现 IaC。

（1）文化支撑

落地 IaC 将改变团队（特别是开发和运维团队）的工作模式和协作方式，双方的工作边界和职责都会发生变化。传统模式下，开发和运维团队通过流程进行协作，双方在需要对方配合的时候发起一个流程（发出请求），等待对方按照要求完成操作（给出响应）之后继续这个流程直到目标达成。而 IaC 则要求双方通过共享能力进行协作，双方需要持续发现协作中阻碍对方独立工作的问题点，一起将解决这些问题的能力放入另外一个双方共享的组件（一般是一个工具），在日常工作中不再依赖流程驱动对方，而是使用这个共享的组件（工具）完成工作。IaC 的工作模式要求两个团队都接受不确定性思维方式，出现问题的时候要共同解决问题而不是界定和追究责任。如果团队中的文化不允许这种不确定思维方式的存在，IaC 将无法落地。

（2）共享工具

具备以上文化支撑的团队，需要共同构建一个双方都认可的工具，将双方都需要的环境编排能力全部放入这个工具中。这个共享工具的核心目标有两个：

- 解耦：让双方在日常工作中不再依赖对方，可以按照自己的节奏和工作模式自由地使用，同时确保双方关注的标准，规则和策略都可以被正常落实并可以被监督。
- 可定制可演进：这个工具存在的目的就是为了能够适应不停变化市场需要，一个静态的工具是无法做到这一点的，只有那些具备了高度可定制性和扩展性的工具才有可能具备这样的能力。因此在设计和实现这个工具过程中做到功能粒度的控制就变得至关重要，如果所有的功能都按照日常业务流程设计，不考虑通用性，最终的结果就是任何的工作流程变更都会造成工具的变更，这样的工具也就失去了通用组件的存在价值。

10.2 云原生和 DevOps 的多层含义

实际上，云原生、微服务、容器化和 DevOps 都是在从各个不同的层面践行 IaC。云原生强调利用云的基本特性赋能团队，其实就是利用 10.1.1 所描述的云计算的底层技术为团队提供实现 IaC 的基础条件。微服务则是通过组件化的思维让多个团队可以独立自主的工作，不再受到其他团队的影响从而最大化团队工作效率。容器是在云计算技术的基础上，为操作系统以及其上层的环境堆栈提供 IaC 能力，包括 Docker 和 Kubernetes 为代表的主要容器工具都是基于声明式配置和幂等性原则设计的。

DevOps 在这里又是什么呢？DevOps 是以上所有这些概念，方法和实践的综合，实际上 DevOps 的范畴比这个还要宽泛。在本节开头的那张图可以看到，从广度上来说，围绕 Dev 和 Ops 构成的这个无限环其实涵盖了软件交付过程的所有环节，从深度上来说，DevOps 又可以涵盖文化理念、管理方法、商业创新、敏捷和精益、项目管理、团队管理、技术管理和工具实现的全部层次。以至于越来越多的人将越来越多的内容放在 DevOps 这顶帽子下面，出现了诸如：AIOps、GitOps、TestOps、DevSecOps、BizDevOps 等很多扩展概念。其实，我们不必纠结这个概念本身，因为来自于社区自发总结的 DevOps 本来就没有一个集中的知识产权所有者，也就没有人能够给予它一个明确的释义。

这本身其实也是一件好事，因为就如同以上对 IaC 的分析解释一样，DevOps 的存在也是在帮助我们持续改进的，如果它本身变成一个静态的方法集或者工具包，又如何能够适应当前不断多变的商业环境和市场需要呢？从这个角度来说，所有那些希望将 DevOps 进行标准化的所谓认证，体系和方案其实都是一种带有误导性的商业行为，真正适合 DevOps 的方案必须是可以自我演进的。

云原生和 DevOps 的概念其实已经大大超出了简单的技术范畴，本书作为一本重点关注技术实践方法的书籍，不会对这些概念范畴进行展开描述。本章后续的内容将回到本书的主线上，从 .NET 应用的云原生实践角度来展示作为开发者应该如何利用这些方法和实践，让其为自己的项目或产品服务，以便提升自己团队的开发效率。

10.3　DevOps 实施落地的两大法宝

软件这件事情，现在变得越来越重要。现在火热的所谓数字化、研发效能、平台工程，其根本都是在寻找最大化软件价值的方法而已，只不过关注的层面有所不同。数字化更加关注用户侧和业务价值，研发效能更加关注开发过程，而平台工程则强调用一个内部开发者平台（Internal Developer Platform，IDP）来承载具体的方法和实践。1993 年，被称为是互联网点火人的马克・安德森（Marc Andreessen）开发出了 Mosaic 浏览器，他后来加入网景（Netscape）公司，开创了互联网时代。可以说，软件这件事情只有到了互联网出现以后才真正开始进入普通人的生活。2011 年，马克・安德森提出了软件正在吞噬世界（Software is eating the world）的说法，同一年的 1 月 21 日，腾讯推出了一款为智能终端提供的即时通信软件，叫作微信。

随着软件规模的不断扩大，早期几个人就可以搞定的软件，现在需要几百上千人协同完成，软件开发过程本身的问题也被放大，变成了影响组织生存发展的大问题。从研发效能的层面，从软件第一性原理出发，我们需要确保在目标不确定、方法不确定、系统越来越复杂的前提下帮助企业取得成功，其关键点只有两个：颗粒细度、解耦。

面对不确定目标最简单的应对方式就是将复杂问题简单化，对问题进行拆解，然后逐个攻克。但是在拆解的过程中会带来一个副作用，就是拆解后的单个问题确实简单了，但是问题的数量增加了，同时不同问题之间的依赖会造成副作用。因此我们需要解耦，采用各种管理和技术手段，让拆解后的问题可以被独立解决，而不是依赖其他问题。如图 10-5 所示，控制粒度和解耦是研发效能这一个问题的两个方面，他们互相制约也互相推动，最终的目的都是帮助团队提升效率。

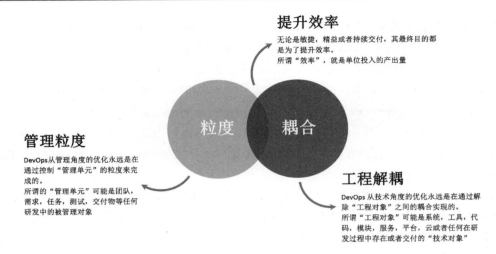

图 10-5　DevOps 实施落地的两大法宝

提升效率。不管是敏捷、精益、持续集成、持续交付或 DevOps 等概念，目的都是提高效率，即提高单位资源的产出。其关键原因在于中国的经济发展迅速，很多企业已经度过了那个靠增加投资来增加产出的阶段，现在 IT 从业人员薪资在增长，所使用的各种工具和环境，包括市场都非常成熟，很难找到一种短时间内获得爆发性收益的方式，企业之间到了拼内在实力的阶段，在这个阶段效率非常重要。

管理粒度有两层含义：首先作为动词，管理这个粒度，然后作为名词，管理的粒度。在进行研发效率优化的时候，我们要关注的就是各种粒度，需求大小、团队大小、交付的代码量的多少，原则是越小越好。因为软件研发本身是一个复杂的过程，对于复杂过程的管理永远没办法适应其复杂度，最有效的方式是将复杂问题简单化，然后去管理简单问题。所以，从管理的角度如果想优化效率就要尽量减小管理单元。

工程解耦。软件工程涉及两个领域：管理领域——怎么去管理过程和团队；工程领域——实现要实现的内容，从软件角度来说就是怎么编码，怎么把大家脑子里的东西变成可运行的应用和服务，这个过程就是工程领域。在工程领域上想提升效率要做的就是解耦，不停地解耦，让你的程序、服务、所有部分都可以相对独立地被开发、测试、部署、运行，这样整体效率才能提升上去。

10.3.1　敏捷让我们重新定义管理

敏捷是什么？敏捷到底帮助我们认清了什么？其实敏捷真正做的事情是帮我们认清了到底什么是软件开发，软件开发的管理过程到底在管理什么。

如图 10-6 所示，传统的项目管理，管理的是时间、成本和范围，它认为我们的目标是一致的，在一个固定目标的情况下，我们所要管理的就只有成本、时间和范围。这就好像我们盖一栋大楼，肯定是有一个蓝图的，有了这个蓝图以后这栋大楼到底需要多久盖一层、盖一层需要多少资源、需要多少人力投入、可能会遇到什么问题，这些基本都是可预知的。

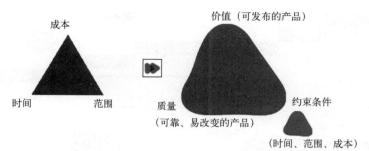

传统研发更关注于内向型指标，没有从整体性上考虑问题。
敏捷要求我们引入用户，DevOps要求我们具备全局观！应从外向型指标评价过程！

图 10-6　敏捷开发模式

　　软件开发不是这样，软件开发从来没有定义清楚我现在要盖一栋大楼，也就是说你从用户那里拿到的所谓的需求，永远都是一个假设。为什么说是假设？需求和假设到底有什么区别？区别就在于：假设的价值和质量是可变的。当你的价值和质量是可变的时候，其实你拿到的就是一个假设而不是一个需求。

　　我们所做的软件是虚拟的，没有办法被实例化，在软件造出来之前没有任何人能看到它长什么样，没有任何人能体验到这个软件最终会给他什么。作为一个软件来说，只有当软件已经被做出来给到用户之后，用户才真正知道这个软件到底是不是符合他当初的所谓需求。也就是说，大家看到的需求文档、开发计划其实都是假设，在做出来、代码写出来给到用户之前都通通有可能是错误的。

　　当我们管理这样一个不确定的过程的时候，如果还用传统的项目管理方式来管理它的话，必然会遇到很多问题。

　　敏捷重新定义了软件开发管理的思路。

　　它定义的方式就是：把惯常的项目管理认为不变的价值和质量定义为可变的变量，传统的项目管理领域里的变量——时间、范围和成本，仍然是变量，所以软件开发管理领域中的变量要比传统项目管理中的变量要多得多、复杂得多。

　　这其实就是软件研发的本质。软件研发的项目管理和传统的项目管理不是同一个概念，如果用传统的方式来管理软件研发的过程必然会遇到问题。

10.3.2　传统开发 VS 敏捷开发

　　图 10-7 是传统开发和敏捷开发的对比，从过程上来其实是瀑布式和迭代式的比较。瀑布式和迭代式到底有什么区别？图的上半部分是瀑布式的过程，下半部分是迭代式的过程。从图中可以看到两者最大的区别就是：迭代式的过程每一个管理单元会变得更小，交付的时间点会更加提前，实际上这就是我所说的第一个法宝——粒度。为什么敏捷开发能更加适应软件开发过程，原因就在于它缩小了管理粒度。

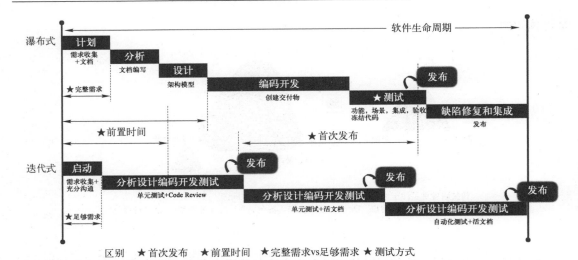

图 10-7 对比传统开发（瀑布式）与敏捷开发（迭代式）

当你定一个三个月的开发计划，并且一次开始执行，如果中间出现问题，可能需要把很多东西从头来过。敏捷开发要求我们把开发过程变成一段一段的，每一段都是一个完整的交付过程。这样就算犯错误，所犯错误的机会成本也会低很多。

也就是说，当你的团队规模到达一定程度，当你所开发的软件体量到达一定程度，软件开发必然会变成一个非常复杂的、并且你没有办法去把它管理好的过程。当到达这样的量级时怎么处理？千万不要试图以一个非常严谨的管理流程来适应它，这是不可能做到的。你所要做的就是尽量减少你所管理的单元。

简单来说就是：把你的需求从 Word 挪到 Excel 里，把你的需求从一大堆的描述变成一条一条的描述，把你的团队从几百人的大团队变成一个个几个人十来个人的小团队，把你所交付的软件从一个单体的软件变成一个个小的服务，这都是在控制粒度。

当你降低了粒度以后，并不是说你变得有多聪明了，而是在你同样的聪明程度下你所处理的问题的复杂度降低了，你就能把它处理好。

计划不是用来限制变化的，而是用来适应变化的。软件开发的计划本身也是“管理单元”，计划对变化的适应能力来源于计划本身“粒度”的缩小。计划越大越有可能没办法被顺利执行，计划越小就越容易被成功地执行。

软件研发是一个复杂过程，不要试图用复杂方法处理复杂过程，尝试将复杂过程简化成简单过程，再用简单方法处理简单过程。

经常有人问：我的团队适不适合做 DevOps？我的产品适不适合做 DevOps？这就是个伪命题，这个问题在于你怎么看待你所管理的过程，如果愿意并能够把管理的过程简单化，就肯定可以做 DevOps，且做 DevOps 的过程就是在不断简单化管理过程的过程。

到底软件研发管理过程是什么样的？如图 10-8 所示，我们要管理的就是图上的点和线。图上最下面比较粗的线上列出来的简写其实就是 CMMI 定义的管理过程。

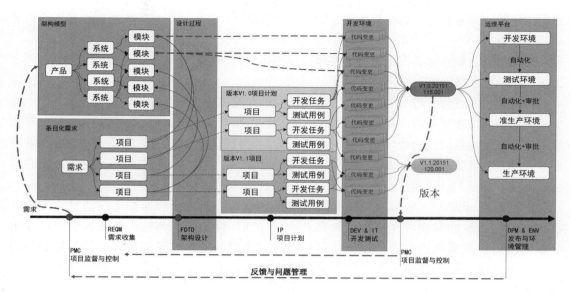

图 10-8　软件研发管理过程全景

用 CMMI 模型可视化地展示一个软件研发的管理过程，从最左边的需求提起，可以看到包括两大部分的内容。

技术架构——从技术的角度怎样来描述产品长成什么样子，这里看到的就是一个大的产品，下面分成很多子系统，每个子系统里包含很多模块，这就是所能看到的软件的技术架构。

条目化需求，条目化需求就是用户提出的一个一个的他希望软件帮助他做到的不同的场景。

往右一点是设计过程，软件的架构设计就是将用户所希望实现的场景和技术架构进行映射，需要识别的是通过哪些技术可以实现用户所希望实现的场景，并且还要在用户场景不断影响技术架构的过程中保持架构的稳定性、可扩展性、性能等。所以它所做的就是把底下的框框和上面的框框联系起来。

再往右有一个项目计划，这里列出来了一些项目，项目里会有开发任务、测试用例、可能还会有 Bug 等，项目是从左边的条目化需求引过来的，这是敏捷的做法。

传统的软件开发的做法是：用户想做这个事，先做分析，需要实现哪些技术模块，然后要求把技术模块的技术点梳理成所谓的开发计划，它所传递的项目来源是来自于产品的模块，这是一种瀑布的做法。就是在软件开发过程中，将业务需求打散形成整个产品的完整设计，针对完整设计进行完整开发和完整交付。

它和直接使用条目化需求组织开发过程的区别在于：在你进行完整设计、完整开发的过程中，会发现到了最后收敛的时候，当真正实现了这些软件需求，需要通过一些软件的版本进行交付的时候，你必须要让这些模块的功能收敛到用户希望的场景上。实际上你交付的还是用户场景，只是在开发的过程中把它变成了技术语言，在最后交付的时候再把技术语言转化为业务语言。

这两次转化就意味着我们必须要整体开发整体交付，也就造成了管理粒度非常大，随之而来的就是各种问题。

敏捷开发从过程管理上要把握一个非常重要的原则：中间的开发过程必须围绕一个一个条目化的业务需求来组织，而不是围绕技术功能点。用户要什么我们就开发什么，就怎样去组织开发过程，最后交给他什么。因为就算是你把它打散成技术需求，最后交付的还是业务场景，这是没有变化的。技术与业务之间转化的过程，会造成非常多的问题，包括之前说的依赖问题，都是和过程的组织方式有关系的。

对于敏捷开发，一些传统的开发团队非常难做到，因为这和他们现在的管理方法、组织过程以及他们对软件开发的认知都是不一样的。他们可能都会提要做敏捷，可能也会说要用用户故事来进行需求梳理，但他们没有意识到用户故事的更深层次的要求指的是：整个开发过程都要围绕单个用户故事作为管理粒度，来推进整个管理过程并且最后进行交付。

再往右可以看到编码、版本、运维的各种环节，代码的变更会从开发任务产生出来，也可能会从测试用例产生出来，但最后都会被收敛到某一个版本上，而这个版本会按照顺序进入到我们的开发环境、测试环境、准生产环境和生产环境，最后在环境里产生出一些反馈，再回到需求，这就形成了完整的软件研发过程的闭环。

结合前面介绍的内容来看，如果从管理过程来理解软件研发，管理的就是这里面的点和线；如果从工程角度来理解软件研发，更多的倾向是：从开发测试这个环节开始，怎样能够让做出来的东西更快地进入到最后的环境，并且在这个过程中保持其跟踪性以及我们对质量的控制。

研发过程改进，就是对上图中的点和线建立对应的管理单元的过程，并将这些管理单元形成能够快速交付需求的管理体系。

10.3.3 软件研发过程：管理属性和工程属性

软件研发过程具有管理属性和工程属性。管理属性定义了用户要我们做什么，工程属性定义了我们的团队真正做出来了什么，就是我们交付的产品。这两者是软件开发里非常重要的转换，而这个转换靠统一的版本管理来衔接。就是要建立一个统一的版本号的规范，在任何时候都可以通过一个编码快速识别出现在软件开发处于什么样的状态、现在的需求处于什么状态、现在需要交付的东西是哪个。图 10-9 展示了两者之间的关系。

至此，如果再次反思这个过程就会对粒度这个概念有一个深入地理解了。软件开发过程要管理的其实就是这个粒度，目标是尽量缩小管理粒度。在整个软件研发体系里流动的是被管理的内容，需求、任务、测试用例、编写的代码、交付的模块都是被管理的单元，管理单元越小意味着越容易管理，交付的效率越高。

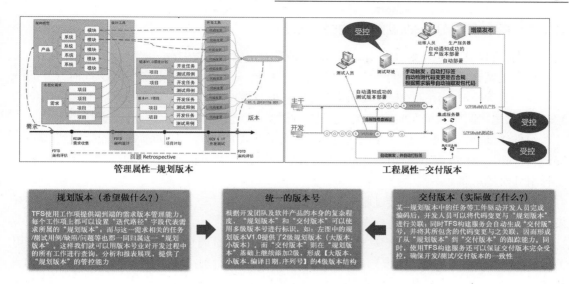

图 10-9　管理属性与工程属性

10.3.4　持续交付实施框架

图 10-10 展示的是持续交付实施框架，把持续交付分成了 7 大领域，并且把当前的实践状态分成了每 100 天交付 1 次和 1 天交付 100 次。实际上在任何一个团队里，当你希望把自己的交付速度提升到每天交付 100 次，那你需要从这 7 个领域进行规划、设计、实施，在这 7 个领域里我们到底在做什么，归结到底就是：解耦。

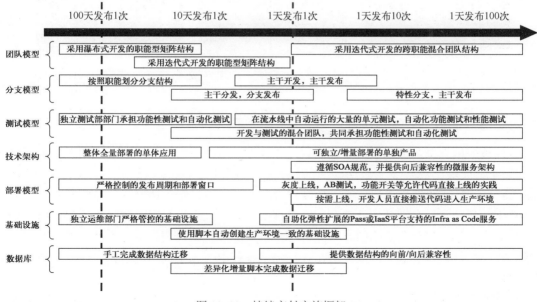

图 10-10　持续交付实施框架

10.3.5　微服务是软件研发解耦的终极形态

首先我们需要知道软件开发中到底是怎样的耦合。软件开发中有三级耦合（图 10-11）。

代码级耦合。所有人在同一个代码分支上同时迁入迁出代码，也就是大家同时开发同一个产品，这种情况下团队规模是没有办法超过 20 人的，这是一个经验数字，想象一下一个超过 20 人的团队频繁地在同一个代码分支上进行迁入迁出，基本上是无法工作的。

组件级耦合。不管是什么开发语言都会有包管理器的概念，比如前端可能会用到 npm、bower、yarn，做 Python 会用到 pip，做 .NET 开发会用到 nuget，这些包管理器所做的就是进行组件级的解耦。

服务级耦合是指服务间通过服务契约或者 API 进行协作，每个服务可以由不同的语言开发，使用不同的数据存储，运行在不同的运行环境中。

组件级解耦是指：当我不是直接引用你的代码，而是通过你对版本管理的包进行引用的时候，就可以在一定程度上延迟包的变化对我的影响，比如说我可以一直引用一个 1.0 的包，但是这个包的开发者已经在升级 2.0，但我可以完全不理会他那条分支上的代码变化，我就只引用 1.0 的包，这时两个团队就被解耦了，如果这是一个产品的两个部分，也被解耦了。

图 10-11　软件开发中的三级耦合

组件级解耦有个最大的限制条件：到达软件上线时间点的时候，要统一同一个应用里的所有的包的依赖。这是对一个单体应用而言，所有的代码编译到一起，在一个运行时 Runtime 里运行，如果是这种情况，那么包管理的隔离就只能到达产品发布的时间点。如果这几个团队开发同一个产品，就算在开发过程中可以让大家去引用不同版本的包，但是如果要一起上线，那么必须在上线的时间点统一大家用的所有的包的版本，不然没办法在同一个环境运行。所以组件级耦合只能解决在开发测试过程中的一定程度的解耦，没办法帮助团队彻底解耦。

软件如何才能彻底解耦？现在炒得火热的微服务，其实它所做的就是彻底地运行环境级别的解耦。也被称为服务级解耦，所谓的微服务其实就是利用运行环境的隔离来实现最终极的解耦目标，从而给予团队和系统最大的自主性和自由度。

大家经常看到，很多的 Web API 都会在 URL 里面标识不同的版本号。比如团队 1 发布了 v1 版本的 API，并且已经被团队 2 消费；那么团队 1 可以继续按照自己的步调发布 v2 版本的 API，而团队 2 可以继续使用团队 1 的 v1 版本的 API；团队 2 可以在自己觉得舒服的时间点来升级到支持团队 1 的 v2 版本。这样，团队 1 和团队 2 就彻底解耦，可以独立完成需求，开发，测试，交付的整个过程。

这时这两个团队从需求、开发、测试到交付的整个过程都是可以不去互相影响的，因为就算运行时在生产环境，这个服务被部署了以后，他们都可以在不同的版本间进行切换，这样就保证了每个团队都可以自主地组织自己的开发过程。

实际上它就是减小了管理单元的大小，让管理单元可以小到一个团队里边，甚至小到几个开发人员，这时可能看到的还是几百人的大团队，其实里面是一个一个小的独立运作的"细胞"，这些细胞都可以按照自己的步调去移动、去发布、去测试，这样大家才能更加高效地工作。

这三级解耦的过程中，团队的自由度、业务能力、交付的速度、质量的控制都会得到提升，但也会造成系统复杂度、运维复杂度的提升，这是我们在不停地进行软件开发解耦的过程中所带来的副作用。

10.4　DevOps 实施落地的三步工作法

DevOps 三步工作法：建立全局观、建立反馈、持续改进。如图 10-12 所示。

图 10-12　DevOps 三步工作法

这三步从可操作性的角度需要做什么？从建立全局观到建立反馈的过程中，要做的是以下几件事。

首先要建立端到端的软件全生命周期管理的体系，这个体系就如图 10-8 软件研发管理过程全景图所示；接下来把图中所有的点适配到自己的环境中，识别出对于我来说到底是什么，同时对这个体系的管理能力必须通过一些工具来实现，这个过程就是识别管理单元；识别了管理单元之后要做的下一步是减小管理粒度；减少管理粒度的结果就是建立了流动性。

对看板有了解的人知道，看板最重要的原则是拉动原则，拉动原则的目的是让进入到研发环节的工作内容尽快完成并交付出去，所以要做的就是建立流动性。建立看板的第一步是建立管理流程可视化，这就是全局观，看到整个过程是什么、问题在哪里，做所有这些事情的目的就是让进入到研发环节的工作内容尽快交付出去，怎么才能做到？很简单，把工作内容变小就可以更快地流动。

有了正向的流动之后，下一步要知道流动的东西是好是坏，这就是在建立反馈，而配置管理、持续解耦（包括持续集成、CI/CD）真正在做什么？持续交付真正在做的也是建立反馈，从具体落地的策略来说，实际上是在解耦，但解耦的目的是在环节中不停地建立回答"这个东西到底做得好不好？""可以不可以继续往下走？"等问题的反馈。图 10-13 展示了持续改进的关键：人和流程。

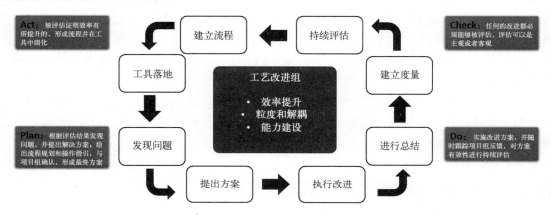

图 10-13　持续改进的关键：人和流程

有了这些反馈以后，就已经形成了整个研发过程的闭环，现在要做的就是让这个闭环不停地流动起来，这就得靠人。所以持续改进最后一步的关键是：人+流程。

我们的研发过程改进永远不是一个项目，而只是一个起点。开始做这件事以后就没有尽头，建立起这样一个体系以后，要做的是不停地改进这个体系。

10.5　版本管理系统

版本管理系统的重要性不言而喻，作为当前最为流行的版本管理系统，Git 已经成为事实上的业界标准。这里我们介绍基于 Git 的分布式版本管理系统。

10.5.1　版本管理系统的作用

Git 是一种版本管理系统，首先了解一下使用版本管理系统的必要性。

版本控制系统有助于你跟踪和保存在一段时间内所修改的代码，同时帮助你跟踪所有你所作出的变更，它就如同一部相机，不停地帮助你记录某一时刻的代码状态快照并永久保存这些快照，以便你可以在未来的任何时间找回之前的改动。

　　如果没有版本控制系统，你需要在自己的计算机上保存同一份代码的多个副本才能确保满足很多常见的开发场景。相信很多刚刚接触编程的朋友都这样做过，但是这样做会非常危险，因为你可能会误删或者修改了其中某些文件，造成工作丢失，最糟糕的是，你无法知道你为什么做了这些改动以及做了什么改动。在团队开发的场景下，版本控制系统变得更加重要，因为你会非常频繁地和其他开发人员交换代码，有时需要同步，有时需要并行，如果没有版本控制系统，这一切会变成每个人的噩梦，让你无法专注于你的开发工作，造成极大的效率损失。

　　对于企业开发者而言，如果没有版本控制，系统基本上就无法开展日常工作，因为与个人开发不同的是，企业开发需要几十人甚至成百上千人协同完成开发工作。同时，企业级软件还存在多个并行发布版本，多个运行环境（调测，测试，预生产，生产等），多种专业分工（架构，设计，开发，测试，运维）等复杂情况；要适应这样复杂的情况，没有高效的版本控制系统和适当的分支策略和流程控制是不可能实现的。

　　简单总结一下使用版本控制系统的好处如下。

- 统一工作方式：版本控制系统工作流可防止每个人使用各种不兼容的工具按照自己的习惯进行开发的混乱局面。版本控制系统提供流程强制执行措施和权控制能力，让所有人都有章可循。这对于企业开发者尤其重要，虽然软件开发是非常强调单个开发者个性的过程，但团队开发中个性化的环境和工具只能造成协作效率的下降，因此通过统一的版本控制工具来统一所有人的工作方式至关重要。

- 跟踪改动：每个版本都有一个关于版本更改（如修复 Bug 或新增功能）的说明。此说明有助于按版本（而不是按各个文件更改）来跟踪代码更改。可以根据需要随时在版本控制系统中查看和还原各个版本中存储的代码。这样一来，你就可以在任意一版代码的基础上轻松开展新工作。这一特性对于很多企业开发中的场景非常有帮助，比如：在同步开发新版本的时候需要临时解决一个线上问题，我们必须能够精准定位线上环境所使用的代码版本，在这个版本上进行修复并快速发布解决问题，同时还要确保这个 Bug 修复不会在未来版本被遗漏。

- 团队协作：版本控制系统可以帮助不同开发人员同步代码版本，并确保你的更改不会与团队其他成员的更改相互冲突。团队依赖版本控制系统中的各种功能来预防和解决冲突，让团队成员可以同时进行代码修改。很多人在使用版本控制系统时最头疼的事情就是冲突的解决，因此很多团队会禁止成员使用分支。对分支进行一定程度的控制是很有必要的，但是控制过死会让团队成员束手束脚，造成团队成员之间的紧耦合，从而降低开发效率。有效的分支策略需要综合考虑多种因素，包括：团队结构，发布方式，环境部署流程，职能团队间的配合，代码质量的控制等。Git 所代表的分布式版本控制系统有效地平衡了管控和自由之间的矛盾，允许你设计成最适合你的团队的编码协作模式。

- 保留历史：在团队保存代码的新版本时，版本控制系统会保留变更历史记录。团队成员可以查看此历史记录，了解是谁在何时进行了更改以及更改原因。有了历史记录，你就有信心进行各种尝试和探索，因为可以随时回退到上一正常版本。历史记录不仅仅可以帮助成员有效的了解代码的来龙去脉，还能帮助成员避免犯错误。基于历史记录进行一定的数据分析后，我们可以让开发人员更智能地进行工作。

● 配合持续集成：持续集成/发布工具必须和版本控制系统有效的集成才能发挥出真正的能量，一个高效的分支策略的设计必须考虑持续集成和发布的要求，同时兼顾开发流程的有效性。持续集成和持续发布已经成为现代企业级软件开发的必需品，降低软件发布过程的成本，减少错误，避免失误，这些都需要 CI/CD 的配合。但是我们应该在怎样的代码版本上进行 CI/CD，这恐怕是困扰很多人的难题。我见到的大多数团队的 CI/CD 都是与某一分支绑定的，这其实一种错误的做法，因为这样你只能在代码已经进入分支之后才能进行验证，CI 对于代码质量的验证成为马后炮，无法起到预防的作用；使用 Git 我们可以针对代码变更进行预评审，预合并，预构建和发布，让你更为有效地组织自己的 CI/CD 流水线。

版本控制系统的优化对于提高软件开发团队效率至关重要，充分了解你所使用的版本控制系统的特性并加以利用是每个开发人员都必须掌握的基本能力。

10.5.2　Git 分布式版本管理系统的作用

Git 是当前主流的版本控制系统，已经成为了事实的业界标准，以下是 Stackoverflow 网站在过去几年中针对版本控制系统使用情况的统计，如图 10-14 所示，可以明显看出 Git 所占的绝对领导位置。

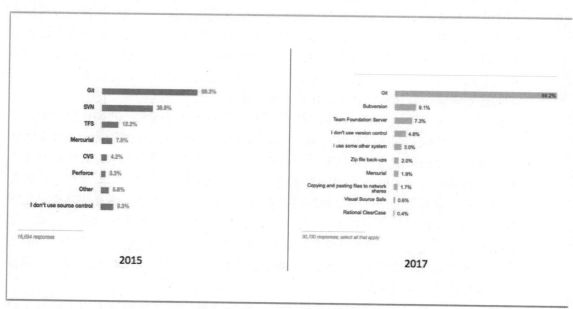

图 10-14　各类分布式版本控制系统的使用情况

具体数据请参考以下网址。

● https://insights.stackoverflow.com/survey/2015
● https://insights.stackoverflow.com/survey/2017

Git 和其他版本控制系统最大的区别在于它是一种分布式的版本控制系统（DVCS），这主要是针对类似 SVN，TFVC 或者 ClearCase 这种集中式版本控制系统（CVCS）而言的。简单来说，每个 Git 存储库都是一份完整的代码，历史记录以及分支的集合，而 CVCS 系统只在服务器上保存这些所有信息，而在本地一般只有当前版本和至多一个历史版本。这种能力赋予了开发人员非常灵活的工作方式，因为分支/查找历史/比较/合并等操作都不需要通过服务器进行，就可以更为轻松的脱机工作或者远程工作；同时在连接到网络的时候又可以和其他人共享代码。

Git 的灵活性和用户接受度使之成为任何团队的首选。Git 的用户社区中已有许多资源可用来培训开发者，同时 Git 的用户接受度使得用户可以在需要时轻松获得帮助。几乎所有的开发工具和技术栈都支持 Git，Git 命令行工具可以在所有主要操作系统上运行。对于企业来说，如果不使用 Git 会让那些新入职的开发者感到非常不适应，并且大幅度降低他们的开发效率，我曾将见到过开发者因为应聘企业使用老旧的开发工具而拒绝接受企业的 Offer。

1. Git 的一些基本概念

（1）提交（Commit）

每当通过 Git 保存修改时，Git 会创建一个提交（Commit）。图中每个圆点表示一个提交。提交就是在某一个时间点所有文件改动的快照。如果在下一个提交中文件没有变化，Git 会使用之前存储的文件。每一个提交都针对前一个提交保存一个链接，如图 10-15 所示，这种链接关系形成了一个开发历史的数据链路。在 Git 中称为分支（Branch），默认的分支一般被命名为 Master 分支。

图 10-15　Git 中的 Commit

这种链接关系让我们可以将代码还原为以前的提交、检查两个提交的文件变化，并能查看何时在哪里进行了更改等信息。每个提交在 Git 中都有一个唯一的标识（commit id），这个 id 是通过对提交的内容执行加密哈希算法得出的。由于一切都已经过哈希处理，因此 Git 一定可以检测到更改、信息丢失或文件损坏。

（2）分支（Branch）

Git 分支与传统版本管理系统不同，并不会在文件系统中创建重复的文件，而是通过修改当前文件所指向的具体版本（commit id）来实现的，所以你不必切换文件夹就可以所以切换到任何分支上工作图 10-16 展示了在 Master 分支之外的一个分支，分支中的修改随后被合并到主分支中。

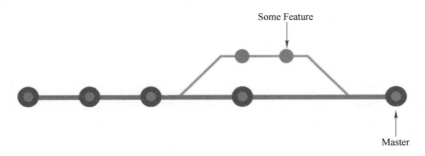

图 10-16　Git 中的分支

（3）文件和提交状态

图 10-17 中 Git 中的文件有以下三种状态：未修改（Unmodified）、已修改（Modified）
或已暂存（Staged）。首次修改文件时，更改
只存在于工作目录中。这些更改还不属于提
交或开发历史记录。必须暂存（Stage）要包
含在提交中的已更改文件（可以省略其中某
些文件）才能将改动提交到 Git。暂存区域包
含下一个提交将包含的所有更改。对暂存文
件感到满意后，你就可以提交（Commit）这
些文件，并为提交添加描述信息。这个提交
就成为开发历史记录的一部分了。

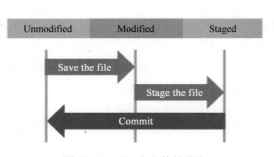

图 10-17　Git 中文件的状态

2．Git 的优势

（1）并行开发

每个人都有自己的代码本地副本，可以同时在自己的分支上工作。你也可以脱机使用
Git，因为几乎所有操作都是在本地执行。

（2）加快发布速度

借助分支，可以灵活地进行同步开发。主分支（Master）作为发布版本的稳定代码。功
能分支（Feature Branch）包含正在进行的工作，完成后将合并到主分支中。通过将主分支与
正在进行的开发分隔开来，可以更好地管理稳定代码，并更为高效安全的发布代码。

（3）内置集成

因为 Git 用户接受度非常高，它已被集成到大多数工具和产品中。所有主流的 IDE 都
内置有 Git 支持，还有很多工具提供了与 Git 集成的持续集成、持续部署、自动测试、工作
项跟踪、指标和报表功能。这种集成简化了日常工作流，降低了企业开发中工具二次开发，
集成和定制的需求。

（4）强大的社区支持

Git 作为开放源代码管理系统，已经成为版本控制系统的业界标准，为团队提供所需的
一切工具和资源。相比其他版本控制系统，Git 的社区支持非常强大，你可以在需要时轻松
获得帮助。

（5）Git 适用于团队协作

将 Git 与其他工具配合使用，可以鼓励团队协作、同时确保策略的实行、实现自动化，并能提高工作的可见性和可跟踪性，从而提高团队的工作效率。你可以单独选择不同的版本控制系统、工作项跟踪系统以及持续集成和部署工具。也可以选择 Visual Studio Team Services/Team Foundation Server 作为端到端的管理工具，团队具备非常高的自主性和灵活性。

（6）Git 结合拉取请求（Pull Request）

可以确保代码检视过程的有效性，然后再将它们合并到主分支中。在拉取请求中进行的讨论非常有价值，可确保代码质量并促进团队成员相互学习和协作。Visual Studio Team Services/Team Foundation Server 提供了非常棒的拉取请求体验，你可以浏览文件更改、发表意见、检查提交、查看生成，并能通过社交化投票来批准代码合并。

（7）分支策略

分支策略是 Visual Studio Team Services/Team Foundation Server 中提供一项有效保持主分支（Master）代码质量的策略机制，让团队可以通过配置灵活的策略实现对主分支的保护，比如：不允许直接向主分支提交代码，必须经过代码审查才能合并，必须经过特定人员批准才能合并，必须解决所有代码审查意见才能合并等一系列非常有效的保护手段；同时也允许你自己定制更加复杂的策略规则来适配团队的不同诉求。

10.5.3　在微服务开发中使用拉取请求（Pull Request）的方式管理代码

拉取请求是 Git 中特有的工作方式，可以帮助团队更好的控制代码质量，集成自动化构建和部署，创建更好的协作氛围，特别是在使用微服务架构的开发团队中，团队协作尤为重要。我们需要利用 Git 配置管理系统所提供的拉取请求能力协助我们完成多团队、多模块、并行开发、协同发版的复杂流程。要理解拉取请求是如何做到这些的，我们首先需要了解什么是拉取请求。

1. 什么是拉取请求

拉取请求，从字面意思理解就是"希望对方进行拉取的请求"；但这也是大家最迷惑的一点，拉取请求最早出现于 GitHub，是为了让多个不同的 git repo 之间可以交换代码而提供的功能。基本的操作方式为：

- 开发人员希望为 repo A 代码进行共享，那么可以 fork 一份 repo A 的代码，并在自己 fork 出来的副本中进行修改；
- 当开发人员觉得代码已经成熟并希望推送给 repo A 的所有者的时候，他会提出一个请求，并将这个请求发送给 repo A 的所有者，由 repo A 的所有者对所提交的修改进行审核；
- 如果 repo A 的所有者角色接受这些代码修改，则会批准这个拉取请求，将代码合并至自己的 repo 中。

通过以上过程可以看出，拉取请求是为了最终的合并操作所进行的准备/审核代码的过程而设计的。这里的"请求"是针对代码的接收方而言的，所以我们会有"发送拉取请求"的说法，接收方最终会将代码"拉进"自己的 repo，所以名字才会被叫作拉取请求（Pull

Request）。

在企业开发中，我们一般采用分支的方式来替代 GitHub 上面的 fork 方式，分支更加适合团队成员之间的紧密的协作开发，因此企业中的拉取请求一般是创建在分支之间的。

注：其实不同的 fork 之间的拉取请求也同样是在分支之间的，因为 Git 独特的分布式特性，不同 fork 库之间的 commit id 仍然是一致并且可以被跟踪的，所以我们可以在不同的 repo 的分支之间进行合并。这种场景在企业中也有应用，我们会在后续的章节中进行介绍。

2. 拉取请求的典型流程

下面我们就通过一个典型的拉取请求操作流程来了解它的一些特性。图 10-18 展示拉取请求的典型处理过程。

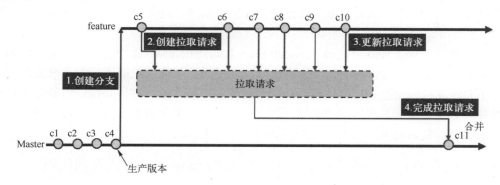

图 10-18　拉取请求

拉取请求的操作一般通过 4 个步骤完成。

（1）创建分支

这个动作一般是在 Master 分支上，针对某个已经发布到生产环境的版本进行的。在上图中，我们针对 c4 的这个提交创建了一条 feature 分支出来，在这个 feature 分支中开始进行功能开发、Bug 修复等改动。你可以通过如图 10-19 的方式来创建分支。

图 10-19　创建分支

（2）创建拉取请求

当在 feature 分支上完成了至少一次提交的时候就可以创建拉取请求了。创建拉取请求必须要指定"希望拉取这个改动"的目标分支。也就是说，上图中的拉取请求的目的是让 master 将分支上的代码拉进去，这也是拉取请求这个名字的来源。这里需要注意的是，当分支上还不存在变更的时候，是无法创建拉取请求的，因为没有东西可以让 master 进行拉取。

另外，拉取请求这个名字还包含了一层含义是，当前我们只是提出了一个请求，希望 master 接受我们的改动，但是 master 是否接受，是由 master 分支的所有者来决定的。这一点非常重要，因为它建立了一种"请求->接受"的协作机制。这种机制分离了修改代码和接受代码修改这两件事情，让我们可以在这两个动作之间进行代码评审，静态代码检查，测试等质量验证动作，同时它明确了修改代码的权限和接受代码变更的权限的界限，让代码合并操作更加可控。

拉取请求上所显示的代码变更，其实一直是以 master 上的最新版本作为基准的，它可以持续地跟踪 feature 分支与 master 分支代码之间的差异，无论是 master 还是 feature 发生变化，拉取请求都可以检测到。

创建拉取请求有两种方式。

方式一：分支上代码发生变化后提示用户来创建拉取请求，如图 10-20 所示。

图 10-20　创建拉取请求方式一

方式二：通过拉取请求页面直接创建，如图 10-21 所示。

创建拉取请求包含以下关键信息。

1）源分支和目标分支：源分支是包含了代码变更的分支，目标分支是将会接受这些变更的分支，也就是将会"把这些改动拉取进去的分支"。

2）标题和说明：这里应该尽量详细的描述 feature 分支上将会完成的修改，之所以说"将会"，是因为拉取请求一般在分支上存在变更后的这个时间点就立即创建了，而在完成拉取请求进行合并之前，我们会持续地在分支上提交变更。

图 10-21 创建拉取请求方式二

3）审阅者：指定那些需要给出意见的代码检视人，添加到这里的检视人会收到 TFS/VSTS 自动发送的通知邮件。

4）工作项：将当前拉取请求上的代码变更所涉及的需求/任务（工作项）关联到这里，帮助团队跟踪这些变更的目的。

5）文件和提交：这里 TFS/VSTS 会列出已经修改过的文件和提交。

图 10-22 展示了创建拉取请求的详细内容。

图 10-22 创建拉取请求的详细内容

拉取请求一旦创建，团队成员就可以通过概述视图进行讨论，跟踪代码变更。

注：在注释中可以使用 MarkDown 格式编写富文本的内容，包括表格，图片等都可以使用，也可以添加附件。如图 10-23 所示。

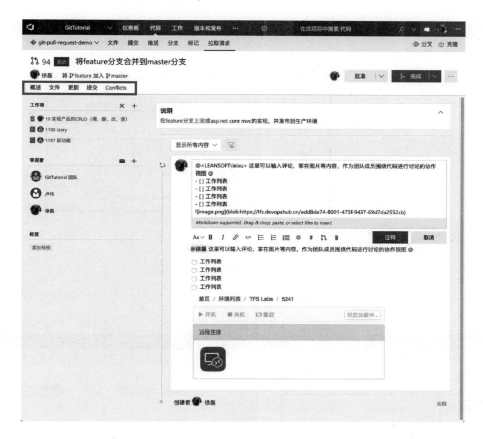

图 10-23　使用 MarkDown 格式创建注释

团队也可以针对某行代码进行注释，并将这些注释意见直接作为任务进行跟踪。如图 10-24 所示。

（3）更新拉取请求

拉取请求一旦创建，就会持续跟踪所包含的两条分支上的改动，开发人员可以持续的在分支上提交代码，拉取请求会动态地更新并给出提示。

如图 10-25 所示，当开发人员推送了新的更改后，拉取请求页面立即提示用户。

用户可以切换到任何一次变更上查看修改，也可以将所有变更叠加起来一同查看；这一点对于代码审查非常重要。

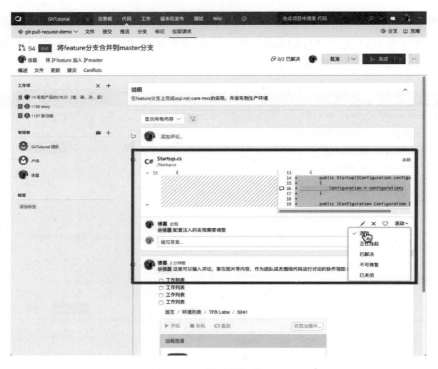

图 10-24　针对代码的注释

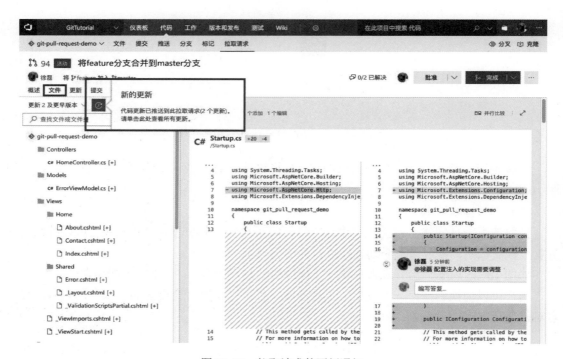

图 10-25　拉取请求的更新通知

注：在代码审查过程中，我们其实更加关心代码的最终状态，不太关心中间的变更。因此拉取请求默认会显示每个文件的初始状态和最终状态的 SIDE-BY-SIDE 对比视图，帮助审查人更加直观地了解自己最关心的内容。相对而言，如果直接使用历史记录视图进行审查就会非常不方便，因为每个 Commit 中都是非常细碎的变更，无法帮助审查者了解所关心的内容。

图 10-26 展示了拉取请求的更新历史记录。

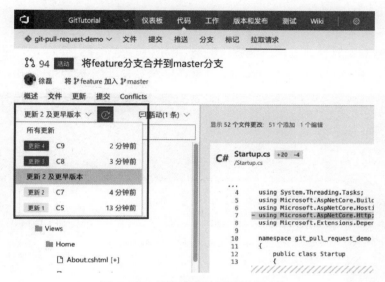

图 10-26　拉取请求的更新历史记录

（4）完成拉取请求

当团队认为 feature 分支上的改动已经完成后，需要等待审阅者批准拉取请求，以便可以单击"完成"按钮。如图 10-27 所示。

图 10-27　批准拉取请求

在审阅者列表中的所有用户都应该给出自己的评审意见，然后团队根据这些意见判断是否可以单击"完成"按钮。

注：这里需要注意的是，我们不会使用权限控制哪些人可以单击"完成"按钮，而是允许任何人在满足条件的情况下进行这个操作。这种设计鼓励团队采用协作的方式而不是流程的方式来管理代码质量；同时也推动团队真正将代码质量规范形成可执行可操作的规则。我见过非常多的团队有编码规范，但是无法执行的情况，其原因就是缺少一种简单易用的工具来支持这些规范地落地。

一旦团队单击完成合并按钮，如图 10-28 所示。TFS/VSTS 会将分支的代码合并进入 master，同时你可以选择是否删除 feature 分支，以及是否进行 squash 合并。

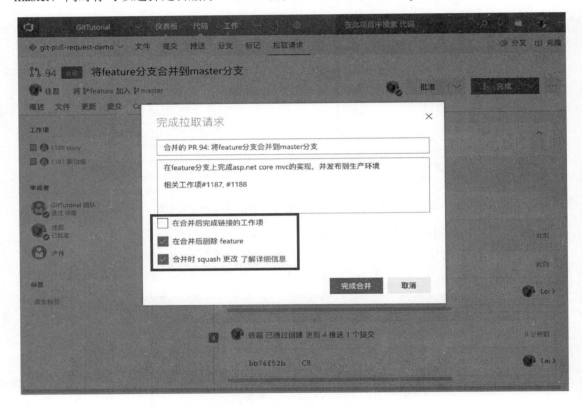

图 10-28　完成拉取请求的合并

注：所谓的 squash 合并就是将在分支上所进行的所有提交压缩成一个提交放入 master 分支，这种做法可以有效地控制进入 master 分支的提交数量，帮助我们在 master 分支上建立干净和高可读性的历史记录。

合并完成后，拉取请求的状态会变成图 10-29 的状态，提示你已经完成了代码合并。此时查看 master 的历史记录，可以看到有一条提交被创建。如图 10-30 所示。

图 10-29　完成后的拉取请求

图 10-30　拉取请求的历史记录

单击查看这条提交，可以跟踪到已经完成的拉取请求和关联的工作项，帮助团队在后续的开发中更好地了解所发生的改动。如图 10-31 所示。

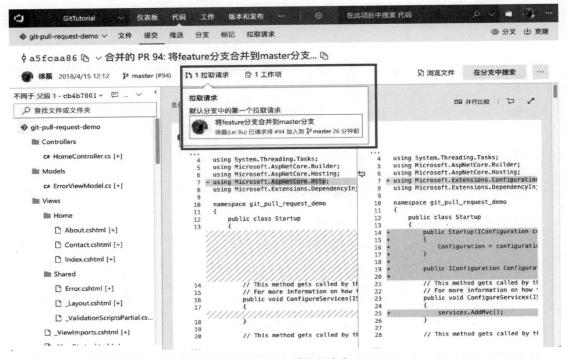

图 10-31　查看拉取请求

3．小结

拉取请求是 Git 中最有特色的功能，如果使用 Git 而不使用拉取请求那么实际上根本没有发挥 Git 的最大优势。在这里一节中，我们对拉取请求的工作流程进行了介绍，相信大家已经对其中的代码评审环节印象深刻。实际使用中，这也是吸引很多团队开始使用拉取请求的原因，同时也是很多团队抛弃其他配置管理工具而切换到 Git 的重要原因。不仅如此，当你开始使用拉取请求之后，还有很多其他的可能性等待你的挖掘；比如：我们可以通过控制评审者和代码路径的映射做到针对不同代码模块自动指定评审者，我们还可以强制要求某些代码必须要由特定人员审核，如果结合持续集成工具，我们可以将持续集成结果作为完成拉取请求的先决条件，这样我们就可以将代码评审，代码合并与质量控制，测试结果等联系起来，真正做到一体化的质量控制。

10.6　微服务发布流水线完整示例：FPR-CICD-Flow 工作流程

在以上章节中，我们着重介绍了使用拉取请求来加强团队对代码质量的关注，同时也提到了使用拉取请求配合 CI/CD 将能够实现更好的持续交付场景。下面我们就将 Git 的特性分支工作模式和 CI/CD 流水线及性能结合，提供一个企业级微服务开发的分支策略+流水线实

264

施策略的范例，这个范例的名称为 FPR-CICD-Flow，特性分支 PR 工作流程（Feature Branch Pull Request，FPR）。

10.6.1 流程步骤说明

在这整个流程中，有一个关键环节就是在创建 PR 时动态地创建测试环境，我们希望每个 PR 都能够有独立的测试环境；因为 PR 对应到 Feature Branch 的代码变更，Feature Branch 又对应到特定的用户故事，所以实际上我们的独立测试环境就对应到了特定的用户故事（需求）。我们就可以实现真正的端到端持续交付流水线。建立起用户故事（工作项）> Feature Branch > PR >环境的完整持续交付链路，而且这个链路上的每个点都是和用户故事对应的。如图 10-32 所示。

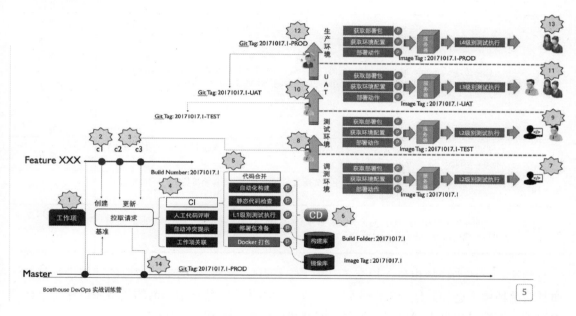

图 10-32　FPR-CICD-Flow 流程

下面的表 10-1 对图 10-32 中的各个关键节点（流程编号）进行了详细的说明，方便对应理解。

表 10-1　流程说明

流程编号	说明	图示
1	开发人员在 VSTS/TFS 电子看板上根据用户故事创建 feature branch，并开始在 feature branch 上持续提交修改	步骤 1
2	当开发人员感叹 feature branch 的代码已经可以部署，就创建从 feature branch 到 master branch 的 Pull Request	步骤 2
3	根据预先在 VSTS/TFS 中配置的分支策略，CI/CD 流水线将被触发	步骤 4

（续）

流程编号	说明	图示
4	CI 中会包含 L1 级别的测试，这些测试不需要部署应用即可执行	步骤 4 步骤 5
5	成功的 CI 会触发 CD，将打包好的应用部署到测试环境，根据需要这个环境可能会有多个，主要根据所需要运行的测试不同而提供	步骤 6 步骤 8 步骤 10 步骤 12
6	CD 流水线中会包含 L2 到 L3 级别的测试，这些测试需要应用已经完成部署才可以执行，同时也包括需要人工完成的测试	步骤 8 步骤 10
7	CD 流水线会根据预先配置的策略，在部署完成最后一个测试环境后暂停并等待用户的确认	步骤 8 步骤 10 步骤 12
8	团队持续在 feature branch 上提交代码，持续查看 CI 中 L1 的测试结果，同时在 CD 中查看自动化 L2/L3 测试结果，组织测试团队完成手动测试用例或者 UAT 测试	步骤 3 步骤 4 步骤 5 步骤 6 步骤 7 步骤 9 步骤 11 步骤 13
9	当某一版本上所有的测试达到团队认可的状态，团队在 CD 流水线上确认针对生产环境的部署。VSTS/TFS 会完成生产环境部署	步骤 12
10	生产部署完成之后，团队使用 CD 中预先配置的 Quality Gate 策略等待生产环境的部署。VSTS/TFS 会完成生产环境部署	步骤 13
11	如果在设定的时间内没有 Quality Gate 事件发生，团队认为部署成功，并在 Pull Request 上单击完成，代码合并进入 master 分支，同时在电子看板上将用户故事拖入完成列	步骤 12 步骤 13 步骤 14

想象一下，当你拉出分支提交了 PR，马上就有一个和你的改动对应的环境进行测试，而且这个环境不会和其他分支的代码互相覆盖。团队清晰地知道当前的故事应该在哪个环境中测试，按用户故事进行规划，开发，测试和交付才真的落到实处。

10.6.2　动态环境部署实现方式

为了达到这个目的，我们需要利用发布流水线中的环境变量配置条件控制来实现对环境的动态部署。

如图 10-33 所示的这个典型的多个并列（共享）的测试环境+一个生产环境的流水线。团队一共有 3 套服务器环境可以用来部署测试版本，也就意味着团队可以并行开发 3 个不同的用户故事，每个用户故事分别部署到自己独立的测试环境中，这个部署是通过 PR 上所配置的分支策略触发同一个构建定义来触发的。下图中左侧的"项目"部分已经绑定了这个构建定义，作为当前部署所使用的 Artifact 来源。

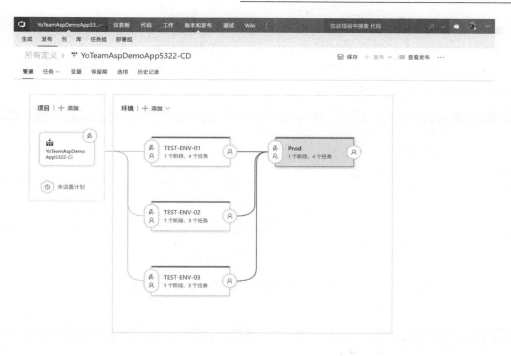

图 10-33　部署流水线

　　作为配置管理员，你需要确保每个团队清楚地知道自己现在所提交的 PR 正部署的目标环境，那么这个团队就知道应该在哪个环境中测试自己的用户故事。这个映射可以通过以下环境变量完成。如图 10-34 所示。

图 10-34　部署目标环境

　　以上的环境变量配置中，我们使用 3 个不同的环境中绑定了同一个变量名的不同变量值，这个变量都是 ResourceGroupName（这里使用微软 Azure 作为我们的云环境，这个资源组名称就包含了一套可以独立部署和销毁的云环境，如果你不使用云环境，也可以把这个简单替换成一台服务器的 IP 地址），分别在 3 个环境中对应不同的名字，如下所示。

- TEST-ENV-01 使用资源组 YoTeamAspDemoApp5322Dev。

- TEST-ENV-02 使用资源组 YoTeamAspDemoApp5322QA。
- TEST-ENV-03 使用资源组 YoTeamAspDemoApp5322Prod。

另外一组变量则将不同的 PullRequestID 映射到这 3 个环境上，如图 10-35 所示，你可以看到 PullRequest 1,2,3 分别绑定到了流水线中所定义的 3 个环境中。

图 10-35　部署目标环境

最后，我们只需要使用流水线任务的控制选项就可以让流水线自动根据以上变量判断要部署的目标，如图 10-36 所示。

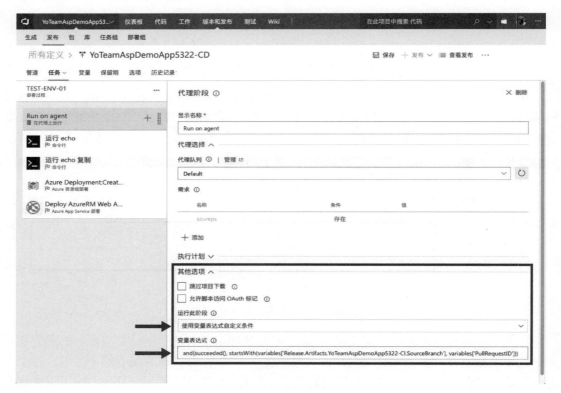

图 10-36　控制部署目标

在每个环境的 Run on agent 阶段上的其他选项中，选择"使用变量表达式自定义条

件",并制定以下表达式:

```
and(succeeded(),
startsWith(variables['Release.Artifacts.YoTeamAspDemoApp5322-CI.SourceBranch'],
variables['PullRequestID']))
```

注意这里所引用的两个变量:

- variables['Release.Artifacts.YoTeamAspDemoApp5322-CI.SourceBranch'] 这 个 变 量 是 TFS 自动从触发 CD 的 CI 中带过来用来标识分支的。当 CI 通过 PR 触发时,这里所带过来的就是 PR 的 ref 了。
- variables['PullRequestID']这个部分实际上就引用了我们之前定义的变量,这个变量在流水线运行中会自动赋予不同的值。

现在我们就可以通过更新环境变量中 PR 的 ref 值来制定 PR 所部署的环境了;触发以后的效果如图 10-37 所示。

图 10-37　流水线的执行效果

10.7　小结

以上我们提供了一种分支策略和 CI/CD 流水线结构规划的范例,这个范例的作用不是希望读者直接复制照搬,而是为你提供一种规划自己的微服务发布流水线的思路。这个范例中解决了几个微服务开发中的核心问题，包括：多团队多模块多服务并行开发合并部署的工作模式、在 CI/CD 中有效的引入质量门禁的控制能力、在部署流水线中配合分支策略（特性分支模式）动态地进行环境调度、在发版过程中对齐多个服务的版本。

以上这些问题都是微服务开发中必须解决的问题，相信大家在本章节中都能找到这些问题的答案。当然，如果你希望在自己的开发环境中落地这些实践，你仍然需要针对自己的应用特性，团队结构，技术架构的应用场景进行思考，在遇到以上问题的时候可以参考本章节提供的工作模式思路，相信你一定可以找到最适合自己团队的工作模式。

第 11 章
基于 Dapr 开发云原生应用

在本书前面的章节中，我们已经从各个角度讨论了云原生开发，很多问题是云原生开发都必须考虑的基础问题。如果将这些基础问题下沉到底层框架中去解决，开发和设计人员就可以从这些技术细节中脱身出来，将注意力集中在业务上，毕竟业务才是真正的目标。这就是 Dapr 的目标。

11.1　Dapr 概览

Dapr 是 Distributed Application Runtime⊖的简称，以官方文档的说法，Dapr 是一个可移植、事件驱动的运行时，让企业开发者更容易利用各种语言和框架构建柔性、无状态和有状态的微服务应用，并运行在云端和边缘。图 11-1 展示了 Dapr 架构。Dapr 是微软 Azure 内部创新孵化团队 2019 年开源的一个项目，2021 年捐献给 CNCF，目前是 CNCF 孵化项目，旨在解决分布式应用开发过程的一些共性问题。由于 Dapr 要解决的问题确实是大家面临的一些痛点，并且 Dapr 的设计也独树一帜，所以一经开源，就成为 GitHub 上 Star 增长最快的开源项目之一，甚至达到 5K Star 的速率，超过了 Kubernetes。

Dapr 将底层核心能力标准化、模块化，业务应用由传统面向各个基础能力的开发转变成面向分布式能力的标准化 API 调用。统一了业务层的基础能力语义，也极大增加了基础能力的可扩展性和可维护性。

Dapr 利用 sidecar 的模式，把代码中的一些横切关注点需求（Cross-cutting）分离和抽象出来，从而达到运行环境的独立和对外部依赖（包括服务之间）的独立。这种独立的途径就是使用开放协议（HTTP 和 gRPC）来代替依赖特定协议。

⊖ https://dapr.io/

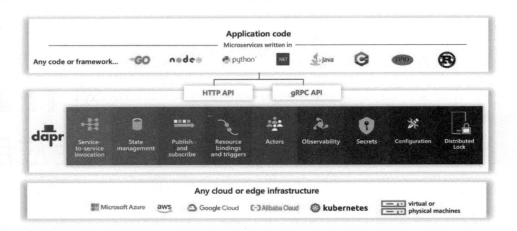

图 11-1 Dapr 架构

Dapr 通过把一些构建微服务应用所需的最佳实践内置到开放、独立的 Building Block 中，让开发人员更加专注于业务逻辑代码的编写，即可开发出功能强大的分布式应用。以下是对 Building Block 的简介。

● 服务之间的调用：不用关注服务注册和发现的问题，也不用关注重试等问题。

● 状态的存储：通过键值对来存储应用逻辑的状态，让无状态服务变为有状态服务。

● 事件的发布订阅：微服务之间除了直接的远程调用外，更多是依赖事件驱动的模式。去产生关系，这里对事件发布订阅进行了统一。

● 外部资源的绑定：当需要把事件发布到微服务应用外部，或者从外部接收事件的时候，就可以使用资源绑定。

● Actor 模式：通过 Actor 的模式，让微服务可以以单线程的代码实现大规模并行处理。实际上，Actor 这部分功能的开发人员就是来自于 Service Fabric 团队，两者的 API 也基本保持一致。通过这样的模式，也把 Actor 这种模式引入到了其他运行平台。

● 可观测性：Dapr 会帮助微服务应用发出基于 W3C Trace Context 标准和 OpenTelemetry 规范的度量、日志、跟踪信息，方便对应用进行调试、诊断和监控。

● 密钥管理：为微服务提供密钥管理的能力，从而从依赖的外部密钥管理服务中独立出来。

● 配置 API：Dapr 的配置 API 允许开发人员使用以只读键/值对形式返回的配置项目，并在配置项目更改时订阅更改。

● 分布式锁 API：用于提供对资源的互斥访问。

Dapr 提供下面一组功能来帮助开发者在 Kubernetes 上进行分布式应用开发。

● 通过可以抽象底层技术选项的 HTTP 和 gRPC API 实现可移植性。

● 通过 HTTP 和 gRPC API 进行可靠、安全且可复原的服务到服务调用。

● 通过 CloudEvent 筛选支持和消息传递的至少一次语义轻松发布和订阅消息。

● 通过 OpenTelemetry API 收集器实现插接式可观测性和监视。

- 独立于语言运行，同时还提供特定于语言的 SDK。
- 通过 Dapr 扩展与 VS Code 集成。
- 用于解决分布式应用程序挑战的更多 API。

11.1.1　技术架构

理解 Dapr 的技术架构是用好 Dapr 的基础。

1. 两个平面的定义

在日常的工作中，有两个常见的术语：数据平面和控制平面。两个平面的定义最早见于高端路由器。顾名思义，数据平面负责数据的转发，控制平面负责执行路由选择协议。将两个平面分离是为了消除单点故障。例如，当数据平面的业务由于数据量过多而出现性能问题时，并不影响控制平面的路由策略；当控制平面由于路由策略负载过重时，也不会影响数据平面的转发。

随着 IT 的发展，两个平面的架构被广泛应用于软件定义网络和软件定义存储。Dapr 作为新一代的微服务治理框架，同样也分为数据平面和控制平面，如图 11-2 所示。

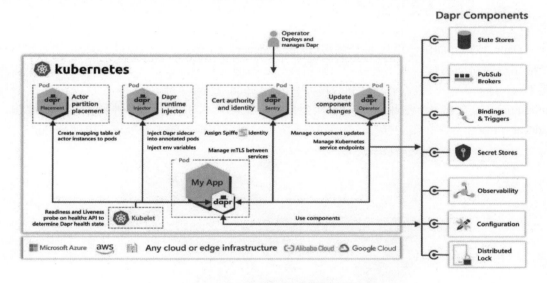

图 11-2　Dapr 的数据平面和控制平面

上图中的 Dapr Sidecar 为数据平面；dapr-operator、dapr-injector、dapr-placement 和 dapr-sentry 组成了控制平面。

（1）控制平面

Dapr 控制平面主要负责管理和配置数据平面，控制数据平面的数据转发，如状态存储、发布订阅、收集遥测数据、加密认证等。目前包含四个核心组件 dapr-operator、dapr-injector、dapr-placement 和 dapr-sentry。

- dapr-operator：运行 Dapr Operator 服务的 Pod、负责管理 Dapr 组件[⊖]的更新，并为 Dapr 提供 Kubernetes 服务端点。
- dapr-injector：该服务将会查找使用 Dapr annotations 初始化的 Pod，然后在该 Pod 中为 Daprd 服务创建另一个容器。将 Dapr 注入批注的部署 Pod 中并添加环境变量 DAPR_HTTP_PORT 和 DAPR_GRPC_PORT，使用户定义的应用程序轻松地与 Dapr 进行通信，而无需对 Dapr 端口值进行硬编码。
- dapr-placement：仅用于 Actor。创建将 Actor 实例映射到 Pod 的映射表，当在 Kubernetes 模式下运行 Dapr 时，将会创建一个运行 Dapr Sidecar Injector 服务的 Pod，Dapr Placement 服务用于计算和分发在自托管模式下或 Kubernetes 上运行 Dapr Actor 位置的分布式哈希表。这个哈希表将 actor ID 映射到 Pod 或进程，这样 Dapr 应用程序就可以与 Actor 进行通信。任何时候 Dapr 应用程序激活一个 Dapr Actor，placement 服务就会用最新的 Actor 位置更新哈希表。
- dapr-sentry：服务管理服务之间的 mTLS，并充当证书颁发机构。它生成 mTLS 证书，并将其分发给任何正在运行的 sidecar。这允许 sidecar 之间进行加密的 mTLS 流量通信。有关详细信息，请参阅 Dapr 官方文档中的安全概述[⊖]。

（2）数据平面

Dapr 数据平面由一组代理 Daprd（Dapr Sidecar）组成，这些代理以 sidecar 的方式与每个应用程序协同运行，负责调解和控制微服务之间的所有网络通信，并与控制平面通信。正是有了 Daprd，才使得 Dapr 不必像 Spring Cloud 框架那样需要将微服务治理框架以 annotation 的方式写到应用源码中。从而做到零代码侵入。如果用一种形象的方式比喻，sidecar 就像挂斗摩托车的挂斗，如图 11-3 所示，挂斗与车组成了整个车，也就是 Pod。

图 11-3　生活中的 Sidecar

⊖ https://v1-7.docs.dapr.io/zh-hans/operations/components/
⊖ https://docs.dapr.io/concepts/security-concept/

Dapr 使用 sidecar 模式[⊖]，这意味着 Dapr API 在与应用程序一起运行的单独进程[⊖]上运行和公开。Dapr Sidecar 进程名为 Daprd，并且根据不同的宿主环境有不同的启动方式。

Dapr 采用模块化设计，功能以组件形式交付。每个组件都有接口定义。所有组件都是可插拔的，因此可以将组件换为另一个具有相同接口的组件。可以在 components contrib repo[⊜]为组件接口贡献实现并扩展 Dapr 功能。

构建块可以使用组件的任意组合。例如，actors 构建块和状态管理构建块都使用状态组件。再比如，Pub/Sub 构建块使用 Pub/Sub 组件。

可以使用 dapr components CLI 命令查看当前托管环境中可用的组件列表。

以下是 Dapr 提供的组件。

- 状态存储：状态存储组件是存储键值对的数据存储（数据库、文件、内存），是状态管理构建块的一部分。
- 命名解析：命名解析组件与服务调用构建块配合使用，与托管环境集成以提供服务到服务的发现。例如，Kubernetes 命名解析组件与 Kubernetes DNS 服务集成，自托管使用 mDNS，VM 集群可以使用 Consul 命名解析组件。
- Pub/Sub 代理：发布/订阅组件是消息代理，可以在应用程序之间收发消息，是发布&订阅构建块的一部分。
- 绑定：外部资源可以连接到 Dapr，以便触发应用程序的方法，或者被应用程序调用，是绑定构建块的一部分。
- 密钥存储：密钥是任何你想保护的私人信息，以防止不需要的访问。密钥存储用来存储可在应用中检索和使用的密钥。
- 配置存储：配置存储用于保存应用数据，配置可在应用启动或者配置更改的时候被应用读取。配置存储支持动态加载（热更新）。
- 中间件：Dapr 允许将自定义中间件插入到 HTTP 请求处理管道中。中间件可以对 HTTP 请求进行额外的操作，如在请求被路由到用户代码之前，或在请求被返回给客户端之前，进行认证、加密和消息转换。中间件组件与服务调用构建块一起使用。
- 分布式锁：用于提供对资源的互斥访问，当前属于预览版。

2. Sidecar 注入

在 Kubernetes 集群中，Pod 是最小的计算资源调度单位。一个 Pod 可以包括一个或者多个容器（通常是一个）。在 Dapr 架构中，需要在应用容器 Pod 注入一个 sidecar 容器，也就是上面提到的 Daprd 代理。

一个 Pod 包含两个容器，一个是运行应用的容器，一个 Daprd，所有进出微服务应用的流量都需要经过 Daprd。

在 Kubernetes 上，Dapr 控制平面包括 dapr-sidecar-injector 服务，它监视带有 dapr.io/

⊖ https://learn.microsoft.com/en-us/azure/architecture/patterns/sidecar

⊖ https://v1-5.docs.dapr.io/zh-hans/concepts/overview/#sidecar-architectureapr

⊜ https://github.com/dapr/components-contrib

enabled annotations 的新 Pod，并在 Pod 中注入一个包含 Daprd 进程的容器。在这种情况下，sidecar 参数可以通过表 11-1 所述的 Kubernetes annotations 列中的 annotations 传递。

表 11-1　annotations 参数

Daprd	Dapr CLI	CLI 简略表达式	Kubernetes annotations	说明
--allowed-origins	不支持		不支持	允许的 HTTP 源（默认为 "*"）
--app-id	--app-id	-i	dapr.io/app-id	应用程序唯一 ID。用于服务发现、状态封装和发布/订阅消费者 ID
--app-port	--app-port	-p	dapr.io/app-port	这个参数告诉 Dapr 你的应用程序正在监听哪个端口
--app-ssl	--app-ssl		dapr.io/app-ssl	将应用的 URI 方案设置为 https 并尝试 SSL 连接
--components-path	--components-path	-d	不支持	Components 目录的路径. 如果为空，将不会加载组件
--config	--config	-c	dapr.io/config	告诉 Dapr 要使用哪个配置 CRD
--control-plane-address	不支持		不支持	Dapr 控制平面的地址
--dapr-grpc-port	--dapr-grpc-port		不支持	Dapr API 监听的 gRPC 端口（默认 "50001"）
--dapr-http-port	--dapr-http-port		不支持	Dapr API 的 HTTP 端口
--dapr-http-max-request-size	--dapr-http-max-request-size		dapr.io/http-max-request-size	增加 http 和 grpc 服务器请求正文参数的最大值，单位为 MB，以处理大文件的上传。默认值为 4MB
--dapr-http-read-buffer-size	--dapr-http-read-buffer-size		dapr.io/http-read-buffer-size	增加发送多 KB 标头时要处理的 http 标头读取缓冲区的最大大小（以 KB 为单位）。默认 4KB。当发送大于默认 4KB http 标头时，应将其设置为较大的值，例如 16（对于 16KB）
不支持	--image		dapr.io/sidecar-image	Dapr Sidecar 镜像。默认值为 dapr.io/daprd: latest
--internal-grpc-port	不支持		不支持	用于监听 Dapr 内部 API 的 gRPC 端口
--enable-metrics	不支持		configuration spec	启用 Prometheus 度量（默认 true）
--enable-mtls	不支持		configuration spec	为 daprd 到 daprd 通信通道启用自动 mTLS
--enable-profiling	--enable-profiling		dapr.io/enable-profiling	启用性能分析
--unix-domain-socket	--unix-domain-socket	-u	dapr.io/unix-domain-socket-path	在 Linux 上，与 Dapr Sidecar 通信时，与 TCP 端口相比，使用 unix domain socket 以获得更低的延迟和更大的吞吐量。在 Windows 操作系统上不可用
--log-as-json	不支持		dapr.io/log-as-json	将此参数设置为 true 以 JSON 格式输出日志。默认值为 false
--log-level	--log-level		dapr.io/log-level	为 Dapr Sidecar 设置日志级别。允许的值是 debug，info，warn，error。默认是 info
--app-max-concurrency	--app-max-concurrency		dapr.io/app-max-concurrency	限制应用程序的并发量。有效的数值是大于 0
--metrics-port	--metrics-port		dapr.io/metrics-port	设置 sidecar 度量服务器的端口。默认值为 9090
--mode	不支持		不支持	Dapr 的运行时模式（默认"独立"）
--placement-address	--placement-address		不支持	Dapr Actor 放置服务器的地址
--profiling-port	--profiling-port		不支持	配置文件服务器端口（默认 "7777"）

（续）

Daprd	Dapr CLI	CLI 简略表达式	Kubernetes annotations	说明
--app-protocol	--app-protocol	-P	dapr.io/app-protocol	告诉 Dapr 你的应用程序正在使用哪种协议。有效选项是 HTTP 和 Grpc。默认为 HTTP
--sentry-address	--sentry-address		不支持	Sentry CA 服务地址
version	version	-v	不支持	输出运行时版本
--dapr-graceful-shutdown-seconds	不支持		dapr.io/graceful-shutdown-seconds	Dapr 的正常关机持续时间（以秒为单位），这是等待所有正在进行的请求完成时强制关机前的最长时间。默认值为 5。如果您在 Kubernetes 模式下运行，则此值不应大于 Kubernetes 终止宽限期，其默认值为 30
不支持	不支持		dapr.io/enabled	将此参数设置为 true 会将 Dapr Sidecar 注入 Pod 中
不支持	不支持		dapr.io/api-token-secret	告诉 Dapr 使用哪个 Kubernetes 密钥来进行基于令牌的 API 认证。默认情况下未设置
--dapr-listen-address	不支持		dapr.io/sidecar-listen-addresses	以逗号分隔的 sidecar 将监听的 IP 地址列表。在独立模式下默认为 all。Kubernetes 默认为[:1], 127.0.0.1。若要监听所有 IPv4 地址，请使用 0.0.0.0。要监听所有 IPv6 地址，请使用 [:]
不支持	不支持		dapr.io/sidecar-cpu-limit	Dapr Sidecar 可以使用的最大 CPU 数量。默认情况下未设置
不支持	不支持		dapr.io/sidecar-memory-limit	Dapr Sidecar 可以使用的最大内存量。默认情况下未设置
不支持	不支持		dapr.io/sidecar-cpu-request	Dapr Sidecar 要求的 CPU 数量。默认情况下未设置
不支持	不支持		dapr.io/sidecar-memory-request	Dapr Sidecar 请求的内存数量。默认情况下未设置
不支持	不支持		dapr.io/sidecar-liveness-probe-delay-seconds	sidecar 容器启动后的秒数，然后才启动活度探测。默认值为 3
不支持	不支持		dapr.io/sidecar-liveness-probe-timeout-seconds	sidecar 存活探针超时的秒数。默认值为 3
不支持	不支持		dapr.io/sidecar-liveness-probe-period-seconds	每隔多长时间（以秒为单位）进行一次 sidecar 存活探针。默认值为 6
不支持	不支持		dapr.io/sidecar-liveness-probe-threshold	当 sidecar 存活探针失败时，Kubernetes 会在放弃之前尝试 N 次。在这种情况下，Pod 将被标记为不健康。默认值为 3
不支持	不支持		dapr.io/sidecar-readiness-probe-delay-seconds	sidecar 容器启动后，启动准备就绪探针前的秒数。默认值为 3
不支持	不支持		dapr.io/sidecar-readiness-probe-timeout-seconds	sidecar 准备就绪探针超时的秒数。默认值为 3
不支持	不支持		dapr.io/sidecar-readiness-probe-period-seconds	每隔多长时间（以秒为单位）进行一次 sidecar 准备就绪探针。默认值为 6
不支持	不支持		dapr.io/sidecar-readiness-probe-threshold	当 sidecar 准备就绪探针失败时，Kubernetes 会在放弃之前尝试 N 次。在这种情况下，Pod 将被标记为未就绪。默认值为 3
不支持	不支持		dapr.io/env	要注入 sidecar 的环境变量列表。由逗号分隔的 key=value 字符串

通过 Pod 上设置的注释 dapr.io/enabled 来决定该 Pod 是否自动注入。如果 Pod 上包含注释 dapr.io/enable 并且值为 true 才会自动注入；如果包含注释 dapr.io/enable 并且值为 false 则不会自动注入。

11.1.2 安装 Dapr

Dapr 运行时支持多种平台和多种语言。本书使用的开发环境是 Windows 10 操作系统。尽管 CLI、配置和文件都是相同的，但如果你需要关于如何在 Linux 或 macOS 操作系统下进行操作的更详细的指导，请阅读 Dapr 网站上的文档。

由于 Dapr 需要使用本地的 Docker，因此请确保本地开发环境中已经安装 Docker。如果本地开发机器使用的是 Windows 操作系统，那么 Docker 必须运行在 Linux 容器模式下。

1. 安装 Dapr CLI

要开始使用 Dapr，请安装必要的工具。Dapr 运行时及其工具可以在 GitHub 网站关于 Dapr 的页面中找到。在 Windows 环境下，推荐执行以下命令将 CLI 安装在 %USERPROFILE%\.dapr\目录下，并将其加入用户 PATH 环境变量，以便可以通过命令行的方式使用这些工具：

```
>powershell -Command "iwr -useb https://raw.githubusercontent.com/dapr/cli/master/install/install.ps1 | iex"
```

以上命令安装了 Dapr CLI 的最新版本，保证你的网络可以正常访问目标地址。

2. 在自托管模式下安装 Dapr

Dapr 可以使用两种模式初始化：自托管（或单机）和 Kubernetes 托管模式。

自托管模式设计目的是用于开发环境，在本地开发环境中安装了 Redis，Dapr placement 服务和 Zipkin。在本地初始化 Dapr 的命令如下。

```
>dapr init
```

在本地开发环境中，可能 Dapr 安装的 Redis 要使用的端口（举例）已经被占用。这种情况下你需要定位和修改使用这些端口的进程和容器。运行 init 命令后，可以看到下列信息。

```
C:\Users\zsygz>dapr init
Making the jump to hyperspace...
Container images will be pulled from Docker Hub
Installing runtime version 1.8.4
Downloading binaries and setting up components...
Downloaded binaries and completed components set up.
daprd binary has been installed to C:\Users\zsygz\.dapr\bin.
dapr_placement container is running.
dapr_redis container is running.
dapr_zipkin container is running.
Use 'docker ps' to check running containers.
Success! Dapr is up and running. To get started, go here: https://aka.ms/dapr-getting-started
```

可以使用命令 docker ps 检查新初始化的 Dapr 环境运行结果如下。

```
C:\Users\zsygz>docker ps
CONTAINER ID    IMAGE                COMMAND              CREATED         STATUS                    PORTS                             NAMES
89c1ff0c0545    daprio/dapr:1.8.4    "./placement"        3 minutes ago   Up 3 minutes              0.0.0.0:6050->50005               /tcpdapr_placement
adf912f740f9    redis                "docker-entrypoint.s…"  2 months ago   Up About an hour          0.0.0.0:6379->6379                /tcpdapr_redis
94af16b37276    openzipkin/zipkin    "start-zipkin"   |    2 months ago   Up About an hour (healthy) 9410/tcp, 0.0.0.0:9411->9411     /tcpdapr_zipkin
```

上述输出展示了在编者的计算机上运行的 Docker 容器信息。

Dapr 官方从 1.7 版本开始提供了离线安装 Dapr 的支持。每个 Dapr 版本的项目都内置于可下载的[Dapr 安装程序包]（https://github.com/dapr/installer-bundle）中。通过将此安装程序捆绑包与 Dapr CLI 命令一起使用，可以将 Dapr 安装到没有任何网络访问权限的环境中，具体安装方法参见 Dapr 文档：如何在隔离环境中以自承载模式部署和运行 Dapr[⊖]。

3. 在 kubernetes 上安装 Dapr

Dapr 最重要的设计目的是运行在 Kubernetes 集群中。在你的开发环境中安装了 Dapr CLI 以后，可以将 Dapr 设置到当前配置完成的 Kubernetes 集群上，命令如下。

```
>dapr init -k
```

或者，可以使用 Helm v3 chart 将 Dapr 安装在 Kubernetes 上。更多细节请参考 Dapr 网站。

运行以下命令检查安装是否成功。

```
>kubectl get pods --namespace dapr-system
```

上述命令检查 dapr-system 命名空间下的 pod。可以看到如下信息。

```
C:\Users\zsygz>kubectl get pods --namespace dapr-system
NAME                                    READY    STATUS     RESTARTS    AGE
dapr-dashboard-5dc5958b7-n8q5q          1/1      Running    0           42d
dapr-operator-f4467c646-6f9dm           1/1      Running    9           42d
dapr-placement-server-0                 1/1      Running    0           42d
dapr-sentry-697549cb97-mcglc            1/1      Running    0           42d
dapr-sidecar-injector-5c74994487-n5fnj  1/1      Running    0           42d
```

11.1.3　Dapr 工具集介绍

在微服务运维方面，微服务的可观测性是很重要的一块。目前 Dapr 集成了多个工具，方便在使用过程中对微服务进行观测。接下来依次对这几个工具进行介绍。

1．Dapr 工具集：Grafana

Grafana 是一个非常著名的开源项目。它是一个 Web 应用，提供了丰富的监控仪表盘。它的后端支持 Graphite、InfluxDB、Elasticsearch、Opentsdb、Prometheus 等数据源。Grafana 通常对接的是 Prometheus。

⊖ https://docs.dapr.io/operations/hosting/self-hosted/self-hosted-airgap/

2．Dapr 工具集：Prometheus

Prometheus 是一个开源监控系统。它的特点有：多维度数据模型、灵活的查询语言、高效的时间序列数据库和灵活的警报方法。在 Dapr 中，Prometheus 收到的数据会被汇总到 Grafana 进行统一展现。

3．Dapr 工具集：Zipkin

Zipkin 是一个开源项目，用于微服务的分布式追踪。它实现的功能有：分布式事务监控、服务调用问题根因分析、服务依赖性分析、性能/延迟优化。

4．Dapr 工具集：仪表板

Dapr 提供一个仪表板，用于显示有关 Dapr 应用程序、组件和配置的状态信息。在对 Dapr 应用程序进行故障排除时，Dapr 仪表板非常有用。它提供有关 Dapr Sidecar 和系统服务的信息。可以向下钻取每个服务的配置，包括日志记录条目。

11.2　Dapr 提供的构建块

Dapr 从一开始就被设计成由一套可插拔的构建块组成。开发者可以创建一个依赖很多设施的应用程序，而运维人员只需要简单设置就可以让应用程序适配托管环境。Dapr 提供的构建块如图 11-4 所示。

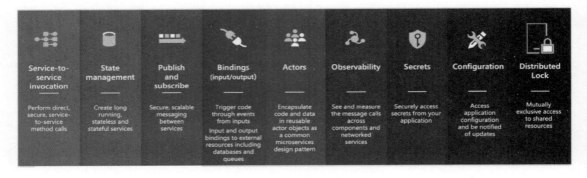

图 11-4　Dapr 提供的构建块

Dapr 提供了许多构建块，微服务应用程序开发者可以根据需要选择使用。构建块的具体介绍如下。

- 服务之间的调用（Service-to-service invocation）：不用关注服务注册和发现的问题，也不用关注重试等问题。
- 状态的存储（State management）：通过键值对来存储应用逻辑的状态，让无状态服务变为有状态服务。
- 事件的发布订阅（Publish and subscribe）：微服务之间除了直接的远程调用外，更多是依赖事件驱动的模式去产生关系，这里对事件发布订阅进行了统一。
- 外部资源的绑定（Bindings）：当需要把事件发布到微服务应用外部，或者从外部接收事件的时候，就可以使用外部资源绑定。

● Actors 模式（Actors）：通过 Actors 的模式，让微服务可以以单线程的代码实现大规模并行处理。实际上，Actors 这部分功能的开发人员就是来自于 Service Fabric 团队，两者的 API 也基本保持一致。通过这样的模式，也把 Actors 这种模式引入到了其他运行平台。

● 可观测性（Observability）：Dapr 会帮助微服务应用发出基于 W3C Trace Context 标准和 OpenTelemetry 规范的度量、日志、跟踪信息，方便对应用进行调试、诊断和监控。

● 密钥管理（Secrets）：为微服务提供密钥管理的能力，从而从依赖的外部密钥管理服务中独立出来。

● 配置存储（Configuration）：Dapr 的配置 API 允许开发人员使用以只读键/值对形式返回的配置项，并在配置项更改时订阅更改。

● 分布式锁（Distributed Lock）：用于提供对资源的互斥访问。

11.2.1　状态管理

大部分微服务开发框架，都提倡微服务以无状态类型的方式来运行，这种无状态微服务当然更容易进行伸缩，但是在遇到需要处理一些类似 Session 这样的数据的时候，为了应对分布式的环境往往要借助于外部存储（一般是数据库或者缓存中间件）。但是这样做不可避免引入了对外部服务以及特定协议的依赖。

使用状态管理，应用程序可以将数据作为键值对存储在支持的状态存储中。应用程序可以使用 Dapr 的状态管理 API，通过状态存储组件来保存和读取键/值对，如图 11-5 所示。例如，通过使用 HTTP POST 可以保存键/值对；通过使用 HTTP GET 可以读取键并返回其值。

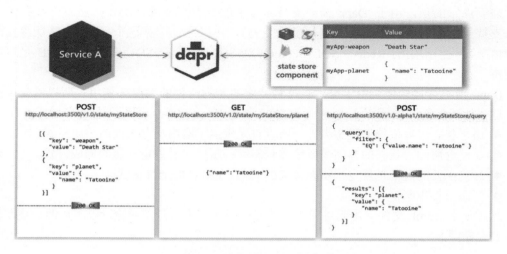

图 11-5　Dapr 状态管理构建块

从上图所知，微服务只需要对自己的 Dapr Sidecar 进行访问，即可完成状态的保存和获取（可批量）。而存取的方式遵循了标准的 HTTP 规范的谓词。状态管理构建块本质上是给开发人员提供了一种状态值存取的机制和 API，并把状态存储的存储源（也叫状态存储组件）和访问协议进行了抽象和屏蔽。

Dapr 的状态管理构建块并非是简简单单为大家提供了一种状态存取的机制（可以从原理图直观地看出），更为重要的是提供了如下额外能力。

- 在运行微服务的时候配置存储组件：开发的时候只需要关心 Dapr 的规范接口，并使用某些简单易得的存储组件来进行调试，比如默认的 Redis 存储组件；运行的时候可以引入（替换）为其他存储组件，比如 Azure CosmosDB，而无须改变业务代码。
- 内置重试机制：和服务调用构建块一样，状态管理的 API 提供了内置的重试能力，并可以用同样的语义配置重试策略。这样的重试能力也为并发和一致性等能力提供了基础。
- 内置并发控制机制：Dapr 依赖 ETag 这一特殊状态属性来保证乐观并发控制的处理。也即在更新或者删除状态的时候，会检查 ETag 是否匹配，从而决定是否完成数据操作。众所周知，乐观并发这种模式是比较适合数据冲突很少的情况，也即数据的更新主要由不同的业务数据操作而导致。注意：某些状态存储中间件是不支持 ETag 的，所以 Dapr 进行了额外的处理模拟了这一机制。
- 内置一致性处理机制：Dapr 支持两种一致性处理——强一致性和最终一致性。对于强一致性，Dapr 会等待所有底层请求返回确认信息才最终完成操作；最终一致性不会等待底层请求确认。
- 批量处理：Dapr 的状态管理提供了两种模式的批量处理。Bulk 模式用于把一种同类型的请求合并，这种时候不会保证事务性；Transactional 模式可以将写入、更新和删除操作分组到一个请求中，然后作为原子事务进行处理，可以保证事务性。

需要注意的是，由于 Dapr 需要支持尽量多的状态存储源，所以必然有一些存储源是无法支持以上所有的能力的（主要是事务能力），可以通过浏览这个列表⊖来确认存储源的支持情况，我们常用的 Redis、SQL Server、MySQL、PostgreSQL 和 CosmosDB 是可以完整支持。

Dapr 状态管理构建块由于提供了这种特定的能力给你的微服务使用，所以给使用的方式制订了如下规范。

- 由于状态管理依赖于状态组件，所以首先规定了应用状态组件的声明格式。
- 从概念所知，状态的存储需要依赖状态键，所以接着规定了键的构成方式。
- 最为重要的规范是规定了状态存取的 HTTP/gRPC 的地址格式。
- 状态组件声明。

通过如下 yaml 文件来声明对状态组件的引用（在本地开发环境可以不声明，使用默认的状态存储源）。

⊖ https://docs.dapr.io/operations/components/setup-state-store/supported-state-stores/

```
apiVersion: dapr.io/v1alpha1
kind: Component
metadata:
  name: <NAME>
  namespace: <NAMESPACE>
spec:
  type: state.<TYPE>
  metadata:
  - name:<KEY>
    value:<VALUE>
  - name: <KEY>
    value: <VALUE>
```

由于整个声明的解释，会占据大量的篇幅，具体可以参考官方文档说明。只要记住其中的 metadata.name 代表了存储源的名称，对于应用程序而言需要匹配的就是这个名称。另外 spec.type 代表了存储源所使用的存储类型，这个对于应用开发者而言可以了解到存储源是否具备完整的状态存储能力。

从上所知，状态管理构建块是以键值的方式保存数据的，为了保证和存储源的兼容，那么就需要按照一定的模式来定义键的组成。

普通的（非 Actor）状态的键为：<App ID>||<state key>，对于应用开发者而言，其实只需要关心 state key 即可。要对状态进行操作，需要对如下地址进行 HTTP/gRPC 请求。

```
http://localhost:<daprPort>/v1.0/state/<storename>
```

其中 daprPort 代表了 Dapr Sidecar 的特定协议端口，HTTP 默认 50001 或者 gRPC 默认 3500；storename 即是在组件声明中的 metadata.name。

官方文档给出了如下文章来分别讲述了状态管理构建块的 3 种使用场景。

● 如何保存和获取状态[一]：基本的 HTTP 使用方式，如果希望看到.NETSDK 的使用方式，需要参考这里[二]的例子，其中包含了 Client 的使用和 ASP.NET Core 中的使用。

● 如何构建有状态服务[三]，其依赖状态管理构建块提供的并发和一致性特性。

● 如何在服务之间共享状态[四]，通过给状态存储源设置不同的 keyPrefix 策略让不同的服务之间可以以特定的键组成格式来读取同一个存储源。

11.2.2　服务调用

通过使用服务调用，应用程序可以使用标准的 gRPC 或 HTTP 协议与其他应用程序可靠、安全地通信。图 11-6 展示了服务调用构建块。

[一] https://docs.dapr.io/developing-applications/building-blocks/state-management/howto-get-save-state/

[二] https://github.com/dapr/dotnet-sdk

[三] https://docs.dapr.io/developing-applications/building-blocks/state-management/howto-stateful-service/

[四] https://docs.dapr.io/developing-applications/building-blocks/state-management/howto-share-state/

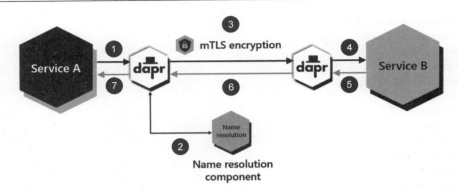

图 11-6　服务调用构建块

你的服务对其他服务发起的一切服务调用都要经过 Dapr Sidecar 实例，其他服务接收的一切服务调用同样也要经过 Dapr Sidecar 实例。分别执行如下步骤。

1）如果服务 A 要对服务 B 发起调用（不管 HTTP 还是 gRPC），其实调用的目标是服务 A 的 Dapr Sidecar。

2）Dapr 会利用 Dapr 的命名解析组件来找到服务 B 的 Dapr Sidecar 位置。

3）然后服务 A 的 Dapr Sidecar 把调用请求转发给服务 B 的 Sidecar。

4）由于服务 B 的 Sidecar 和服务 B 是配对的，知道服务 B 的调用信息（比如端口），所有请求被再次转发给服务 B，服务 B 完成服务调用的业务处理。

5）服务 B 处理完业务，把服务调用响应结果返回给服务 B 的 Dapr Sidecar。

6）服务 B 的 Dapr Sidecar 返回响应结果给服务 A 的 Dapr Sidecar。

7）服务 A 的 Dapr Sidecar 最后把响应结果返回给服务 A 本身。

从上面的步骤可以看出，通过成对的 Dapr Sidecar 来作为服务之间调用的中介，可以简化服务和 Dapr Sidecar 之间的调用方式，强化 Sidecar 之间的调用方式。解决 Dapr 服务调用之间的一些共性且复杂的问题（两个 Sidecar 之间的调用），只需采用最基本的 HTTP 和 gRPC 功能来暴露服务或者调用服务（服务与 Sidecar 之间的调用）。由此，可以获得 Dapr 提供的如下能力。

- 寻址和负载均衡：Dapr 自动帮你找到要调用的目标服务，并自动对目标服务的多个实例进行负载均衡。

- 命名空间范围限定：可以把服务放到特定的命名空间内，从而方便隔离各类服务。这个能力最常见的用途就是用命名空间来限定运行环境（开发、测试、生产等）。不过这个能力和托管环境有关，目前只有 Kubernetes 支持。

- 重试：在分布式环境中，远程服务出现瞬态故障是很常见的（可能由网络、负载、安全等因素造成），所以在微服务架构中针对同步服务调用必须实现重试机制。传统的方式下，需要在业务逻辑代码中编写很多冗长的重试代码（就算有重试框架的帮助下）。通过 Dapr Sidecar 内置的重试机制极度简化了这个问题。目前 Dapr 的会间隔

1 秒最多重试 3 次。

- 安全通信：分布式环境，通信的安全性也是一个需要重点关注的领域。Dapr 提供了一个名为 Sentry 的基础服务，让 Sidecar 之间的通信基于 mTLS 来进行安全保证（mTLS 的证书会自动更新）。
- 安全访问：在安全通信的 mTLS 证书的基础，可以通过配置信任域（TrustDomain）和应用标识（App Identity）来进行访问控制。在这里暂时不对此话题展开。
- 可观测性：默认情况下，Dapr 会收集 Sidecar 之间服务调用的度量和跟踪信息，从而帮助开发人员来观察和诊断应用程序。也就是说，分布式跟踪直接由 Dapr 提供内置支持了。
- 可替换的服务发现：原理里面提到 Dapr 之间的服务发现会依赖于一个称之为命名解析组件的东西，实际上这个东西可以在不同的托管环境中进行替换。默认情况下，在 Kubernetes 里面，是使用 DNS Service 来作为命名解析组件的实现。

由于服务调用这个构建块并没有为服务应用提供什么可直接访问的能力，所以整个规范也相对简单，仅仅规定了调用其他应用的 URL 模式，即通过如下地址来发送 HTTP 请求（或 gRPC 请求）。

POST/GET/PUT/DELETE http://localhost:<daprPort>/v1.0/invoke/<appId>/method/<method-name>

上面的 URL 地址涉及几个约定好的参数。

- daprPort：这是 Dapr Sidecar 暴露的 HTTP 端口（默认 50001）或者 gRPC 端口（默认 3500）；可以通过 dapr run 的--dapr-grpc-port 或--dapr-http-port 来设置；应用内可以通过 DAPR_HTTP_PORT 或 DAPR_GRPC_PORT 这两个环境变量来获得端口值。
- appId：这是目标应用的 AppID，在命名空间（如果有）内唯一的标识；可以通过 dapr run 的 --app-id 来设置。
- method-name：这是需要调用的目标应用的接口名称，一般是根路径（比如 /hello）或者嵌套路径（比如 /api/weather）也是支持的。

服务调用也支持跨命名空间调用，在所有受支持的宿主平台上，DaprAppID 遵循 FQDN 格式，其中包括目标命名空间。

全限定域名（Fully Qualified Domain Name，FQDN）：同时带有主机名和域名的名称。（通过符号"."给出名称）

例如：主机名是 bigserver，域名是 mycompany.com，那么 FQDN 就是 bigserver.mycompany.com

注：FQDN 是通过符号"."来拼接域名的，这也就解释了 AppID 为什么不能用符号"."。

比如 .net 开发者习惯用 A.B.C 来命名项目，但 AppID 需要把"."换成"-"且所有单词最好也变成小写（a-b-c），建议遵守该项约定。

比如调用命名空间：production，AppID：nodeapp

localhost:3500/v1.0/invoke/nodeapp.production/method/neworder

这在 K8s 集群中的跨名称空间调用中特别有用。

11.2.3 发布与订阅

发布订阅的概念来自于事件驱动架构（EDA）的设计思想，这是一种让程序（应用、服务）之间解耦的主要方式，通过发布订阅的思想也可以实现服务之间的异步调用。而大部分分布式应用都会依赖这样的发布订阅解耦模式。

发布/订阅模式允许微服务使用消息相互通信。生产者或发布者在不知道哪个应用程序将接收它们的情况下向主题发送消息。这涉及将它们写入输入通道。同样，消费者或订阅者订阅该主题并接收其消息，而不知道是什么服务产生了这些消息。这涉及从输出通道接收消息。中间消息代理负责将每条消息从输入通道复制到所有对该消息感兴趣的订阅者的输出通道。当您需要将微服务彼此分离时，这种模式特别有用。

Dapr 中的发布/订阅 API 提供至少一次（at-least-once）的保证，并与各种消息代理和队列系统集成。服务所使用的特定实现是可插入的，并被配置为运行时的 Dapr Pub/Sub 组件。这种方法消除了服务的依赖性，从而使服务可以更便携，更灵活地适应更改。

如图 11-7 所示，把需要解耦的程序分别设定为事件发布者（Publisher）或者事件订阅者（Subscriber，理论上，对于某个事件，一个程序仅能作为一种角色；对于不同事件，一个程序可以既作为发布者又可以作为订阅者）。同时利用消息代理（Message Broker）中间件把两者对接起来，消息代理即作为事件消息的传输通道（Input channel 和 Output channel）。

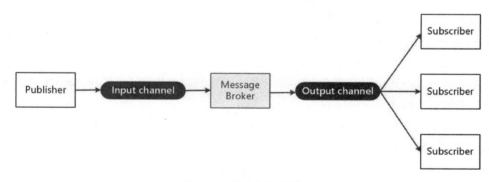

图 11-7　发布与订阅模式

在 Dapr 中对这种发布订阅模式进行了高度抽象的实现，并提供了自由替换消息代理中间件的特性，如图 11-8 所示。

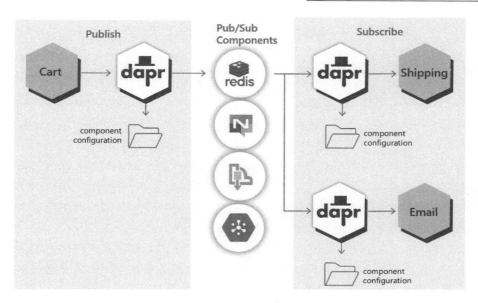

图 11-8　Dapr 发布订阅构建块

　　Dapr 的发布订阅构建块也可以被看作一种事件总线的实现，只是你不需要使用特殊的协议，在发布端和订阅端仅使用 HTTP/gRPC 即可。

　　在事件总线中，把发布订阅两者关联在一起的是事件类型，那么在 Dapr 中也引入了一个类似的概念——主题（Topic）。如果对消息队列中间件熟悉的人对于这个概念不会陌生。由此发布端和订阅端的处理过程和针对 Dapr 的接口也就是围绕主题来展开的。

　　既然 Dapr 的 Pub/Sub 是一种事件总线，那么要发送消息，必然需要对代表主题（事件类型）的消息进行封装。Dapr 并没有去创造一种独有的格式，而是采用了目前业界比较流行的开放协议-云事件规范。这种格式把事件消息封装为如下 JSON 数据。

```
{
    "specversion" : "1.0",
    "type" : "xml.message",
    "source" : "https://example.com/message",
    "subject" : "Test XML Message",
    "id" : "id-1234-5678-9101",
    "time" : "2020-09-23T06:23:21Z",
    "datacontenttype" : "text/xml",
    "data": "<note><to>User1</to><from>user2</from><message>hi</message></note>"
}
```

　　当然对消息的封装不需要应用程序本身去关心，只需要给 Dapr 传递 data 的字符串即

<hr />

　　 https://docs.microsoft.com/zh-cn/dotnet/architecture/microservices/multi-container-microservice-net-applications/integration-event-based-microservice-communications

　　 https://github.com/cloudevents/spec/tree/v1.0

可，而这个字符串本身是以什么格式（不管 xml 还是 json）去承载内容都是由应用程序确定。

Dapr 会自动根据主题把消息发送给所有订阅者，传递过程保证"至少一次"送达。送达的判断标准是基于订阅者的响应是否成功（即 HTTP 状态码为 20X）。

当然，订阅者也可以在响应体中设置 status 属性来给出更为精细的处理指令，比如 RETRY 告知 Dapr 之前处理失败了，现在是重试成功了；或者 DROP 告知 Dapr 应用程序对这个消息处理出现问题，已经记录了告警日志，但是不打算继续处理它了。

消息传递还有一个重要的特性需要理解，就是消息的生存期（Time-to-Live，TTL）。TTL 规定了消息在 Dapr（实际上是在消息代理中间件）里面的存活时间，如果 TTL 过期，那么消息就不会再被传递（即变成死信）。所有目前支持的发布订阅组件都支持 TTL 的特性，Dapr 会帮助你处理这方面的逻辑。

为了消费消息，需要对主题进行注册，可以通过声明式和编程式来进行注册。声明式通过外部的 YAML 文件定义一个 K8s 的 CRD，来描述服务需要订阅什么主题，接收事件的 HTTP API 路由地址。编程式通过暴露特定的 HTTP API 路由地址或者特定的 gRPC 方法来让 Dapr 运行时进行访问，从而注册需要订阅什么主题和接收事件的地址。

发布订阅构建块采用的是所谓竞争者消费模式，即同一个应用（AppID 相同）的多个实例，只会有一个实例获得消息，这些同个应用的多个实例称之为一个消费组。如果希望消息被多个应用得到，那么就需要使用多个消费组，也即多个 AppID。

从上面内容可知，在发送消息和消费消息的时候，都需要针对某个主题。为了对消息的传递进行更加精细的控制，在发布订阅构建块中可以对主题范围进行限制，即某些主题只能由某些应用来发布，某些主题只能由某些应用来订阅。

要进行范围限制，需要对发布订阅组件的配置 YAML 进行配置，设置 spec.metadata 下面的 publishingScopes，subscriptionScopes 和 allowedTopics 配置。

11.2.4　服务绑定

Dapr 资源绑定需要通过 YAML 文件定义绑定组件。此 YAML 文件描述要与其绑定的资源类型。配置后，服务可以接收来自资源的事件或触发事件。

使用绑定，可以使用来自外部系统的事件触发应用程序，或与外部系统交互。这个构建块为你和你的代码提供了几个好处。

● 消除连接和轮询消息系统（如队列和消息总线）的复杂性。
● 关注业务逻辑，而不是如何与系统交互的实现细节。
● 让代码不受 SDK 或库的影响。
● 处理重试和故障恢复。
● 运行时在绑定之间切换。
● 构建可移植的应用程序，其中设置了特定于环境的绑定，不需要更改代码。

Dapr 提供了很多支持的绑定，详见 Dapr 支持的绑定⊖。绑定分为输入绑定与输出绑定，输入绑定是监听外部事件，触发业务逻辑。输出绑定是调用外部资源。

绑定可能与前面介绍的发布订阅类似。尽管它们很相似，但也有不同之处。发布/订阅侧重于 Dapr services 之间的异步通信。资源绑定具有更大的范围。它侧重于软件平台之间的系统互操作性。在不同的应用程序、数据存储和微服务应用程序之外的服务之间交换信息。

1. 输入绑定

输入绑定（Input binding）用于在发生来自外部资源的事件时触发您的应用程序。可选的 payload 和 metadata 可以与请求一起发送。

为了从输入绑定接收事件，需要做以下两步操作。

1）定义描述绑定类型及其元数据（连接信息等）的组件 YAML。

2）侦听传入事件的 HTTP 端点，或使用 gRPC proto 库获取传入事件。

如图 11-9 所示的输入绑定示例中，需要在 App 中保留/checkout HTTP 接口，以供 Sidecar 调用。

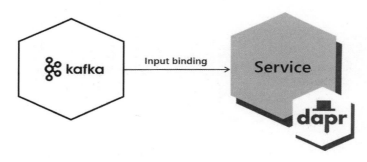

图 11-9　输入绑定

HTTP 接口/checkout 的代码如下所示。

```
namespace CheckoutService.Controller
{
    [ApiController]
    public class CheckoutServiceController : Controller
    {
        [HttpPost("/checkout")]
        public ActionResult<string>Checkout([FromBody] int orderId)
        {
            Console.WriteLine("Received Message: " + orderId);
            return "CID" + orderId;
        }
    }
}
```

⊖ https://docs.dapr.io/reference/components-reference/supported-bindings/

代码说明如下：

● Dapr Sidecar 读取绑定配置文件并订阅为外部资源。

● 当外部资源触发时，在 Dapr Sidecar 中运行的绑定组件会选取它并触发一个事件。

● Dapr Sidecar 调用指定的接口。在此示例中，服务在/checkout。

由于服务/checkout 是 HTTP POST 操作，因此在请求正文中传递事件的 JSON 有效负载。处理事件后，服务将返回 HTTP 状态码 2000X。

2．输出绑定

输出绑定允许调用外部资源。可选的 payload 和 metadata 可以与请求一起发送。为了调用输出绑定，需要定义描述绑定类型及其元数据（连接信息等）的组件 YAML。使用 HTTP 或 gRPC 方法调用具有可选 payload 的绑定。

在如图 11-10 的示例中，输出绑定使服务能够触发调用外部资源。跟输入绑定同样，需要配置描述输出绑定的绑定配置 YAML 文件。该事件在应用程序的 Dapr Sidecar 上调用 bingdings API。

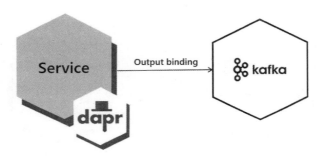

图 11-10　输出绑定

1）Dapr Sidecar 读取绑定配置文件，其中包含有关如何连接到外部资源的信息。

2）应用程序调用 sidecar 的 /v1.0/bindings/checkout Dapr 终结点。在这种情况下，它使用 HTTP POST 来调用 API。还可以使用 gRPC。

3）Dapr Sidecar 的绑定组件会调用外部消息系统来发送消息。消息将包含 POST 请求中传递的负载。

3．使用场景

使用绑定，代码可以被来自不同资源的传入事件触发，这些资源可以是任何东西：队列、消息传递管道、云服务、文件系统等。

这对于事件驱动处理、数据管道或只是对事件做出一般反应并进行进一步处理是理想的。

Dapr 绑定允许：

● 在不包含特定 SDK 或库的情况下接收事件。

● 在不更改代码的情况下替换绑定。

● 专注于业务逻辑而不是事件资源实现。

目前 Dapr 还不支持跨不同的 Dapr 集群互相调用，而 Dapr 的创始人 yaron 给出的解决方案之一就是绑定。

目前绑定支持 40 种组件，包括 Aliyun、Azure、AWS、Huawei 等多家云服务厂商的产品，也包括常见的如 Cron、kafka、MQTT、SMTP、Redis 及各种 MQ 等。

11.2.5　Actor

Actor 模式将 Actor 描述为最低级别的"计算单元"。换句话说，您在一个独立的单元（称为 Actor）中编写代码，该单元接收消息并一次处理一个消息，没有任何并发或线程。

当您的代码处理一条消息时，它可以向其他 Actor 发送一条或多条消息，或者创建新的 Actor。底层运行时管理每个 Actor 运行的方式、时间和地点，并在 Actor 之间路由消息。

大量的 Actor 可以同时执行，Actor 彼此独立执行。

Dapr 包含一个运行时，它专门实现了 Virtual Actor 模式。通过 Dapr 的实现，您可以使用 Actor 模型编写 Dapr Actor，而 Dapr 利用底层平台提供的可扩展性和可靠性保证。如图 11-11 所示的安置服务（Placement Service）为 Dapr Actor 提供了高可靠性和可扩展性。

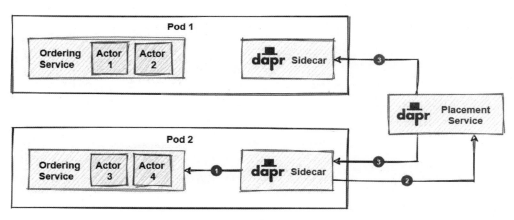

图 11-11　安置服务

也就是说 Actor 模式是一段需要单线程执行的代码块。

实际开发中我们经常会有一些逻辑不能并发执行，我们常用的做法就是加锁，例如：

```
lock(obj) {      //dosomething...
}
```

或者用 Redis 等中间件，为分布式应用加一些分布式锁。遗憾的是，使用显式锁定机制容易出错。它们很容易导致死锁，并可能对性能产生严重影响。Actor 模式为单线程逻辑提供了一种更好的选择。

使用 Actor 的时机如下。

● 需要单线程执行，比如需要加 lock。

- 逻辑可以被划分为小的执行单元。
- 您的 Actor 实例不会通过发出 I/O 操作来阻塞调用方。

Dapr 启动 App 时，Sidecar 调用 Actor 获取配置信息，之后 Sidecar 将 Actor 的信息发送到安置服务（Placement Service），安置服务会将不同的 Actor 类型根据其 Id 和 Actor 类型分区，并将 Actor 信息广播到所有 Dapr 实例。

在客户端调用某个 Actor 时，安置服务会根据其 Id 和 Actor 类型，找到其所在的 Dapr 实例，并执行其方法。如图 11-12 所示。

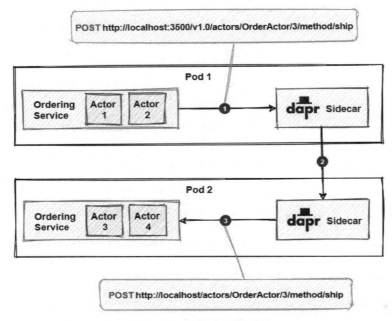

图 11-12　调用 Actor 的方法

调用 Actor 方法的命令如下。

```
POST/GET/PUT/DELETE http://localhost:3500/v1.0/actors/<actorType>/<actorId>/method/<method>
```

其中：

- <actorType>：Actor 类型。
- <actorId>：要调用的特定参与者的 ID。
- <method>：要调用的方法。

Actor 可以设置 timer 和 reminder 设置执行 Actor 的时间，有点像我们常用的定时任务。但是 timer 和 reminder 也存在不同。

- timer 只作用于激活状态的 Actor。一个 Actor 长期不被调用，其自己的空闲计时器会逐渐累积，到一定时间后会被 Dapr 销毁，timer 没法作用于已销毁的 Actor。
- reminder 则可以作用于所有状态的 Actor。主要方式是重置空闲计时器，使其处于活跃状态。

11.2.6　可观测性

分布式服务性能指标，链路追踪，运行状况，日志记录都很重要，我们日常开发中为了实现这些功能需要集成很多功能，替换监控组件时成本也很高。

Dapr 可观测性模块将服务监测与应用程序分离。它自动捕获由 Dapr Sidecar 和 Dapr 服务生成的流量（①，②）。它还公开性能指标、资源利用率和系统的运行状况。遥测以开放标准格式发布，使信息能够馈入到选择的监视后端（③）。当 Dapr 获取监控数据时，应用程序不知道如何实现可观测性。无须引用库或实现自定义检测代码。Dapr 可以使开发人员专注于构建业务逻辑，而不是监测管道。如图 11-13 所示。

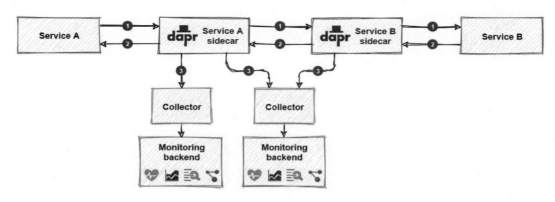

图 11-13　可观测性架构

Dapr 在 Dapr Sidecar 中添加了一个 HTTP/gRPC 中间件。中间件拦截所有 Dapr 和应用程序流量并提取跟踪、指标和日志记录信息，并自动注入关联 ID 以跟踪分布式事务。监测以开放标准格式发布。默认情况下，Dapr 支持 OpenTelemetry 和 Zipkin。这种设计有以下几个好处。

- 无须代码检测。使用可配置的跟踪级别自动跟踪所有流量。
- 跨微服务的一致性跟踪行为。跟踪是在 Dapr Sidecar 上配置和管理的，因此它在由不同团队制作并可能用不同编程语言编写的服务之间保持一致。
- 可配置和可扩展。利用 Zipkin API 和 OpenTelemetry Collector，Dapr 跟踪可以配置为与流行的跟踪后端一起使用，包括客户可能拥有的自定义后端。
- 您可以同时定义和启用多个导出器。

Dapr Sidecar 会公开指标终结点默认是 9090，可以通过--metrics-port 9090 修改端口，可以查看控制台日志。

Dapr 使用 Prometheus 作为标准，Prometheus 会调用 Sidecar 终结点，收集指标。如图 11-14 所示。

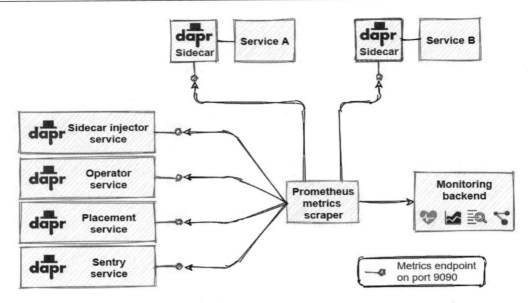

图 11-14　Prometheus 收集器

Dapr 收集器可以将遥测数据发布到不同的后端监视工具。这些工具可以查询分析 Dapr 遥测数据。

11.2.7　密钥管理

应用程序通常会通过使用专用的存储来存储敏感信息，如连接字符串、密钥等。

通常这需要建立一个密钥存储，如 Azure Key Vault、HashicorpVault 等，并在那里存储应用程序级别的密钥。要访问这些密钥存储，应用程序需要导入密钥存储 SDK，并使用它访问这些密钥。这可能需要相当数量的模板代码，这些代码与应用的实际业务领域无关，因此在多云场景中，可能会使用不同厂商特定的密钥存储，这就成为一个更大的挑战。

让开发人员在任何地方更容易访问应用程序密钥，Dapr 提供一个专用的密钥构建块，允许开发人员从一个存储获得密钥。

使用 Dapr 的密钥存储构建块通常涉及以下内容。

● 设置一个特定的密钥存储解决方案的组件。

● 在应用程序代码中使用 Dapr Secrets API 获取密钥。

● 在 Dapr 的 Component 文件中引用密钥。

使用 Dapr 密钥 API 检索密钥的步骤如下。

1）服务 A 调用 Dapr Secrets API，提供要检索的 Secrets 的名称和要查询的项名字。

2）Dapr Sidecar 从 Secrets 存储中检索指定的密钥。

3）Dapr Sidecar 将 Secrets 信息返回给服务。

图 11-15 展示了这 3 个步骤。

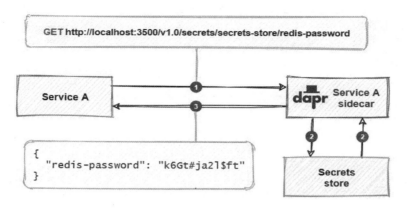

图 11-15　密钥管理

Dapr 目前支持的 Secrets 存储详见密钥存储[⊖]中的说明。

使用 Secrets 时，应用程序与 Dapr Sidecar 交互。sidecar 公开 Secrets API。可以使用
HTTP 或 gRPC 调用 API。使用以下 URL 调用 HTTP API。

http://localhost:<dapr-port>/v1.0/secrets/<store-name>/<name>?<metadata>

URL 包含以下字段。

● <dapr-port> 指定 Dapr Sidecar 侦听的端口号。
● <store-name> 指定 Dapr Secrets 存储的名称。
● <name> 指定要检索的密钥的名称。
● <metadata> 提供 Secrets 的其他信息。此段是可选的，每个 Secret 存储的元数据属性
不同。有关元数据属性详细信息请参考机密 API 参考[⊖]。

11.2.8　配置管理

在编写应用程序时，使用应用程序配置是一项常见任务，并且经常使用配置存储来管理
此配置数据。配置项目通常具有动态性质，并且与消费它的应用程序的需求紧密耦合。例
如，应用程序配置的常见用途包括密钥名称、不同标识符、分区或使用者 ID、要连接到的
数据库的名称等。这些配置项目通常作为键/值项存储在状态存储或数据库中。开发人员或
操作员可以在运行时更改应用程序配置，并且需要通知开发人员这些更改，以便执行所需的
操作并加载新配置。此外，从应用程序 API 的角度来看，配置数据通常是只读的，通过操
作员工具对配置存储进行了更新。Dapr 的配置 API 允许开发人员使用以只读键/值对形式
返回的配置项目，并在配置项目更改时订阅更改。

图 11-16 展示了配置管理的 API 形式。你可以访问配置 API 读取键/值项配置值。

⊖ https://docs.dapr.io/zh-hans/reference/components-reference/supported-secret-stores/

⊖ https://docs.dapr.io/reference/api/secrets_api

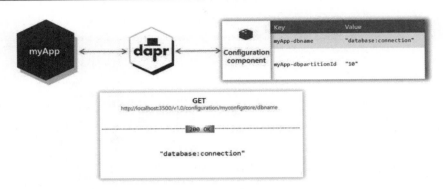

图 11-16　配置 API

注意：Dapr 的组件 API 实验性的是 Alpha，稳定的是 Stable。此 API 目前在 Alpha 状态并且只能在 gRPC 上使用。在将 API 认证为 Stable 状态之前，将提供具有此 URL 语法 /v1.0/configuration 的 HTTP/1.1 支持版本。

11.2.9　分布式锁

锁用于提供对资源的互斥访问。例如，您可以使用锁执行以下操作。

● 提供对数据库行、表或整个数据库的独占访问。

● 按顺序锁定从队列读取消息。

在发生更新时共享的任何资源都可以成为锁定的目标。锁通常用于改变状态的操作，而不是读取。

每个锁都有一个名称。应用程序确定命名锁访问的资源。通常，同一应用程序的多个实例使用此命名锁以独占方式访问资源并执行更新。

例如，在竞争使用者模式中，应用程序的多个实例访问队列。您可以决定是否要在应用程序运行其业务逻辑时锁定队列。

在图 11-17 中，同一应用程序 App1 的两个实例，使用 Redis 分布式锁组件对共享资源进行锁定。

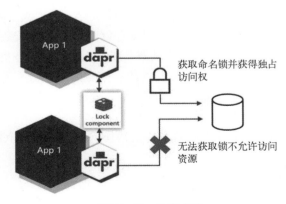

图 11-17　分布式锁

- 第一个应用 App1 实例获取命名锁并获得独占访问权限。
- 第二个应用 App1 实例无法获取锁，因此在释放锁之前不允许访问资源，或者，由应用程序通过解锁 API 显式执行，或者一段时间后，由于租约超时而释放锁。

注：分布式锁 API 当前是实验性的，它处于 Alpha 状态。

11.3　基于 Dapr 的云原生开发

Dapr 是一个可移植的、事件驱动的运行时，让企业开发者更容易利用各种语言和框架构建柔性、无状态和有状态的微服务应用，并运行在云端和边缘。基于 Dapr 的云原生开发是一种新型的云原生开发方式，同样遵循微服务的方法论和设计原则，本节带大家回顾一下微服务的方法论与设计原则以及 Dapr 在 Kubernetes 平台上落地。

11.3.1　微服务方法论与设计原则

Martin Fowler 在他的博客 "MonolithFirst"（单体优先）中提到：大多数公司直接入手微服务的成功率大多很低，大多数成功实施微服务的公司一般都是从单体开始不断完善、自我不断改良体系和架构，从而最终成功走向微服务之路。

相对于单体应用而言，微服务采用一组服务的方式来构建一个应用，服务独立部署在不同的进程中，不同的服务通过一些轻量级交互机制来通信，例如 RPC、HTTP 等。引入微服务架构可以获得如下的好处。

- 架构上系统更加清晰，每个服务定义了明确的边界。
- 核心系统稳定，以服务组件为单位进行升级，避免了频繁发布带来的风险。
- 开发管理方便，不同的服务可以采用不同的编程语言来实现。
- 单独团队维护，工作职责清晰。
- 业务复用、代码复用。
- 容易扩展。

构建微服务有多种实现方法，业界并没有统一的实现，但通常会遵循以下设计原则。

- 每个微服务的数据单独存储。不同的微服务不要共用一个后端数据库。建议开发团队根据场景选适合的数据库。要确保更改某个微服务数据的时候，其他服务不受影响。
- 微服务中所有代码都保持相似的成熟度和稳定度。我们想要重写或给一个运行良好的、已部署生产的微服务添加一些代码、最好的方式常常是对于新的或要改动的代码新建一个微服务，现有的微服务继续运行。这样的话，我们可以迭代地部署和测试新代码，现有的微服务不会出现故障或性能下降。一旦新的微服务和原始的微服务一样稳定，如果确实需要进行功能合并或者出于性能考虑，我们可以将其合并在一起。

⊖ https://www.martinfowler.com/bliki/MonolithFirst.html

297

- 每个微服务都单独进行编译构建。当需要引入新的微服务时，不会存在风险。
- 每个微服务都单独部署。这样每个微服务都可以独立于其他服务进行替换。每个团队都可以遵循不同的发布策略并使用不同的框架和运行时。
- 将微服务设计为无状态。每个实例的功能都是一样的，无须关心提供服务的是哪一个，我们只需要控制微服务的容器实例数量即可。在这个前提下，我们可以使用自动伸缩来按需调整实例数。如果其中一个实例出现故障，其他实例会接替故障实例的负载。

11.3.2 Dapr 在 Kubernetes 上的落地

在前面我们提到，Dapr 本身是一套和平台无关的框架。但在面向 Kubernetes 时，有些组件可以和 Kubernetes 资源对象更好地融合。接下来我们对 Dapr 在 Kubernetes 上的落地进行说明。

1．服务注册与发现

在传统的分布式系统部署中，服务监听在固定的主机和端口上，但是在基于容器云的环境中，主机名和 IP 地址会动态变化，这就需要服务注册与发现。

许多微服务框架都提供实现服务注册和发现的组件，但是它们通常仅适用于在框架内的其他服务。这些框架都需要一个特殊的服务注册表来跟踪每个微服务的可用实例。Kubernetes 平台的 Etcd 集群是用于存储集群元数据的高可用键值对存储系统，提供 Kubernetes 集群内 Service 的服务注册与发现。这样在 Kubernetes 上运行 Dapr，可以使用 Kubernetes 平台的 Service 实现微服务的注册发现机制，然后存储在 Etcd 集群中。

当然我们也可以使用 Console 作为 Dapr 的注册中心，在 Kubernetes 上使用 Console 的 consul-k8s project⊖项目部署 Kubernetes 服务，支持虚拟机和 Kubernetes 上混合服务。虽然这两种方式都是技术可行的，但在 Kubernetes 上部署 Dapr，推荐使用 Service 的服务发现机制，注册信息保存在 Etcd 集群中。

2．微服务间负载均衡

在 Kubernetes 中，每个微服务应用都有自己的 Service，通过 Service 负责其后端多个 Pod 之间的负载均衡。Dapr 的 Sidecar 基于 Kubernetes 的 Service 来实现负载均衡。

3．配置管理中心

用户通过配置管理中心可以实现对云平台的快速、快捷、灵活性管理。在 Kubernetes 中运行 Dapr，我们建议使用 ConfigMap，它可以用于存储配置文件和 JSON 数据，机密数据采用 Secret。然后我们把 ConfigMap 挂载到 Pod 中或者作为环境变量传入，这样应用就可以加载相关的配置参数。通过 Dapr 的机密管理构建块应用可以直接访问到机密数据。

4．微服务网关

微服务中的 API 网关，提供了一个或者多个 HTTP API 的自定义视图的分布式机制。一

⊖ https://github.com/hashicorp/consul-k8s

个 API 网关是为特定的服务和客户端定制的，不同的应用程序通常使用不同的 API 网关。API 网关的使用场景包括以下几种。

- 聚合来自多个微服务的数据，以呈现基于 Web 浏览器的应用程序的统一视图。
- 桥接不同的消息传输协议，例如 HTTP 和 AMQP。
- 实现同一个应用不同版本 API 的灰度发布。
- 使用不同的安全机制验证客户端。

目前，有多种方法可以实现 API 网关，如通过编程的方式实现 API 网关，使用工具实现微服务网关。在 Kubernetes 上运行 Dapr，推荐使用 Envoy 或者 APISIX。

5．微服务的容错

在微服务中，容错是一个很重要的功能。它的作用是防止出现微服务的"雪崩效应"。雪崩效应是从"雪球越滚越大"的现象抽象出来的。在单体应用中，多个业务的功能模块放在一起，功能模块之间是紧耦合的，单体应用要么整体稳定运行，要么整体出现问题、整体不可用。

但在微服务中，由于各个微服务服务模块相对独立的，同时可能存在调用链。例如，微服务 A 需要调用微服务 B，微服务 B 调用微服务 C。这个时候，如果微服务 C 出现了问题，可能导致微服务 A 不可用，问题的雪球越滚越大，最终可能会造成整个微服务体系的崩溃。

要想避免雪崩效应，就需要有容错机制，如采用断路器模式，断路模式是为每个微服务前面加一个"保险丝"，当流量过大的时候（如服务访问超时，并且超过了设定的重试次数），保险丝烧断，中断客户端对服务的访问，而访问其他正常的服务。

在 Dapr 中，微服务的容错是通过 Dapr Sidecar 实现，调用者的可恢复性需要利用 Kubernetes 的各种恢复功能等基础设施来保证，调用模式分为服务到服务调用和组件调用。

Dapr 1.7 版本有一个组织良好的跨所有构建块的弹性策略[⊖]，通过弹性策略来定义服务的容错。弹性规格保存在与组件规格相同的位置，并在 Dapr 的 Sidecar 启动时应用。Sidecar 确定如何将复原策略应用于 Dapr API 调用。在自承载模式下，复原规范必须命名为 resiliency.yaml。在 Kubernetes 中，Dapr 查找应用程序使用的命名弹性规范。

6．日志和监控

大多数开发人员习惯使用标准 API 生成日志。传统应用程序依赖本地存储来保存日志，容器化应用程序需要将所有日志事件发送到标准输出流和错误流。

为了更好地利用日志查询功能，应用程序应生成结构化日志，通常是 JSON 格式得消息，而不是纯文本行格式。最流行的日志框架都支持自定义日志的格式。

在微服务中，目前比较常用的聚合日志套件是 EFK（Elasticseach + Flunetd + Kibana）。

7．分布式追踪

在微服务环境中，最终用户或客户端应用程序请求可以跨越多个服务。在这种情况下，

⊖ https://docs.dapr.io/operations/resiliency/resiliency-overview/

使用传统技术无法对此请求进行调试和分析，也无法隔离单个进程来观察和排除故障。监视单个服务也不会提示哪个发起请求引发了哪个调用。

分布式追踪为每个请求分配唯一 ID，该 ID 应与先前服务请求的跨度 ID 相关。这样，可以在时间和空间上对来自相同始发请求的多个服务调用进行排序。请求 ID 对于调用链中的所有服务都是相同的。调用链中的每个服务的跨度 ID 不同。

应用程序记录请求和跨度 ID，还可以提供其他数据，例如开始和停止时间戳以及相关业务数据。收集这些日志或将其发送到中央聚合器以进行存储和可视化。

Dapr 使用 Zipkin 协议进行分布式跟踪和指标收集。由于 Zipkin 协议无处不在，许多后端被开箱即用。

8．服务请求入口

在 Dapr 中，微服务流量的起始入口是 API 网关。在 Kubernetes 中，微服务流量的起始入口是 Ingress/Gateway。我们需要为最外围的微服务（可能是 API 网关，也可能是 UI 的微服务）创建 Ingress 路由。

11.4　基于 Dapr 的 eShopOnDapr 介绍

11.4.1　eShopOnDapr 架构

本书的第 3 章详细介绍了 eShopOnContainers[⊖]，它是托管了一个网店，该网店销售各种商品，包括服装和咖啡杯。而 eShopOnDapr[⊖]通过集成 Dapr 构建块来改进早期 eShopOnContainers 应用程序。图 11-18 展示了新的解决方案体系结构。

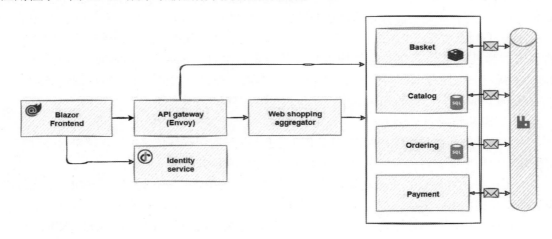

图 11-18　eShopOnDapr 的架构

⊖ https://docs.dapr.io/operations/resiliency/resiliency-overview/

⊖ https://github.com/dotnet-architecture/eShopOnDapr

虽然 eShopOnDapr 侧重于 Dapr，但体系结构也进行了简化，图中从左至右说明如下。

1）Blazor Frontend 上运行的单页应用程序将用户请求发送到 API 网关。

2）API 网关（API gateway）从前端客户端抽象出后端核心微服务。它是使用 Envoy（一个高性能的开放源代码服务代理）实现的。Envoy 将传入请求路由到后端微服务。大多数请求都是简单的 CRUD 操作（例如，从目录中获取品牌列表），通过直接调用后端微服务进行处理。

3）其他请求在逻辑上更加复杂，需要多个微服务调用协同工作。对于这些情况，eShopOnDapr 实现了聚合器微服务（Web shopping aggregator），用于在完成操作所需的那些微服务之间编排工作流。

4）核心后端微服务实现了电子商务商店所需的功能。每个微服务都是独立存在的。按照广泛接受的域分解模式，每个微服务都隔离一个特定的业务功能：

- 购物车服务管理客户的购物车体验。
- 目录服务管理可供销售的产品项。
- 标识服务管理身份验证和标识。
- 订单处理服务处理下达订单和管理订单的所有方面。
- 付款服务处理客户的付款。

5）每个微服务都遵循最佳实践的方式，维护其自己的持久性存储。应用程序不共享单个数据存储。

6）最后，事件总线包装 Dapr 发布/订阅组件。它实现了跨微服务异步发布/订阅消息传送。开发人员可以插入任何 Dapr 支持的消息代理组件。

在 eShopOnDapr 中，Dapr 构建块取代了大量复杂且容易出错的管道代码。如图 11-19 所示。

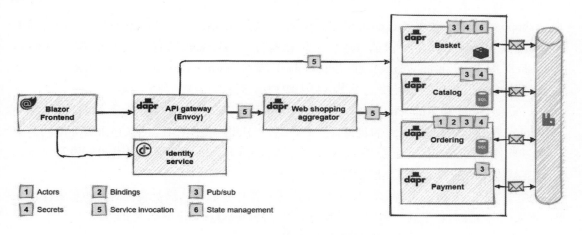

图 11-19　eShopOnDapr 中的构建块

上图展示了每个 eShopOnDapr 服务使用的 Dapr 构建块（以数字框表示）。

- API 网关（API gateway）和 Web 购物聚合器服务（Web shopping aggregator）使用服务调用构建块来调用后端服务上的方法。
- 后端服务使用发布和订阅构建块进行异步通信。
- 购物车服务使用状态管理构建块来存储客户的购物篮的状态。
- 原始 eShopOnContainers 演示了订单处理服务中的 DDD 概念和模式。eShopOnDapr 使用 Actor 构建块作为替代实现。通过 Actor 基于轮次的访问模型，可以轻松实现支持取消的有状态订单处理过程。
- 订单处理服务使用绑定构建块发送订单确认电子邮件。
- 密钥管理由密钥构建块完成。

11.4.2 在 Kubernetes 上部署 eShopOnDapr

1. 构建和推送 Docker 镜像

我们从 GitHub 下载了 Dapr 应用程序 eShopOnDapr 的服务代码⊖。但是必须将它打包才可以将它以合适的方式部署到 Kubernetes。我们的第一个目标是将这些服务发布为 Docker 容器。eShopOnDapr 在 docker hub 上的 https://hub.docker.com/u/geffzhang 上已经提供构建好了 Docker 镜像。

在项目里有个 build 的文件夹包含了手工构建镜像的 Windows Powershell 脚本 buildimages.ps1 和 Linux Shell 脚本 buildimages.sh，在 Windows 下打开一个控制台程序，切换到 build 目录，执行 buildimages.ps1。

在执行脚本构建镜像之前，需要根据情况修改脚本的以下两个变量。

```
$version='1.0.0'
$eshopondaprrepo='geffzhang'
```

eshopondaprrepo 代表 docker hub 的镜像仓库，通常可以是你在 docker hub 上注册的镜像仓库名称，version 就是镜像的 tag。如果你构建了 Docker 镜像，可以使用 Windows Powershell 脚本 push-images.ps1 和 Linux shell 脚本 push-images.sh 把构建的镜像推送到 docker hub 仓库。推送的时候要记得修改脚本中和构建镜像一样的两个变量。

2. 安装 Helm 和 Kubectl

Helm 是 Kubernetes 官方的包管理工具，通过 Helm 将发布在 Kubernetes 环境的多个 yaml 以软件包（charts）的形式打包，简化了 Kubernetes 集群环境中应用的部署及更新，Helm 支持应用的部署，升级，回滚等操作。

为了方便在 Win10 系统上，对 K8s 资源进行操作查看等，满足我们对其的日常操作需求，需要安装 Kubectl 工具，具体安装参考文档：在 Windows 上安装 Kubectl⊖。

⊖ https://github.com/dotNetCloudNative/eShopOnDapr

⊖ https://kubernetes.io/zh-cn/docs/tasks/tools/install-kubectl-windows/

在 Win10 系统上安装 Helm CLI 工具，具体安装参考文档：安装 Helm⊖。

配置好 Helm 和 Kuberctl 之后，我们还需要给 helm 设置 conext，访问 K8s 集群权限是与我们在 kubeconfig 设置的权限是一致的。Kubernetes 参考第 2 章 Minikube 的安装。

3. 安装 Dapr

在前面介绍了通过 Dapr 的 CLI 在 Kubernetes 上安装 Dapr，这里我们再介绍一下使用 Helm 安装 Dapr。

建议创建一个文件来存储值，而不是在命令行中指定参数。这个文件应当应用代码版本控制，这样你就可以跟踪对它的修改。

在键值文件中设置的所有可用选项的完整列表（或使用--set 命令行选项）可参阅相应文档⊖。

也可以不使用 helm install 或 helm upgrade，而是运行 helm upgrade --install -动态地决定是安装还是升级。

```
# 添加/更新 helm repo
> helm repo add dapr https://dapr.github.io/helm-charts/
> helm repo update

# 查看可用的 chart 版本
> helm search repo dapr --devel --versions

# 创建一个参数文件存储变量
> touch values.yml
cat << EOF >>values.yml
global.ha.enabled: true

EOF

# run install/upgrade
> helm install daprdapr/dapr \
   --version=1.8.4 \
   --namespace dapr-system \
   --create-namespace \
   --values values.yml \
   --wait

# verify the installation
> kubectl get pods --namespace dapr-system
```

4. 安装 Nginx ingress 控制器

首先查看 K8s 对应的 Nginx ingress 控制器的版本，比如本书所使用的 1.25 版本 K8s 对

⊖ https://helm.sh/zh/docs/intro/install/

⊖ https://github.com/dapr/dapr/blob/master/charts/dapr/README.md

应的 Nginx Ingress 是 1.4.0。安装 yaml 文件通常使用的命令：kubectl apply -f https://raw. githubusercontent.com/kubernetes/ingress-nginx/controller-v1.4.0/deploy/static/provider/cloud/ deploy.yaml。

但是官方给出的 yaml 文件中拉取的镜像不在 docker hub 中，在 registry.k8s.io 中，所以在国内我们拉取就会报错：ErrImagePull，所以，v1.4.0 版本的修改过的镜像的完整 yaml 文件放在 kubectl apply -f nginx-ingress.yaml。

5. 安装 eShopOnDapr

eShopOnDapr 代码库里包含一个 helm chart[⊖]，放在 deploy\k8s\helm 中，通过 Helm 可将其轻松部署到 Kubernetes 集群。

```
> helm install --set hostName=kubernetes.docker.internalmyeshop
```

通过以下命令查看 Ingress 的 IP 地址。

```
C:\Users\zsygz>kubectl get ingress -n eshopondapr
NAME                          CLASS   HOSTS                       ADDRESS     PORTS  AGE
apigateway-ingress            nginx   kubernetes.docker.internal  localhost   80     46h
blazorclient-ingress          nginx   kubernetes.docker.internal  localhost   80     46h
identity-api-ingress          nginx   kubernetes.docker.internal  localhost   80     46h
seq-ingress                   nginx   kubernetes.docker.internal  localhost   80     46h
seq-ingress-redirect          nginx   kubernetes.docker.internal  localhost   80     46h
webstatus-ingress             nginx   kubernetes.docker.internal  localhost   80     46h
webstatus-ingress-redirect    nginx   kubernetes.docker.internal  localhost   80     46h
zipkin-ingress                nginx   kubernetes.docker.internal  localhost   80     46h
```

在 Windows 中，用管理员权限打开下列文件：c:\Windows\System32\Drivers\etc\hosts。将别名添加到文件底部并保存，如下所示。

```
127.0.0.1 kubernetes.docker.internal
```

当所有微服务都正常运行时，可以导航到 http://kubernetes.docker.internal/ 以查看 eShopOnDapr UI。

11.4.3　eShopOnDapr 效果演示

eShopOnDapr 已成功部署，但它们是否完全正常工作？可以进行几次测试来确认。首先在浏览器中打开 eShopOnDapr 前端 UI 门户。

请记住 eShopOnDapr 平台的架构。前端 UI 是容器应用，因此无法在托管 Kubernetes 集群外部访问。UI 前面是 Nginx 入口控制器，它是 eShopOnDapr 容器应用程序的入口。打开浏览器访问 http://kubernetes.docker.internal/ 以查看 eShopOnDapr UI。如图 11-20 所示。

⊖ https://helm.sh/

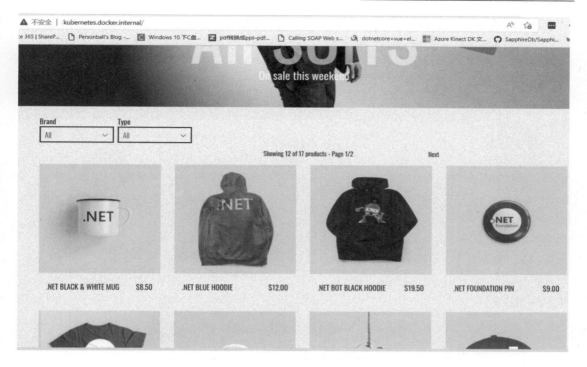

图 11-20　访问 eShopOnDapr

eShopOnDapr 健康 UI 可以方便地看到各个服务的健康状态，如图 11-21 所示，通过浏览器访问 http://kubernetes.docker.internal/status 查看。

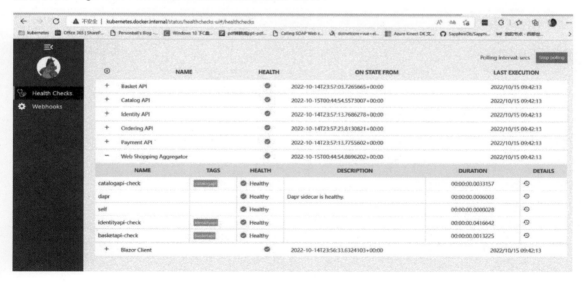

图 11-21　eShopOnDapr 的健康状态

能够获取应用程序的日志以便能够调试或理解任何不当行为很重要。日志系统是必不可少的，eShopOnDapr 里部署了一个 Seq，通过浏览器访问 http://kubernetes.docker.internal/log/，如图 11-22 所示。

图 11-22　Seq 日志管理

Zipkin[⊖]是一种开源分布式跟踪系统。它可以将遥测数据进行存储和可视化。我们在 eShopOnDapr 应用访问不同的页面，然后我们可以访问一下 http://kubernetes.docker.internal/zipkin/ 查看 UI。如图 11-23 所示。

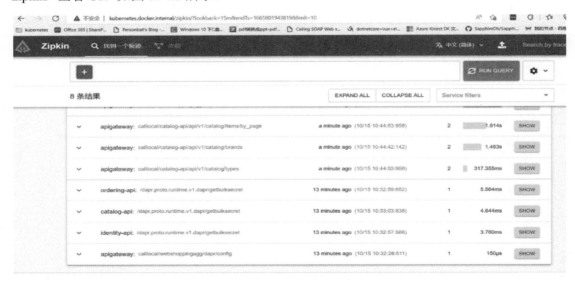

图 11-23　查看遥测数据

⊖ https://zipkin.io/

11.5　小结

　　本章内容介绍了 Dapr 的基本概念及其特性、如何基于 Dapr 构造分布式应用程序，同时降低体系结构和运营方面的复杂性。通过对比 Dapr 改造传统的 eShopOnContainers 为 eShopOnDapr 应用，可以直观感受到 Dapr 为 .NET 云原生应用的开发所带来的强大支持。对原生云开发者来说，Dapr 为一个非常复杂环境提供了灵活性和简洁性。这是开发的未来，除了原生的云工具以外，Dapr 也让所有遗留的应用程序和编程语言组合到一起成为可能，将云原生应用开发的基础架构下沉到 Dapr 中，开发和设计人员就可以从云原生技术细节中脱身出来，从而将注意力集中在业务上。